零基础轻松学会自动化技术丛书

零基础轻松学会松下 PLC

王时军 等编著

机械工业出版社

本书针对初学者，利用大量实例讲述松下 PLC 的编程与使用技巧，其中包含松下 PLC 的基本及高级编程指令及程序调试、诊断，以及梯形图程序设计的方法和技巧，除此之外还讲述了松下 PLC 的通信技术等。

本书是松下 PLC 入门自学的好帮手，也可作为大专院校相关专业师生、电气设计及调试编程人员的自学参考书。

图书在版编目（CIP）数据

零基础轻松学会松下 PLC/王时军等编著. —北京：机械工业出版社，2014.6（2024.2 重印）

（零基础轻松学会自动化技术丛书）

ISBN 978-7-111-46505-8

Ⅰ.①零⋯　Ⅱ.①王⋯　Ⅲ.①plc 技术　Ⅳ.①TM571.6

中国版本图书馆 CIP 数据核字（2014）第 082787 号

机械工业出版社（北京市百万庄大街 22 号　邮政编码 100037）

策划编辑：朱　林　责任编辑：朱　林　郑　彤　版式设计：赵颖喆

责任校对：刘志文　封面设计：路恩中　　　　　责任印制：刘　媛

涿州市般润文化传播有限公司印刷

2024 年 2 月第 1 版第 6 次印刷

184mm×260mm · 16.25 印张 · 396 千字

标准书号：ISBN 978-7-111-46505-8

定价：46.00 元

前　言

如今工业正进行着深入的变革，产品设计要求更为严格、精确及多变，这一切正是基于 PLC 的普及。PLC 是专门为工业控制应用而设计的一种通用控制器，它是以微处理器为基础，综合了传统的继电器技术、自动控制技术、计算机技术以及通信技术而发展起来的自动控制装置。

PLC 的广泛应用，使学习和掌握其原理及应用变得非常有必要。本书以松下 FP1 系列 PLC 为例，介绍了该产品软件及硬件的使用及指令系统，又为初学者考虑，收纳了时序图及梯形图的识读及编制。目前 PLC 厂家及产品各类繁多，各厂家各系列的产品一般互不兼容，但是在其组成原理、应用设计思想及编程技巧方面则是大同小异，一通百通。

本书在编写时参考了相关同仁的 PLC 论文、教材及相关制造商所编撰的使用手册等资料，力求达到跟着实例学编程、看着图片学设置的目的。本书在编写时，本着由浅入深的原则，语言通俗易读，适合初学者及相关培训学校使用。

本书由王时军、李可德、李柄权、张舒编写第 1、2、3 章，由郭栋、林佟伟编写第 4、5 章，由杨家维、武鹏程编写第 6、7 章，并由王时军统稿。

由于编者水平有限，书中难免有不足与纰漏之处，还望广大读者包涵、指正！

目　录

前言

第1章　松下 PLC 系统概述 ……… 1

1.1　PLC 的基础概述 ……………… 1
　1.1.1　PLC 的概述 …………… 1
　1.1.2　PLC 的特点 …………… 2
1.2　PLC 的组成及工作原理 ……… 3
　1.2.1　PLC 的组成 …………… 3
　1.2.2　PLC 的基本工作原理 … 6
　1.2.3　PLC 的技能指标 ……… 7
1.3　松下产品的概述 ……………… 7
　1.3.1　松下 PLC …………… 8
　1.3.2　FP0 系列产品的简述 … 8

第2章　基本指令及应用 ………… 12

2.1　基本顺序指令 ……………… 12
2.2　基本功能指令 ……………… 20
2.3　基本控制指令 ……………… 25
2.4　比较指令 …………………… 32
2.5　程序设计的基本方法 ……… 39
　2.5.1　编程内容 ……………… 39
　2.5.2　程序设计的编程方法 … 40
　2.5.3　编程原则及技巧 ……… 40
　2.5.4　编程应用实例 ………… 41
2.6　时序结构设计方法 ………… 45
　2.6.1　启动和复位控制结构 … 46
　2.6.2　优先控制结构 ………… 47
　2.6.3　比较控制结构 ………… 47
　2.6.4　分频结构 ……………… 48
　2.6.5　延时结构 ……………… 48
　2.6.6　顺序控制 ……………… 51
2.7　顺序控制的编程实例 ……… 51
　2.7.1　小车往复程序控制 …… 51
　2.7.2　喷泉控制 ……………… 52
　2.7.3　交通信号灯控制 ……… 52

第3章　高级指令及应用 ………… 54

3.1　数据传送指令 ……………… 54
3.2　二进制算术运算指令 ……… 60
3.3　BCD 码算术运算指令 ……… 68

3.4　数据比较指令 ……………… 76
3.5　逻辑运算指令 ……………… 80
3.6　数据转换指令 ……………… 82
3.7　数据移位指令 …………… 103
3.8　可逆计数与左/右移位指令 … 107
3.9　数据循环指令 …………… 109
3.10　位操作指令 …………… 112
3.11　特殊指令 ……………… 115
3.12　高速计数器与脉冲输出控制指令 … 123
　3.12.1　高速计数器的功能 … 123
　3.12.2　高速计数器与脉冲输出的相关
　　　　　指令 ………………… 125

第4章　编程器与编程软件的使用 … 138

4.1　编程器的安装及特点 …… 138
　4.1.1　编程器的概述 ……… 138
　4.1.2　FPII 编程器的使用 … 138
4.2　编程软件的安装及使用 … 144
　4.2.1　编程软件的概述 …… 144
　4.2.2　编程软件的硬、软件安装 … 144
　4.2.3　编程软件的使用 …… 146
4.3　编程环境的设置 ………… 149
　4.3.1　PLC 系统寄存器设置 … 149
　4.3.2　通信设置 …………… 150
　4.3.3　环境设置 …………… 152
4.4　基本操作 ………………… 153
　4.4.1　指令输入 …………… 154
　4.4.2　OP 功能 …………… 159
4.5　添加注释操作 …………… 162
　4.5.1　添加 I/O 注释 ……… 162
　4.5.2　添加输出注释 ……… 164
　4.5.3　添加"块注释" …… 164
　4.5.4　由文件读取 I/O 注释 … 165
　4.5.5　由文本文件导入"块注释" … 166
4.6　程序监控操作 …………… 167
　4.6.1　数据监控 …………… 167
　4.6.2　触点监控 …………… 169
　4.6.3　时序图监控 ………… 170

第 5 章　梯形图、时序图程序设计法 ··· 178
　5.1　梯形图设计法 ·········· 178
　　5.1.1　梯形图的基础概述 ········· 178
　　5.1.2　梯形图与继电器控制图的区别 ··· 180
　　5.1.3　梯形图指令和时序输出指令 ······ 181
　　5.1.4　梯形图程序设计 ········· 186
　5.2　时序图设计法 ·········· 189

第 6 章　PLC 的应用设计 ········· 193
　6.1　PLC 控制系统的设计原则 ······· 193
　　6.1.1　选用 PLC 控制系统的依据 ······· 193
　　6.1.2　PLC 控制系统的设计步骤 ······· 193
　6.2　PLC 编程原则 ·········· 196
　6.3　PLC 程序设计方法 ········ 197
　　6.3.1　PLC 程序设计的步骤 ······· 198
　　6.3.2　PLC 程序设计的方法 ······· 198
　6.4　PLC 程序设计典型电路 ······· 218
　　6.4.1　自锁电路 ··········· 218
　　6.4.2　互锁电路 ··········· 219
　　6.4.3　分频电路 ··········· 222
　　6.4.4　时间控制电路 ········· 222
　　6.4.5　计数控制电路 ········· 224
　　6.4.6　其他电路 ··········· 226

第 7 章　PLC 的通信及网络功能 ········ 229
　7.1　通信的基础概述 ········· 229
　　7.1.1　串、并行通信模式 ········ 229
　　7.1.2　异步通信和同步通信 ······· 229
　　7.1.3　波特率 ··········· 230
　　7.1.4　单工与双工通信方式 ······· 231
　　7.1.5　基带传送与频带传送 ······· 232
　　7.1.6　传输距离 ··········· 232
　7.2　通信接口 ············ 233
　　7.2.1　RS-232 通信接口 ········ 233
　　7.2.2　RS-422 通信接口 ········ 235
　　7.2.3　RS-485 通信接口 ········ 236
　7.3　通信协议 ············ 236
　　7.3.1　MODBUS 通信协议 ······· 237
　　7.3.2　松下专用 MEWTOCOL 协议 ··· 239
　7.4　松下 PLC 子网通信形式 ······· 242
　　7.4.1　C-NET 网络 ········· 242
　　7.4.2　MEWNET-Link 网络 ······· 242
　　7.4.3　ET-LAN 网络 ········· 244
　7.5　通信实现的典型应用 ········ 247
　　7.5.1　通信的实现 ········· 247
　　7.5.2　通信实现的典型应用 ········ 251

第1章

松下 PLC系统概述

1.1 PLC 的基础概述

PLC（Programmable Logic Controller，可编程序控制器），是一种在传统的电气控制技术和计算机技术的基础上融合了自动化技术、计算机技术和通信技术不断发展完善起来的工业装置。

1.1.1 PLC 的概述

世界上第一台 PLC 问世于 1969 年。由于当时工厂中生产线的控制系统都是继电器控制系统，虽然简单易懂、操作方便，价格也较低，但硬件设备多，接线复杂，导致未能很好地普及。

在市场经济的环境下，产品的品种和型号经常不断地更新换代，导致产品的生产线及其控制系统需要不断地修改或再设计，采用继电器控制系统既浪费了许多硬件设备，又延长了施工周期，大大增加了产品的成本、企业的负担。于是人们迫切需要研制一种新型的通用控制系统，以取代原来的继电器控制系统，要求既保留继电器控制系统的优点，又能吸收当时的计算机技术，使得其功能丰富，控制灵活，通用性强，少换设备，简化接线，缩短施工周期，降低生产成本，可在恶劣的工业环境下运行。根据上述要求，1968 年，美国通用汽车公司（General Motors Corporation，GM）采用招标的形式向世界各国发包，在标书中明确提出了如下 10 项指标（又称 GM10 条）：

1）编程简单，可在现场修改和调试程序。

2）维护方便，各部件最好采用插件方式。

3）可靠性高于继电器控制系统。

4）设备体积要小于继电器控制柜。

5）数据可以直接送入管理计算机。

6）成本可与继电器控制系统相竞争。

7）输入量是 115V 交流电压。

8）输出量为 115V 交流电压，输出电流 2A 以上，能直接驱动电磁阀。

9）系统扩展时，原系统只需进行很小的改动。

10）用户程序存储器容量能扩展到 4KB。

结果美国数字设备公司（Digital Equipment Corporation，DEC）中标，并于 1969 年研制

出世界上第一台 PLC，在 GM 公司首先成功使用。初期的 PLC 主要用于顺序控制，只能进行逻辑运算。随着电子技术和计算机技术的迅速发展，PLC 不仅能实现继电器控制系统所具有的逻辑判断、计时、计数等顺序功能，同时还增加了数据传送、算术运算、对模拟量进行控制等功能，真正成为了一种电子计算机工业控制装置，并且体积做到了超小型化。这种采用微型计算机技术的工业控制装置，其功能远远超出了逻辑控制、顺序控制的范围，故称为可编程序控制器（Programmable Controller，PC）。但由于广为人知的个人计算机（Personal Computer，PC）也简称 PC，为免混淆，所以世界各国都习惯将可编程序控制器统称为 PLC。

PLC 的出现，立即引起了各国的注意。日本于 1971 年引进了 PLC 技术，德国也于 1973 年引进了该技术，我国于 1973 年开始研制 PLC，于 1977 年将其应用到工业生产线上。

随着生产 PLC 的国家越来越多，国际上需要对 PLC 这种装置下一个统一的定义。1985 年 1 月国际电工委员会（International Electrotechnical Commission，IEC）给 PLC 下了定义：PLC 是一种数字运算操作的电子系统，专为在工业环境下应用而设计的。它采用可编程的存储器，在其内部存储执行逻辑运算、顺序控制、定时、计数和算术运算等操作指令，并通过数字式和模拟式的输入和输出，控制各种类型的机械或生产过程。PLC 及其相关设备，都应以易于与工业控制系统形成一个整体，易于扩展其功能为原则进行设计。

1.1.2　PLC 的特点

和传统的继电器控制系统相比，PLC 主要具有如下优点。

1. 编程简单，维护方便

IEC 在规定 PLC 的编程语言时认为，主要的程序组织语言是顺序执行功能表，该功能表的每个动作和转换条件可以运用梯形图编程。PLC 采用面向用户的梯形图编程语言，这是一种以继电器梯形图为基础的形象编程语言，其中的梯形图符号与定义和常见的继电器控制系统中的继电器图符号类似，电气工程技术人员很容易掌握，用起来得心应手，这种轻而易举的编程风格是 PLC 能迅速推广应用的一个重要因素。由于 PLC 采用软件编程来完成控制任务，所以随着要求的变化对程序的维护也显得十分方便。

2. 接线简单，成本降低

PLC 实现了硬件设备软件化，在需要大量中间继电器，时间继电器和计数器的场合，PLC 无需增加硬件设备，利用微处理器及存储器的功能，就可以很容易地完成，并大大减少了复杂的接线，从而降低了控制成本，使产品具有很强的竞争力。

3. 可靠性高，抗干扰能力强

由于采用了大规模集成电路和计算机技术，因此可靠性高，抗干扰能力强，坚固耐用和密封性好，平均无故障时间约为 5 万小时，可经受 $1000V/\mu s$ 矩形脉冲的干扰，所以 PLC 特别适合在恶劣的工业环境下运行。

4. 模块化组合，灵活方便

现在的 PLC 多采用模块化组合，而且多种多样，这使得用户可以针对不同的控制对象灵活组合和扩展，以满足不同的工业控制需要。

5. 维修便利，诊断周期缩短

PLC 具有完善的监控诊断功能，内部工作状态、通信状态、I/O 点的状态及异常状态均有醒目的显示，维修人员可以及时准确地发现和排除故障，大大缩短了维修时间。

6. 通信功能强，高度网络化

采用适配器、RS-232/RS-422/RS-485 等多种通信接口、C-NET 网络，并采用多种功能的编程语言和先进指令系统，如 Basic 等高级语言，能轻松实现 PLC 之间以及 PLC 与管理计算机之间的通信，形成多层分布控制系统或整个工厂的自动化网络，使通信更方便快捷。

1.2 PLC 的组成及工作原理

PLC 采用了典型的计算机结构，主要是由 CPU、RAM、ROM 和专门设计的输入/输出接口电路及电源部分等组成。

1.2.1 PLC 的组成

1. 中央处理器（CPU）

CPU 是 PLC 的核心部件，它由大规模或超大规模集成电路微处理器构成。早期低档的 PLC 一般采用 Z80A 芯片，现在绝大多数的 PLC 一般采用 MCS5L/96 系列芯片，也有一些公司的 PLC 采用位片式微处理器作 CPU。

PLC 的内部结构如图 1-1 所示，逻辑结构如图 1-2 所示。CPU 通过地址总线、数据总线和控制总线与存储单元、输入/输出（I/O）接口电路相连接，发挥其大脑指挥的作用。

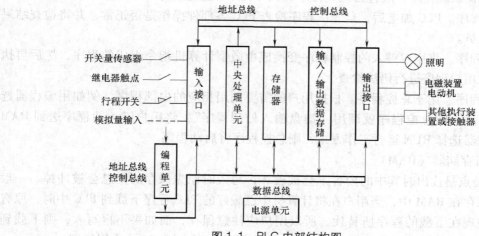

图 1-1 PLC 内部结构图

CPU 的主要功能如下：

1）进入现场状态。

2）控制存储和解读用户逻辑。

3）执行各种运算程度。

4）输出运算结果。

5）执行系统诊断程序。

6）与外部设备或计算机通信等。

2. 存储器

存储器具有存储记忆功能，主要用于存储系统程序、应用程序、逻辑变量和其他一些信

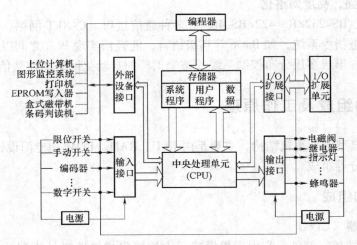

图 1-2　PLC 逻辑结构图

息，它一般有 ROM 和 RAM 两种类型。

（1）只读存储器（ROM）

ROM 具有一旦写入便不可修改的特点，这种特点使得厂家常用 ROM 来存放非常重要的 PLC 系统程序，系统程序一般包含检查程序、翻译程序、监控程序 3 个部分。

1）检查程序。PLC 加电后，首先由程序检查 PLC 各部件操作是否正常，并将检查结果显示给操作人员。

2）翻译程序。将用户键入的控制程序变换成由微型计算机指令组成的程序，然后再执行，还可以对用户程序进行语法检查。

3）监控程序。用于总控程序。根据用户的需要调用相应的内部程序，例如用编程器选择程序工作方式，则总控程序就调用"键盘输入处理程序"，将用户键入的程序送到 RAM 中。若用编程器选择 RUN 运行工作方式，则总控程序将启动程序。

（2）随机存储器（RAM）

RAM 的特点是读出时其中的内容不会被破坏，写入时原先保存的信息会被冲掉。一般用户的程序保存在 RAM 中，当用户在将计算机中已编好的 PLC 程序下载到 PLC 中时，原有的程序就会被现在下载的程序所替代，所以用户应注意保存，而如果不再写入，则下载到 PLC 中的程序可以随意读出而不被破坏。表 1-1 列出了 ROM 和 RAM 的作用区别。

表 1-1　ROM 和 RAM 的作用比较

PLC 程序分类	提供对象	存储地方
系统程序	厂家提供	固化到 ROM 中，只能读
应用（用户）程序	用户编写	写入到 RAM 中，可修改

3. 输入/输出接口电路

输入/输出接口电路是 PLC 与控制设备联系的交通要道，用户设备需输入 PLC 的各种控制信号，如操作按钮、限位开关、选择开关、传感器输出的模拟量或开关量等，通过输入接口电路将这些信号转换成 PLC 的 CPU 能够接收和处理的信号。输出接口电路将 PLC 中的 CPU 送出的弱电控制信号转换成现场需要的强电信号输出，以驱动电磁阀、接触器、电动机等被控设备的执行元件。

（1）输入接口电路

1）光耦合电路。光耦合电路的关键器件是光耦合器，一般由发光二极管和光敏晶体管组成。采用耦合电路与现场输入信号相连是为了防止现场的强电干扰进入PLC。当在光耦合电路的输入端加上变化的电信号时，发光二极管会产生与输入信号变化规律相同的光信号，光敏晶体管在光信号的照射下导通，导通程度与光信号的强弱有关。

2）微型计算机的输入接口电路。微型计算机的输入接口电路一般由数据输入寄存器、选通电路、中断请求逻辑电路构成，这些电路集成在一个芯片上，现场的输入信号通过光耦合电路送到输入数据寄存器，然后通过数据总线送给CPU。

（2）输出接口电路

一般采用光耦合电路，将CPU处理过的信号转换成现场需要的强电信号输出，以驱动接触器、电磁阀等外部设备的通断电。常见有以下3种类型。

1）继电器输出型：为有触点输出方式，用于接通或断开开关频率较低的直流负载或交流负载回路，见图1-3a。

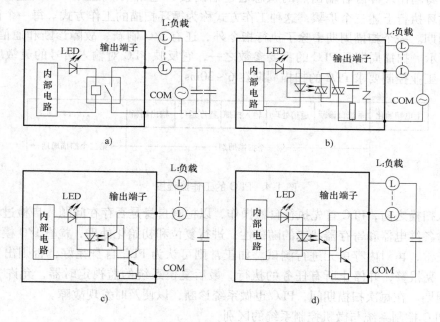

图1-3 PLC的输出接口电路

a）继电器输出型 b）晶闸管输出型 c）晶体管输出型
（PNP集电极开路） d）晶体管输出型（NPN集电极开路）

2）晶闸管输出型：为无触点输出方式，用于接通或断开开关频率较高的交流电源负载，见图1-3b。

3）晶体管输出型：为无触点输出方式，用于接通或断开开关频率较高的直流电源负载。这其中又分为PNP型集电极开路和NPN型集电极开路两种类型，见图1-3c和图1-3d。

4. 电源部分

电源是PLC的能源供给中心，电源的好坏直接影响PLC的功能和可靠性，电源部件通常将交流电转换成供 PLC 需要的直流电。目前大部分 PLC 采用开关式稳压电源供电，PLC 的供电可分为 220V 或 24V 交流电，部分机型也提供 24V 直流电源。

1.2.2　PLC 的基本工作原理

PLC 的工作过程

在 PLC 中，用户程序按先后顺序存放，在没有中断或跳转指令时，PLC 从第一条指令开始顺序执行，直到程序结束符后又返回到第一条指令，如此周而复始地不断循环执行程序。PLC 在工作时采用循环扫描的工作方式。循环扫描的工作方式简单直观，不仅简化了程序设计，并为 PLC 的可靠运行提供保障。有些情况下也插入中断方式，允许中断正在扫描运行的程序，以便处理一些紧急任务。

PLC 扫描工作的第一步是采样阶段，通过输入接口把所有输入端的信号状态读入缓冲区，即刷新输入信号的原有状态。第二步扫描用户程序，根据本周期输入信号的状态和上周期输出信号的状态，对用户程序逐条进行运算处理，并将结果送到输出缓冲区。第三步进行输出刷新，将输出缓冲区各输出点的状态通过输出接口电路全部送到 PLC 的输出端。PLC 周期性地循环执行上述三个步骤，这种工作方式称为循环扫描的工作方式。每一个循环称为一个扫描周期。一个扫描周期中除了执行指令外，还有 I/O 刷新、故障诊断和通信等操作，如图 1-4 所示。扫描周期是 PLC 的重要参数之一，它反映 PLC 对输入信号的灵敏度或滞后程度。通常工业控制要求 PLC 的扫描周期在 6～30ms。

上电初始化	系统自诊断	通信处理	输入扫描	程序运行	输出刷新	……

第一个扫描周期　　　　　　　　　　第二个扫描周期

图 1-4　PLC 的工作流程图

在进入扫描之前，PLC 首先执行自检操作，以检查自身是否存在问题。自检过程的主要任务是消除各继电器和寄存器状态的随机性，进行复位和初始化处理，检查 I/O 模块的端子连接是否正常，再对内存单元进行测试。如正常则可认为 PLC 自身完好，否则出错指示灯（ERROR）亮报警，并停止所有任务的执行。最后复位系统的监视定时器，允许 PLC 进入循环扫描周期。在每次扫描期间，PLC 也做系统诊断，以便及时发现故障。

（1）PLC 控制系统与微机控制系统的区别

PLC 的工作原理与微机不同，微机一般采用等待命令的工作方式，如常见的键盘扫描方式或 I/O 扫描方式，当有键按下或有 I/O 变化，则转去执行相应的子程序，若无则继续扫描等待。而 PLC 则是采用循环扫描的工作方式，从第一条指令开始逐条顺序执行用户程序，直至遇到结束符后又返回第一条指令，如此周而复始不断循环如图 1-5 所示，每一个循环称为一个扫描周期。

（2）PLC 控制系统与继电器控制系统的区别

继电器是并行工作的，也就是说按同时执行的方式工作，只要形成电流通路，就可能有几个电器同时动作。而 PLC 是以反复扫描的方式工作，它是循环地连续逐条执行

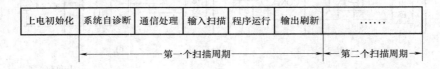

步序		指令
1	ST	X0
2	OR	Y0
3	AN/	X1
4	OT	Y0
5	ED	

图 1-5　PLC 的循环扫描

程序，任一时刻它只能执行一条指令，这就是说，PLC 是串行工作的，这种串行工作方式可以避免继电器控制系统的触点竞争和时序失配问题。

总之，PLC 的基本工作原理可以概括成循环扫描，串行工作，这是 PLC 区别于微机、继电器控制系统的最大特点之一，在使用时应引起特别的注意。

1.2.3　PLC 的技能指标

虽然市场上各厂家 PLC 产品的技术性能不同，而且各有特色，但其主要性能通常是由以下几种指标进行综合描述的。

1. 输入/输出点数（I/O 点数）

输入/输出点数指 PLC 外部输入、输出端子数，这是 PLC 最重要的一项技术指标。选用 PLC 作为工控设备时，要考虑的一个因素就是 I/O 点数，一般点数越多，价钱越贵，但同时也要考虑到可扩展性。

2. 扫描速度

PLC 的扫描速度一般以执行 1000 步指令所需的时间来衡量，单位为 ms/千步，如以执行一步指令的时间计，则为 μs/步，扫描速度越快，扫描周期越短。

3. 内存容量

在 PLC 中，程序指令是按步而论，一步占一个地址单元，一个地址单元占用 2B，一个 1000 步的程序，占内存为 200B（本书中，表示程序容量的"步"即为 2B）。以松下的 FPLC24 来说，最短的指令只有 1 步，最长的指令则有 15 步。

4. 指令条数

这是衡量 PLC 软件功能强弱的主要指标，PLC 具有的指令种类及条数越多，则其软件功能越强，编程越灵活，越方便。如 FP1 的指令有 192 条，除能进行一般的逻辑运算、算术运算、计时、计数外，还可进行 8 位、16 位、32 位数据的传输和变换。控制指令包括：中断控制指令、子程序调用指令、跳转指令等等，此外还有许多特殊功能指令，如脉冲输出、高速计数、输入延时滤波、脉冲捕获、凸轮控制、步进控制等指令。FP0，FP-M 机型的指令更丰富，丰富的指令可以为用户提供极大的方便。

5. 内部寄存器

PLC 中有许多通用寄存器、专用寄存器、索引寄存器、辅助寄存器等内部寄存器，用以存放变量状态、中间结果、定时计数、索引等数据，它可给用户提供许多特殊功能，并简化整个系统的程序设计，因此，内部寄存器的多少也是衡量 PLC 的指标。

6. 高级模块

除主控模块外，PLC 还可以配接各种高级模块，主控模块主要实现基本控制功能，而高级模块则主要实现一些特殊的专门功能，如 A-D 和 D-A 转换模块、高速计数模块、位置控制模块、PID 控制模块、远程通信模块等。高级模块的配置反映了 PLC 功能的强弱，是衡量 PLC 产品档次高低的一个重要标志。

1.3　松下产品的概述

松下公司从 1982 年开始研制 PLC 产品，属于可编程序控制器市场的后起之秀。主要有

FP1、FP-M 和 FP0 等数十个系列的机型。其中 FP-M 是板式结构的 PLC，可镶嵌在控制机箱内，其指令系统与硬件配置均与 FP1 兼容；FP0 是超小型 PLC，是近几年开发的新产品。

1.3.1　松下 PLC

松下的产品进入我国市场较晚，但由于其设计上有不少独到之处，所以一经推出就备受用户关注。其产品特点可归纳为以下几点。

1. 丰富的指令系统

在 FP 系列 PLC 中，即使是小型机，也具有近 200 条指令。除能实现一般逻辑控制外，还可进行运动控制、复杂数据处理，甚至可通过直接控制变频器实现电动机调速控制。中、大型机还加入了过程控制和模糊控制指令。而且其各种类型的 PLC 产品的指令系统都具有向上兼容性，便于应用程序的移植。

2. 快速的 CPU 处理速度

FP 系列 PLC 各种机型的 CPU 速度均优于同类产品，小型机尤为突出。如 FP1 型 PLC 的 CPU 处理速度为 1.6ms/千步，超小型机 FP0 的处理速度为 0.9ms/千步。而其大型机中由于使用了采用 RISC 结构设计的 CPU 芯片，其处理速度更快。

3. 大程序容量

FP 系列 PLC 的用户程序容量与同类机型相比较大，其小型机一般都可达 3 千步左右，最高可达到 5 千步，而其大型机则最高可达 60 千步。

4. 功能强大的编程工具

FP 系列 PLC 无论采用的是手持编程器还是编程工具软件，其编程及监控功能都很强。除手持编程器外，松下电工已陆续汉化推出若干版本的编程软件，目前基于 Windows 操作系统的新版编程软件 FPWINGR 也已广泛应用。这些工具都为用户的软件开发提供了方便的环境。

5. 强大的网络通信功能

FP 系列 PLC 的各种机型都提供了通信功能，而且它们所采用的应用层通信协议又具有一致性，这为构成多级 PLC 网络，开发 PLC 网络应用程序提供了方便。松下提供了多种 PLC 网络产品，在同一子网中集成了几种通信方式，用户可根据需要选用。尽管这些网络产品的数据链路层与物理层各不相同，但都保持了应用层的一致性。特别值得一提的是，在其最高层的管理网络中采用了包含 TCP/IP 技术的 Ethernet 网，可通过它连接到计算机互联网上，这反映了工业局域网标准化的另一种趋势，也使它的产品具有更广阔的应用前景。

1.3.2　FP0 系列产品的简述

与其他同型 PLC 相比，FP0 产品体积小巧但功能十分强大，它增加了许多大型机的功能和指令，例如 PID 指令和 PWM（脉宽调制）输出功能：PID 指令可以进行过程控制，PWM 脉冲可直接控制变频器。它的编程口为 RS-232C 口，可以直接和 PC 相连，无需适配器。其 CPU 速度也比 FP1 快了近一倍。

1. FP0 的主控单元外形结构

FP0 机型小巧精致，其主机外形结构如图 1-6 所示。

外形尺寸高 90mm，长 60mm，一个控制单元宽 25mm，I/O 可扩充至 128 点，总宽度为

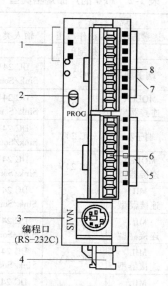

图 1-6　FP0 主机外形结构图

1—状态指示发光二极管　2—模式开关　3—编程口　4—电源连接器　5—输出
指示发光二极管　6—输出端子　7—输入指示发光二极管　8—输入端子

105mm。其安装面积在同类产品中是最小的，所以 FP0 可安装在小型机器、设备及体积越来越小的控制板上。图 1-6 中所示各部分的用途如下所述。

1）状态指示发光二极管：用于对 PLC 的运行状态进行监视。运行程序时，"RUN" 指示灯亮；当中止执行程序（如在编程）时，"PROG" 指示灯亮；当发生自诊断错误时，"ERROR/A-LARM" 指示灯闪。

2）输入/输出端子：图示主机有 8 个输入端，编号分别为 X0～X7，共用一个公共端（COM）；8 个输出端，编号分别为 Y0～Y7，共用一个公共端（COM）。

3）输入/输出指示发光二极管：各个 I/O 端子均有 LED 指示其（通、断）状态。

4）模式开关：该开关有两挡，"RUN" 挡为运行挡，"PROG" 挡为编程挡，可通过该开关改变 PLC 的运行状态，也可通过编程工具改变 PLC 运行状态。

5）编程口：用于连接编程工具（如使用编程软件的计算机）。

6）电源连接器：用于为 PLC 提供电源支持。

2. FP0 的特点

（1）品种规格

FP0 系列的产品型号及其含义如图 1-7 所示。

FP0 主控单元有 C10、C32 等多种规格，扩展模块也有 E8、E32 等多种规格。表 1-2 列出了 FP0 的主要产品规格类型。其型号中后缀为 R、T、P 三种，它们的含义是：R 是继电器输出型，T 是 NPN 型晶体管输出型，P 是 PNP 型晶体管输出型。

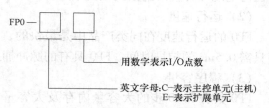

图 1-7　FP0 系列的产品型号及其含义

表 1-2　FP0 的产品规格类型

系列	规　　　格						部件号
	程序容量	I/O 点	连接方法	操作电压	输入类型	输出类型	
1. 控制单元							
FP0-C10	2.7 千步	10 输入:6 输出:4	端子型	DC 24V	DC 24V Sink/Source	继电器	EP0-C10RS
			MOLEX 连接器型	DC 24V	DC 24V Sink/Source	继电器	FP0-C10RM
FP0-C14	2.7 千步	14 输入:8 输出:6	端子型	DC 24V	DC 24V Sink/Source	继电器	FP0-C14RS
			MOLEX 连接器型	DC 24V	DC 24V Sink/Source	继电器	FP0-C14RM
FP0-C16	2.7 千步	16 输入:8 输出:8	MIL 连接器型	CD 24V	DC 24V Sink/Source	晶体管 （NPN 型）	FP0-C16T
			MIL 连接器型	DC 24V	DC 24V Sink/Source	晶体管 （PNP 型）	FP0-C16P
FP0-C32	5 千步	32 输入:16 输出:16	MIL 连接器型	DC 24V	DC 24V Sink/Source	晶体管 （NPN 型）	FP0-C32T
			MIL 连接器型	DC 24V	DC 24V Sink/Source	晶体管 （PNP 型）	FP0-C32P

系列	规　　　格					部件号
	I/O 点	连接方法	操作电压	输入类型	输出类型	
2. 扩展单元						
FP0-E8	8 输入:4 输出:4	端子型	DC 24V	DC 24V Sink/Source	继电器	FP0-E8RS
		MOLEX 连接器型	DC 24V	DC 24V Sink/Source	继电器	FP0-E8RM
FP0-E16	16 输入:8 输出:8	端子型	DC 24V	DC 24V Sink/Source	继电器	FP0-E16RS
		MOLEX 连接器型	DC 24V	DC 24V Sink/Source	继电器	FP0-E16RM
		MIL 连接器型	—	DC 24V Sink/Source	晶体管 （NPN 型）	FP0-E16T
		MIL 连接器型	—	DV 24V Sink/Source	晶体管 （PNP 型）	FP0-E16P
FP0-E32	32 输入:16 输出:16	MIL 连接器型	—	DC 24V Sink/Source	晶体管 （NPN 型）	FP0-E32T
		MIL 连接器型	—	DC 24V Sink/Source	晶体管 （PNP 型）	FP0-E32P

　　FP0 可单台使用，也可多模块组合，最多可增加 3 个扩展模块。I/O 点从最小 10 点至最大 128 点，用户可根据自己的需要选取适合的组合。FP0 机型可实现轻松扩展，扩展单元不需任何电缆即可直接连接到主控单元上。

　　（2）运行速度

　　FP0 的运行速度在同类产品中是最快的，每条基本指令执行速度为 0.9μs。500 步的程序只需 0.5ms 的扫描时间。FP0 具有的脉冲捕捉功能还可读取短至 50μs 的窄脉冲。

　　（3）程序容量

　　FP0 具有 5000 步的大容量内存及大容量的数据寄存器，可用于复杂控制及大数据量处理。

（4）特殊功能

FP0 具备两路脉冲输出功能，可单独进行运动位置控制，互不干扰。具备双相、双通道高速计数功能。此外，FP0 具备 PWM（脉宽调制）输出功能，利用它可以很容易地实现温度控制，而且该 PWM 脉冲还可用来直接驱动松下微型变频器 VF0，构成小功率变频调速系统。

（5）通信功能

FP0 可经 RS-232 口直接连接调制解调器，通信时若选用调制解调器通信方式，则 FP0 可使用 AT 命令自动拨号，实现远程通信。如果使用 CNET 通信单元，还可将多个 FP0 单元连接在一起构成分布式控制网络。松下的各种编程工具软件适用于任何 FP 系列可编程控制器。而且，由于 FP0 的编程工具接口是 RS-232C，所以连接 PC 仅需一根电缆，不需适配器。

（6）其他性能

FP0 维护简单，程序内存使用 EEPROM，无需备用电池；此外，FP0 还增加了程序运行过程中的重写功能。

第2章

基本指令及应用

2.1 基本顺序指令

松下 PLC 中的基本顺序指令反映了继电器控制电路各元件的基本连接关系，用于执行以位为单位的逻辑操作，共有 19 条。这些指令适用于 FP1 系列 PLC 的各个机型，各条指令的功能及简述见表 2-1 所示。

表 2-1　基本顺序指令

指令		功　能	步数
名称	助记符		
初始加载	ST	以常开触点开始逻辑运算的指令	1
初始加载非	ST/	以常闭触点开始逻辑运算的指令	1
输出	OT	向指定继电器(Y/R)输出运算结果	1
非	/	将该指令处的运算结果取反	1
与	AN	串联一个常开触点	1
与非	AN/	串联一个常闭触点	1
或	OR	并联一个常开触点	1
或非	OR/	并联一个常闭触点	1
组与	ANS	对逻辑块进行与操作	1
组或	ORS	对逻辑块进行或操作	1
入栈	PSHS	存储运算结果	1
读栈	RDS	读出 PSHS 指令存储的运算结果	1
出栈	POPS	读出和复位 PSHS 指令存储的运算结果	1
上升沿微分	DF	在输入信号由 OFF 变 ON 时产生一个宽度为一个扫描周期的脉冲	1
下降沿微分	DF/	在输入信号由 ON 变 OFF 时产生一个宽度为一个扫描周期的脉冲	1
置位	SET	将指定继电器(Y/R)置位(ON)	3
复位	RST	将指定继电器(Y/R)复位(OFF)	3
保持	KP	将指定继电器(Y/R)置位或复位并保持	1
空操作	NOP	空操作	1

1. 初始加载和输出指令 ST、ST/、OT

（1）指令功能

ST：逻辑运算开始。表示与母线连接的常开触点，或逻辑块开始的常开触点。

ST/：逻辑运算开始。表示与母线连接的常闭触点，或逻辑块开始的常闭触点。

ST 和 ST/的操作数：X、Y、R、C、T。

OT：线圈驱动指令，将运算结果输出到指定的继电器。

OT 的操作数：Y、R。

【**例 2-1**】　编程实例

该程序指令如下：

$$
\begin{array}{lll}
0 & ST & X0 \\
1 & OT & Y0 \\
2 & ST/ & X1 \\
3 & OT & Y1 \\
\end{array}
$$

梯形图和时序图如图 2-1 所示。

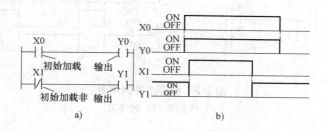

图 2-1　梯形图及时序图

a）梯形图　b）时序图

1）当 X0 为"ON"时，Y0 得电输出（ON）；X0 为"OFF"时，Y0 失电（OFF）。

2）当 X1 为"ON"时，Y1 失电（OFF）；X1 为"OFF"时，Y1 得电输出（ON）。

注明：上面程序中所说的 X0 为"ON"，是指当输入继电器 X0 外部连接的开关信号接通时其线圈处于得电的状态，此时对应的触点动作，常开触点闭合，常闭触点断开。X0 为"OFF"是指当输入继电器 X0 外部连接的开关信号断开时其线圈处于失电的状态，此时对应的触点为常态，常开触点断开，常闭触点闭合。本书此后类似的情况不再重复说明。

（2）指令使用说明

OT 指令不能直接从左母线输（＋）（步进指令除外），不能串联使用，但可以连续使用，相当于并联输出。在梯形图中位于逻辑行的末尾，紧靠右母线。如未作特别设置（输出线圈使用设置），程序中 OT 指令的任一编号的继电器线圈（Y、R）只能使用一次。

2. 非指令/

非指令是将该指令前的运算结果取反，可以单独使用，也可以和 ST、AN、OR 连用，构成 ST/、AN/、OR/。

【**例 2-2**】　编程实例

"/"指令在编程应用时指令如下所示，程序的梯形图及时序图如图 2-2 所示。

1）当 X0、X1 都为"ON"时，Y0 得电输出（ON），Y1 失电（OFF）。

2）当 X0、X1 中任一个为"OFF"时，Y0 失电（OFF），Y1 得电输出（ON）。

3. 与和与非指令 AN、AN/

（1）指令功能

AN：串联常开触点。

AN/：串联常闭触点。

AN 和 AN/的操作数为 X、Y、R、C、T。

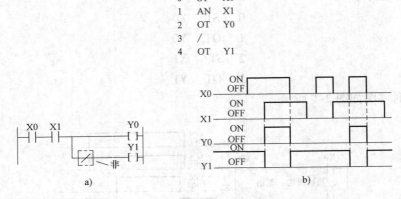

```
0   ST   X0
1   AN   X1
2   OT   Y0
3   /
4   OT   Y1
```

图 2-2　梯形图及时序图

a）梯形图　b）时序图

【例 2-3】　编程实例

该程序指令如下所示，其梯形图及时序图如图 2-3 所示。

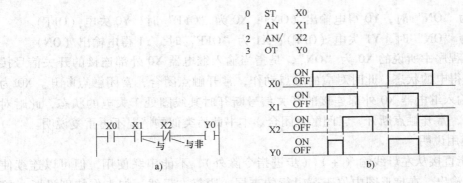

```
0   ST   X0
1   AN   X1
2   AN/  X2
3   OT   Y0
```

图 2-3　梯形图及时序图

a）梯形图　b）时序图

只有 X0、X1 都为"ON"，而 X2 为"OFF"时，Y0 得电输出，否则 Y0 失电。

（2）指令使用说明

1）串联单个常开触点时使用 AN 指令，串联单个常闭触点时使用 AN/ 指令。

2）AN 和 AN/ 可以连续使用，如图 2-4 所示，并且连续使用同一个或不同继电器的常开和常闭触点的次数没有限制。

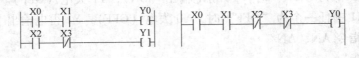

图 2-4　梯形图

4. 或和或非指令 OR、OR/

（1）指令功能

OR：并联常开触点。

OR／：并联常闭触点。

OR 和 OR／的操作数为 X、Y、R、C、T。

【例 2-4】 编程实例

该实例的指令如下所示：

0	ST	X0
1	OR	X1
2	OR／	X2
3	OT	Y0

程序的梯形图及时序图如图 2-5 所示。

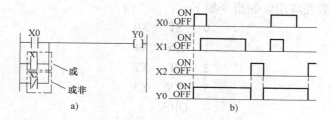

图 2-5 梯形图及时序图

a）梯形图 b）时序图

只有当 X0 为"ON"、X1 为"ON"、X2 为"OFF"三个中任意一个条件具备时，Y0 得电输出（ON），否则 Y0 失电。

（2）指令使用说明

OR 和 OR／将触点并联，进行逻辑"或"。OR 和 OR／可以连续使用。

5. 组与和组或指令 ANS、ORS

（1）指令功能

ANS：实现逻辑块的逻辑"与"运算。

ORS：实现逻辑块的逻辑"或"运算。

ANS 和 ORS 指令没有操作数，操作对象是该指令助记符前的逻辑块。

【例 2-5】 编程实例

1）ANS 指令在编程应用指令如下所示：

0	ST	X0
1	OR	X2
2	ST	X1
3	OR	X3
4	ANS	
5	OT	Y0

上述指令梯形图及时序图如图 2-6 所示。

在 X0、X2 中一个为"ON"，同时 X1、X3 中一个也为"ON"时，Y0 得电输出（ON）。

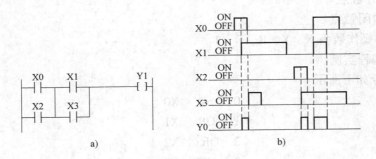

图 2-6　梯形图及时序图

a）梯形图　b）时序图

2）ORS 指令在编程应用时的指令如下：

0	ST	X0
1	AN	X1
2	ST	X2
3	AN	X3
4	ORS	
5	OT	Y0

上述梯形图和时序图如图 2-7 所示。

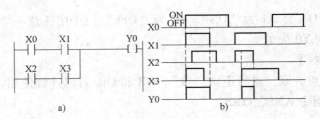

图 2-7　梯形图及时序图

a）梯形图　b）时序图

当 X0、X1 同时为"ON"和 X2、X3 同时为"ON"，这两个条件至少具备一个时，Y0 得电输出（ON），否则 Y0 失电（OFF）。

（2）指令使用说明

ANS 和 ORS 指令用在较复杂的有多个逻辑块的梯形图中，指令表编程有两种方法：一种是先输入两个逻辑块，用 ANS（或 ORS）指令将其串联或并联，然后再输入另一个逻辑块，再用 ANS（或 ORS）指令，依此类推；另一种方法是先输入各个逻辑块，然后连续使用 ANS（或 ORS）指令将其全部串联（或并联），如表 2-2 所示。

6. 入栈、读栈和出栈指令 PSHS、RDS、POPS

（1）指令功能

PSHS：将该指令前的运算结果存储起来（入栈），以供反复使用，表示分支结构的开始。

RDS：读出由 PSHS 指令存储的运算结果（读栈），以引出中间的分支结构（支路）。

POPS：读出并清除由 PSHS 指令存储的运算结果（出栈），以引出最后一个分支结构。

表 2-2　多个逻辑块串联（并联）

梯 形 图	指令表（一）			指令表（二）		
	0	ST	X0	0	ST	X0
	1	OR	X3	1	OR	X3
	2	ST	X1	2	ST	X1
	3	OR	X4	3	OR	X4
	4	ANS		4	ST	X3
	5	ST	X3	5	OR	X5
	6	OR	X5	6	ANS	
	7	ANS		7	ANS	
	8	OT	Y0	8	OT	Y0
	0	ST	X0	0	ST	X0
	1	AN	X1	1	AN	X1
	2	ST	X2	2	ST	X2
	3	AN	X3	3	AN	X3
	4	ORS		4	ST	X4
	5	ST	X4	5	AN	X5
	6	AN	X5	6	ORS	
	7	ORS		7	ORS	
	8	OT	Y0	8	OT	Y0

【例 2-6】　编程实例

程序的指令如下所示。

$$
\begin{array}{lll}
0 & ST & X0 \\
1 & PSHS & \\
2 & AN & X1 \\
3 & OT & Y0 \\
4 & RDS & \\
5 & AN & X2 \\
6 & OT & R0 \\
7 & POPS & \\
8 & AN & X3 \\
9 & OT & Y1
\end{array}
$$

该程序的梯形图及时序图如图 2-8 所示。

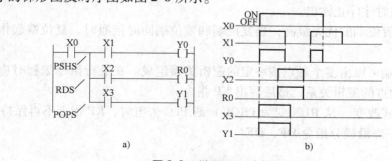

图 2-8　梯形图及时序图

a）梯形图　b）时序图

（2）指令使用说明

PSHS 指令：用在梯形图分支点处最上面的支路，将分支处左边的运算结果保存起来；

RDS 指令：用在 PSHS 指令支路以下，POPS 指令以上的所有支路，它能反复读出由 PSHS 指令存储的运算结果，以供后面程序使用；

POPS 指令：用在梯形图分支点处最下面的支路，它的功能是读出由 PSHS 指令存储的运算结果，同前面支路进行逻辑运算，然后将 PSHS 指令存储的内容清除，结束分支结构的编程。

7. 保持指令 KP

（1）指令功能

KP 指令使操作数 R 或 Y 置位或复位并保持当前状态。它相当于一个锁存器，只在复位信号到来时改变状态。

【例 2-7】 编程实例

编程指令如下所示。

```
0    ST    X0
1    ST    X1
2    KP    Y0
```

该程序的梯形图及时序图如图 2-9 所示。

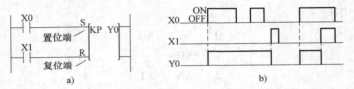

图 2-9　实例梯形图及时序图

a）梯形图　b）时序图

当 X0 为"ON"时，Y0 得电输出（ON）并保持；

当 X1 为"ON"时，Y0 失电（OFF）。

（2）指令使用说明

1）KP 指令不能对同一线圈重复使用。

2）KP 指令的控制，当置位端接通时，无论置位端的信号如何变化，输出得电并保持；只有当复位端接通时才停止输出。

3）复位端比置位端的优先级高，当复位端和置位端同时接通时，复位端起作用，停止输出。

4）两个控制端可以由多个触点按一定的逻辑关系组成。在进行指令编程时应先写出两个控制端的各个触点的逻辑关系，最后写出 KP 指令。

5）当工作方式改变（从 RUN 变为 PROG）或 PLC 失电时，KP 指令不再保持。

8. 上升沿和下降沿微分指令 DF、DF/

指令功能

DF：上升沿微分，在检测到信号上升沿时使对象仅接通一个扫描周期。

DF/：下降沿微分，在检测到信号下降沿时使对象仅接通一个扫描周期。

【例 2-8】 编程实例

程序指令如下：

实例程序时序图及梯形图见图 2-10 所示。

```
0    ST    X0
1    DF
2    OT    Y0
3    ST    X0
4    DF/
5    OT    Y1
```

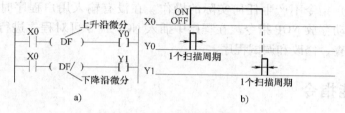

图 2-10 实例程序梯形图及时序图

a）梯形图 b）时序图

在 X0 接通（由 "OFF" 变为 "ON"）时，Y0 得电（ON）一个扫描周期；当 X0 断开（由 "ON" 变为 "OFF"）时，Y1 得电（ON）一个扫描周期。

9. 置位和复位指令 SE/、RST

（1）指令功能

SET：置位指令，强制对象接通并保持。

RST：复位指令，强制对象断开并保持。

SET 和 RST 的操作数为 R 或 Y。

【例 2-9】 编程实例

编程指令如下所示：

```
0    ST    X0
1    SET   Y0
4    ST    X1
5    RST   Y0
```

当 X0 为 "ON" 时，Y0 得电并保持；

当 X1 为 "ON" 时，Y0 失电（OFF）并保持。

实例梯形图及时序图如图 2-11 所示。

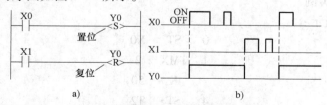

图 2-11 实例梯形图及时序图

a）梯形图 b）时序图

（2）指令使用说明

SET 和 RST 指令的功能和 KP 指令相似，不同的是 SET 与 RST 是相互独立的，不存在优先级，只按程序的先后顺序执行。当满足 SET 指令执行条件后，不管控制触点如何变化，输出始终保持接通；而当满足 RST 指令执行条件后，不管控制触点如何变化，输出始终保持断开。

与 OT 和 KP 指令不同的是，对于编号相同的继电器（R 和 Y）可以不限次数地重复使用 SET 和 RST 指令。

10. 空操作（NOP）指令

空操作（NOP）指令不产生任何实际的操作。在没有输入用户程序时，程序存储器中的各地址单元均自动存放 NOP 指令。在程序中插入 NOP 指令可对程序进行分段，或作为查找标记，以便于检查、修改和调试程序。

2.2 基本功能指令

松下 PLC 的基本功能指令包括定时器指令、计数器指令和寄存器移位指令三类。

定时器和计数器的功能相当于继电器控制系统中的时间继电器和计数器，而寄存器移位则是 PLC 特有的。FP1 的基本功能指令如表 2-3 所示。

表 2-3　FP1 系列 PLC 基本功能指令表

指令		功能	步
名称	助记符		
0.01s 定时器	TMR	以 0.01s 为计时单位的定时器	3
0.1s 定时器	TMX	以 0.1s 为计时单位的定时器	3
1.0s 定时器	TMY	以 1s 为计时单位的定时器	4
计数器	CT	减计数器	3
移位寄存器	SR	将 16 位内部继电器 WR 左移 1 位	1

辅助定时器、加/减计数器、左右移位寄存器将在第 3 章中讲述。

1. 定时器指令 TMR、TMX、TMY

（1）指令功能

TMR：以 0.01s 为计时单位设置定时时间的定时器；

TMX：以 0.1s 为计时单位设置定时时间的定时器；

TMY：以 1 s 为计时单位设置定时时间的定时器。

操作数为 SV 和常数。

【例 2-10】 编程实例

程序指令如下所示：

```
0    ST    X0
1    TMX   2
     K     50
4    ST    T2
5    OT    Y0
```

实例程序梯形图及时序图如图 2-12 所示。

当 X0 为 "ON" 时，定时器开始延时，5s 后定时器 n 的常开触点闭合（ON），Y0 得电

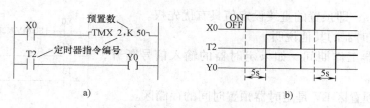

图 2-12　实例梯形图及时序图

a）梯形图　b）时序图

输出（ON）。

（2）指令使用说明

1）TM 指令是一个减计数型定时器，在定时器线圈被接通后开始计时，延时时间到，则相应的定时器常开触点闭合，常闭触点断开。每一个定时器都有一个对应的设定值存储单元 SV。和经过值（当前值）存储单元 EVn，n 为该定时器的编号，默认设置下的范围是 0 ~ 99。

2）如果定时器数量不够，可以通过系统寄存器 5 调整计数器的起始编号来改变定时器和计数器的数量分配。

3）定时器预置时间为：定时器计时单位 × 预置值（K）。上述程序中的定时时间为（TMX2　K50）：0.1s × 50 = 5s。

4）采用十进制常数设定预置值（见图 2-13）。

① 当 PLC 工作方式为 RUN 时，设定的十进制常数"K50"被传送到设定值存储单元 SV2 中；

② 在输入端 X0 为"ON"的瞬间，SV2 中的设定值传送到经过值（当前值）存储单元 EV2 中；

③ 当输入端 X0 为"ON"时，PLC 每一次扫描，经过的时间从 EV2 中减去；

④ 当前值存储单元 EV2 中的数据减为 0 时，定时器 T2 的触点闭合，Y0 得电输出。

5）采用"SVn"设定预置值（见图 2-14）。

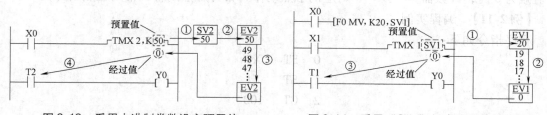

图 2-13　采用十进制常数设定预置值　　　图 2-14　采用"SVn"设定预置值的步骤

① 使用高级指令 F0［MV］直接设定定时器的设定值。在输入端 X0 为"ON"时，F0［MV］将设定值由"SV1"传送到"EV1"中；

② 当输入端 X1 处于为"ON"状态时，PLC 每一次扫描，经过的时间从 EV1 中减去；

③ 当 EV1 中的数据减为 0 时，定时器触点 T1 接通，Y0 得电输出。

6）采用 F0［MV］指令改变定时器设定值（见图 2-15）。

使用编程工具可改变预置区（SV）的值，甚至在 RUN 方式下也能改变。工作过程为若 XII 没有闭合只闭合 X1 时延时为 5s，先闭合 X0 后闭合 X1 时延时为 2s，而先闭合 X1 后闭合

X0 时延时仍为 5s，即预置的直接设定值具有优先权。

（3）关于定时器的其他说明

1）在定时器工作期间，如果定时器的输入信号断开，则定时器被复位。

2）定时器预置区 EV 是定时器预置时间的存储区。

3）当 EV 中的数据减到 0 时，定时器的触点动作，常开的闭合，常闭的断开。

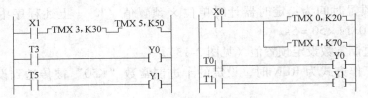

图 2-15　修改定时器中设定的预置值

4）每个 SV、EV 为一个字，即 16 位存储器，并与定时器的编号对应。

5）在定时器工作期间，如果 PLC 掉电或者工作方式由 RUN 切换到 PROG，则定时器复位。若想保持运行中的状态，可以通过设置系统寄存器 6 来实现。

6）定时器操作是在定时器指令扫描期间执行，因此使用定时器时，应保证 TMX 指令在每个扫描周期只能扫描一次（在使用 INT、JP、LOOP 指令时要注意）。

7）定时器可以串联使用，也可以并联使用。串联使用时，第二个定时器在第一个定时器计到 0 时开始定时；并联使用可以按不同的时间去控制不同的对象，如图 2-16 所示。

图 2-16　定时器的串联和并联

2. 计数器指令 CT

（1）指令功能

采用减计数型的计数方式，在每个计数触发信号的上升沿进行计数，当前值减 1。当计数值减为 0 时，计数器为 "ON"，对应的触点动作（常开触点闭合，常闭触点断开）。

【例 2-11】　编程实例

程序指令如下：

```
0    ST    X0
1    ST    X1
2    CT    100
     K      6
5    ST    C100
6    OT    Y0
```

实例梯形图、时序图如图 2-17 所示。

当系统检测到触发信号 X0 的第 6 个上升沿时，计数器为 "ON"，C100 触点闭合，Y0 得电输出并保持。当复位信号 X1 接通时，当前值 "EV100" 复位，Y0 失电。在 X1 断开后重新恢复计数。

（2）指令使用说明

1）CT 为减计数型计数器。

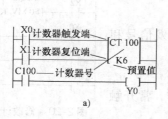
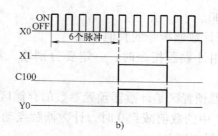

图 2-17　实例梯形图及时序图

a）梯形图　b）时序图

2）如果计数器数量不够，可以通过系统寄存器 5 调整计数器的起始编号来改变定时器和计数器的数量分配。

3）采用十进制常数设定预置值（设定值）时，如图 2-18 所示。

① 当 PLC 的工作方式为 RUN 时，设定的十进制常数 K6 被传送到设定值存储单元 SV100 中。

② 当复位端 X1 由 "ON" 为 "OFF" 时，SV100 中的预置值（设定值）传送到当前值存储单元 EV100 中。

③ 在触发端 XII 的每一个上升沿（由 "OFF" 变为 "ON"）到来时，EV100 中的数值减 1。

④ 当 EV100 中的数据减为 0 时，计数器触点 C100 接通，Y0 得电输出。

⑤ 当复位信号 X1 接通（由 "OFF" 变为 "ON"）时，EV100 复位，Y0 失电。在复位信号 X1 断开（由 "ON" 变为 "OFF"）时，SV100 中的设定值再次传送到 EV100 中。

4）采用 "SVn" 设定预置值（执行过程见图 2-19）。

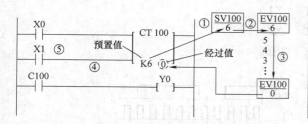

图 2-18　采用十进制常数设定预置值

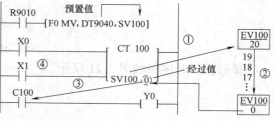

图 2-19　采用 "SVn" 设定预置值

① 当 PLC 工作方式为 RUN，且复位端 X1 为 "OFF" 时，SV100 中的设定值（由外部设定，假设为 20）传送到当前值存储单元 EV100 中。

② 在触发端 X0 的每一个上升沿到来时，EV100 中的数值减 1。

③ 当：EV100 中的数值减为 0 时，计数器常开触点 C100 接通，Y0 得电。

④ 当复位信号 X1 接通（由 "OFF" 变为 "ON"）时，计数器复位，Y0 失电。在复位信号 X1 断开（由 "ON" 变为 "OFF"）时，SV100 中的设定值再次传送到 EV100 中。

5）采用 F0〔MV〕指令改变计数器设定值（见图 2-20）。

利用编程工具可改变设定值 SV，而且在 RUN 方式下也能改变。在图 2-20 中，当 X2 接通时，将原来设定的数值 100 改为 30，即预置的直接设定值具有优先权。若 X2 没闭合，则计数值仍为 100。

（3）关于计数器指令的其他事项

1）在使用计数器指令时，一定要分别输入触发信号和复位信号。

2）计数器预置区是计数器预置参数的存储区。

3）当 EV 中的数值减到 0 时，计数器触点动作，常开触点闭合，常闭触点断开。

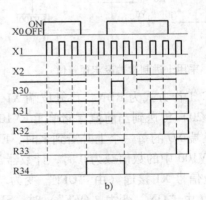

图 2-20　修改计数器预置值

4）每个计数器都有一对编号与计数器相同的字存储单元 SV、EV。

5）在计数器工作期间，如果 PLC 失电或者工作方式由 RUN 切换到 PROG，计数器的当前值仍然保持，计数器不会复位。若需要将计数器设置为非保持型，可以通过改变系统寄存器 6 的设置来实现。

6）当触发信号和复位信号同时到达时，复位信号优先。

3. 寄存器移位指令 SR

（1）指令功能

SR 相当于一个串行输入移位寄存器，在移位脉冲上升沿到来时将 16 位的内部继电器 WR 中的数据逐位左移一位，最高位溢出。当移位脉冲信号前沿到来时，若数据输入端为"ON"，则向最低位 Rx0 移入"1"，反之则移入"0"。复位信号到来时，移位的内容全部复位为 0。SR 指令的操作数为 WR。

【例 2-12】　编程实例

程序指令如下：

```
0   ST   X0
1   ST   X1
2   ST   X2
3   SR   WR3
```

梯形图、时序图如图 2-21 所示。

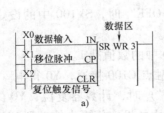

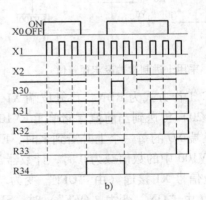

图 2-21　实例程序的梯形图及时序图
a）梯形图　b）时序图

在 X2 为"OFF"时，移位输入 X1 接通，WR3（即内部继电器 1t30 到 D3F）中的数据依次向左移一位。如果数据输入 X0 为"ON"，左移一位后 R30 置 1；如果 X0 为"OFF"。

左移一位后 R30 置 0。在复位输入 X2 的上升沿，WR3 被复位（WR3 的所有位变为 0）。

（2）指令使用说明

1）移位操作是在移位触发信号（触发脉冲）的作用下，将操作数的每一位由低位向相邻的高位移动一位，输入信号进入最低位，最高位被移出。如图 2-22 所示。

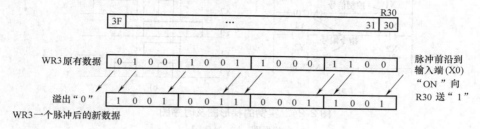

图 2-22　移位操作

2）复位操作，见图 2-23。

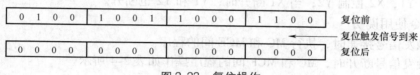

图 2-23　复位操作

3）使用 SR 指令编程时，必须有数据输入、移位和复位触发信号，而且三者互相独立。

2.3　基本控制指令

PLC 中的基本控制指令指令系统中占有重要的地位，它是用来确定程序的执行顺序和流程。

实际设计中可以根据系统的要求设计成一个按一定流程执行的程序，使得程序更加整齐易读，逻辑过程也更加清晰。

1. 主控和主控结束指令 MC、MCE

（1）指令功能

当触发信号接通时，执行 MC 和 MCE 之间的指令，否则不执行。

【例 2-13】　编程实例

程序的指令如下：

0	ST	X0
1	OT	Y0
2	ST	X1
3	MC	0
4	ST	X0
5	OT	Y1
6	ST	X2
7	OT	Y2
8	MCE	0

实例程序的梯形图、时序图如图 2-24 所示。

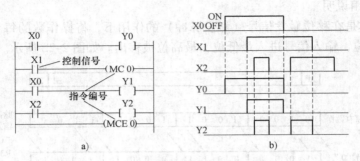

图 2-24　实例的梯形图及时序图
a）梯形图　b）时序图

输出 Y0 不受 MC 和 MCE 指令控制。当触发信号 X1 接通时，执行 MC 和 MCE 之间的指令，X0 控制 Y1，X2 控制 Y2；当 X1 断开时，Y1 和 Y2 也断开。

（2）指令使用说明

1）当触发信号接通时，执行 MC 和 MCE 间的程序。

2）当触发信号断开时，MC 和 MCE 间的程序操作如表 2-4 所示。

表 2-4　触发信号断开时 MC 和 MCE 间的指令操作[①]

指　　令	状　　态
OT	全部 OFF
KP	
SET	保持触发信号 OFF 以前的状态
RST	
TM 和 F137（STMR）	复位
CT 和 F118（UDC）	保持触发信号 OFF 以前的当前值
SR 和 F119（LRSR）	
DF 和 DF/	微分指令无效。如需要进行微分指令操作，必须将微分指令换到 MC 和 MCE 指令之外
其他指令	不执行

[①] 此时该段程序只是处于停控状态，PLC 仍然扫描这段程序。其中 F118（UDC）、F119（LRSR）和 F137（STMR）为高级指令，其功能在第 4 章中有具体介绍。

3）MC 指令不能直接从母线开始，在 MC 指令前必须有触点。

4）程序中的主控指令可以嵌套，但 MC 和 MCE 必须成对出现且编号相同，并且不能颠倒顺序，更不能出现两个或多个相同编号的主控指令对，编号范围是 0 ~ 31，如图 2-25 所示。

2. 跳转和标号指令 JP、LBL

（1）指令功能

当 JP 指令前的触发信号接通时，跳转到与 JP 指令同编号的 LBL（编号范围为 0 ~ 63）处，并执行后续程序，JP 与 LBL 之间的指令不执行。

【例 2-14】　编程实例

实例程序指令如下所示：

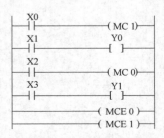

图 2-25　主控指令的嵌套

```
0    ST    X0
1    JP    0
2    ST    X1
3    OT    Y0
4    LBL   0
5    ST    X2
6    OT    T1
```

梯形图、时序图如图 2-26 所示。

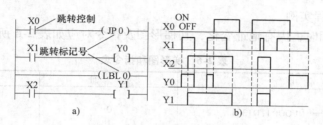

图 2-26　实例梯形图及时序图

a）梯形图　b）时序图

当控制条件 X0 为 "ON" 时，程序由 JP0 跳转至 LBL0，接着执行下面的程序。

（2）指令使用说明

1）JP 指令跳过位于 JP 和同编号的 LBL 指令间的所有指令。执行 JP 指令时，被跳过去的指令的执行时间不计入扫描时间。

2）程序中可以使用多个编号相同的 JP，但不允许出现相同编号的 LBL。

3）LBL 可供相同编号的 JP 和 LOOP 指令使用。

4）在一对 JP 和 LBL 指令中间可以嵌套使用。

5）在 JP 指令执行期间，TM、CT、SR、Y 和 R 的操作如表 2-5 所示。

表 2-5　JP 和 LBL 间指令的操作

类型	状　态
TM	不执行定时器指令，如果每次扫描都不执行该指令，无法保证准确的时间
CT	即使计数输入接通，也不执行计数操作，当前值保持不变
SR	即使移位输入接通，也不执行移位操作，特殊寄存器的内容保持不变
Y	保持为跳转前的状态
R	保持为跳转前的状态

6）在 JP 和 LBL 指令中间使用 DF 或 DF/指令，当 JP 的控制信号为 "ON" 时无效。如果 JP 和 DF 或 DF/使用同一触发信号，将不会有输出。如需要输出，必须将 DF 或 DF/指令放在 JP 和 LBL 指令外部。

7）LBL 的地址不能位于 JP 的地址之前，否则会出现运行错误。

8）JP 和 LBL 指令不能用在步进程序中，且出现下列几种情况时，程序将不执行：

① JP 指令没有触发信号；

② 存在两个或者多个相同编号的 LBL 指令；

③ 缺少 JP 和 LBL 指令对中的一个指令；

④ 由主程序区跳转到 ED 指令之后的一个地址；

⑤ 由步进程序区之外跳入步进程序区之内；

⑥ 从子程序或中断程序区跳到子程序或中断程序区之外。

3. LOOP 和 LBL（循环和标号）**指令**

（1）指令功能

触发信号接通时，反复执行 LOOP 指令和同编号的 LBL 指令之间的程序，每执行一次，预置的数据存储单元的内容减 1，当减到 0 时退出循环。该指令的操作数为：WY、WR、SV、EV、DT、IX 和 IY。

【例 2-15】 编程实例

在循环指令使用时，因有地址变化，其梯形图及指令对应如表 2-6 所示。

表 2-6　梯形图和指令表

梯　形　图	地　址	指　令　表
X1 ├┤├──────[LOOP 1, DT2] X2 ├┤├──────[Y1] ──────────[LBL 1]	0 1 5 6 7	ST　　X1 LOOP　1 DT　　2 ST　　X2 OT　　Y1 LBL　　1

当触发信号接通时，反复执行 LOOP1 和 LBL1 指令间的所有程序，每执行一次，预置数据寄存器的数值减 1，直到 DT2 中的数值为 0 时结束循环。在触发信号断开时 LOOP 指令和同编号的 LBL 指令之间的程序不执行。

（2）指令使用说明

1）有 LOOP 指令必有相同编号的 LBL 指令，编号为 0 ~ 63，且 LOOP 指令必须在 LBL 指令之前。

2）在同一程序段中，LOOP 指令可以嵌套使用，但不允许出现相同编号的 LBL 指令。

3）如果数据区的预置值为 0，LOOP 指令无法执行（无效）。

4）执行 LOOP 指令期间 TM、CT 和 SR 指令操作如表 2-7 所示。

表 2-7　LOOP 和 LBL 间的指令操作

指令	状　态
TM	不执行定时器指令，如果每次扫描都不执行该指令，无法保证准确的时间
CT	即使计数输入接通，也不执行计数操作，当前值保持不变
SR	即使移位输入接通，也不执行移位操作，特殊寄存器的内容保持不变

5）在 LOOP 和 LBL 指令中间使用 DF 或 DP/指令，当 LOOP 的控制信号为"ON"时无效。如果 LOOP 和 DF 或 DF/使用同一触发信号，将不会有输出。如需要输出，必须将 DF 或 DF/指令放在 LOOP 和 LBL 指令外部。

4. 结束和条件结束指令 ED、CNDE

指令功能：ED 为无条件结束，CNDE 为条件结束。

【例 2-16】 编程实例

程序梯形图如图 2-27 所示。

当 X0 断开时，执行完程序 1 后并不结束，继续执行程序 2，直到执行完程序 2 才结束全部程序并返回起始地址。此时 CNDE 不起作用，只有 ED 起作用。当 X0 接通时，执行完程序 1 后，遇到 CNDE 指令不再继续向下执行，而是返回起始地址，重新执行程序 1。CNDE 指令只适用于在主程序中使用。

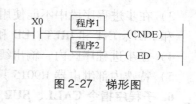

图 2-27　梯形图

5. 步进控制指令 SSTP、NSTP、NSTL、CSTP 和 STPE

（1）指令功能

SSTP：表示进入步进程序。SSTP 指令始终位于过程 n 的程序起始地址处。

NSTP：以脉冲方式进入步进程序。当检测到控制触点的上升沿时，程序进入下一个步进程序段，并将前面的程序用过的数据区清除，输出关断，定时器复位。

NSTL：以扫描方式进入步进程序。只要控制触点闭合，程序进入下一个步进程序段，并将前面的程序用过的数据区清除，输出关断，定时器复位。

CSTP：清除指定标记的步进指令。当最后一个步进程序段结束时，使用这条指令清除数据区，输出关断，定时器复位。

STPE：结束整个步进过程。

【例 2-17】　编程实例

程序指令如下：

```
          10    ST    X0
          11    NSTP  1
          14    SSTP  1
          17    OT    Y0
          18    ST    X1
          19    NSTL  2
          22    SSTP  2
            ⋮
          100   ST    X2
          101   CSTP  50
          104   STPE
```

当检测到 X0 的上升沿时，执行过程 1（从 SSTP1 ~ SSTP2）。当 X1 接通时，清除过程 1，并开始执行过程 2（从 SSTP2 开始）。当 X2 接通时，清除过程 50，步进程序执行结束。

上述实例梯形图如图 2-28 所示。

（2）指令使用说明

1）步进控制是将多个程序段看做若干个过程，按照一定的执行顺序连接起来进行控制。步进指令按严格的顺序分别执行各个程序段，每一段都有独立的编号，编号范围是 0 ~ 127。编号可以不按顺序。

2）在一个过程执行前，先清除上一个过程，但几个过程可以同时运行（分支）。

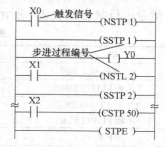

图 2-28　实例梯形图

3）在步进程序段中不能使用下述指令：JP 和 LBL、LOOP 和 LBL、MC 和 MCE、SUB 和 RET、INT 和 IRET、ED 和 CNDE。

4）在步进程序区内，输出线圈可以直接连在左母线上。

5）特殊内部继电器 R9015 只在一个步进程序开始时闭合一个扫描周期。

6. 子程序指令 CALL、SUB 和 RET

（1）指令功能

CALL：转移到子程序并且开始执行。返回主程序后，子程序内的输出仍被保持。

SUB：子程序的开始。

RET：子程序结束并返回主程序。

【例 2-18】 编程实例

程序指令如下所示：

10	ST	X0
11	CALL	1
⋮		
20	ED	
21	SUB	1
⋮		
30	RET	

该实例程序梯形图如图 2-29 所示。

当执行条件（触发信号 X0）为"ON"时，执行 CALL 指令，从 SUB 指令处开始执行指定编号的子程序。当子程序执行到 RET 时，程序返回到 CALL 指令之后的主程序继续执行。

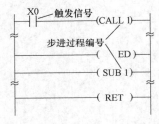

图 2-29　实例梯形图

（2）指令使用说明

1）每一个子程序必须在 ED 指令之后，由 SUB 开始，最后以 RET 结束。

2）CALL 指令可以用在主程序区、中断程序区和子程序区。程序中可以多次使用同一标号的 CALL 指令，标号范围是 0～15。

3）不能重复使用同一标号的 SUB 指令。

4）子程序可以嵌套使用，但最多只可以嵌套 4 层。

5）如果 CALL 指令的触发信号处于断开状态，不执行子程序。此时，SUB 和 RET 间的各指令运行状态如表 2-8 所示。

表 2-8　SUB 和 RET 间的各指令运行状态

指　　令	状　　态
OT、KP、SET、RST	保持触发信号刚断开前的状态
TM 和 F137（STMR）	不执行定时器指令，如果每次扫描都不执行该指令，无法保证准确的时间
CT 和 F118（UDC）	保持触发信号刚断开前的当前值
SR 和 F119（LRSR）	保持触发信号刚断开前的当前值
DF 和 DF/	存储触发信号刚断开前 DF 和 DF/指令的触发状态
其他	均不执行

7. 中断指令 ICTL、INT 和 IRET

（1）指令功能

ICTL：通过 S1、S2 选择并且执行允许/禁止中断或清除中断。

INT：中断程序的开始。

IRET：中断程序结束并返回主程序。

【例 2-19】 编程实例

实例指令程序如下所示：

```
10    ST    X10
11    DF
12    ICTL
            H    0
            H    2
⋮
20    ED
21    INT    1
⋮
30    IRET
```

实例梯形图如图 2-30 所示。

当检测到中断控制触发信号 X10 的上升沿时，中断源 X1 被允许，其他中断源被禁止。在 X10 上升沿处正在执行的指令将立即停止，转而执行 INT1 和 IRET 指令间的中断程序。中断程序执行完毕后，返回到 IC-TL 指令处，继续执行 ICTL 指令下面的程序。

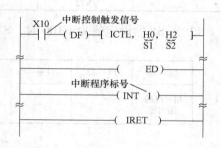

图 2-30 实例梯形图

（2）指令使用说明

1）FP1 有 8 个外部中断 INT0 ~ INT7（对应的中断源为 X0 ~ X7）和一个内部定时中断 INT24。通过 ICTL 指令可以设置所有的中断源为允许/禁止（非屏蔽/屏蔽）。每次执行完 IC、TL 指令后，中断的类型以及中断的允许/禁止的设定就已完成（由 S1 和 S2 设定）。ICTL 指令必须和 DF 指令连用，以保证只在触发信号的上升沿执行一次。

2）S1 的设定中断的控制操作如图 2-31 所示。S1 设定的中断类型如表 2-9 所示。

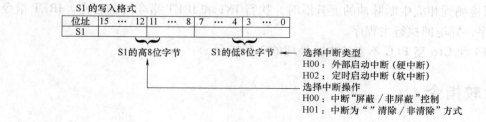

图 2-31 S1 的设定

表 2-9　　S1 设定的中断类型

中断类型	S1 中的设定值	状　态
外部中断(包括高速计数器中断)	H0	当 S1 的设定值为 H0 时,所有外部中断(包括高速计数器中断)为屏蔽/非屏蔽状态,每个中断源的状态由 S2 设定
	H100	当 S1 的设定值为 H100 时,表示已执行的中断源可以清除,选择清除哪些中断源由 S2 设定
定时中断	H2、H3	当 S1 的设定值为 H2、H3 时,为内部定时中断方式,中断时间间隔由 S2 设定

3）S2 的设定。S2 须根据 S1 中的控制字来设定中断状态。

① 当 S1 的设定值为 H0 时,S2 的设定格式如图 2-32 所示。位地址和中断程序间的关系如表 2-10 所示。

位　址	15…12	11…8	7…4	3…0	
相对应的输入标号	—	—	X7…X4	X3…X0	$Xi = 0$：禁止(屏蔽)　　 $i = 0 \sim 7$ $Xi = 1$：允许(非屏蔽) $i = 0 \sim 7$

图 2-32　　S2 的设定格式

表 2-10　　位地址和中断程序间的关系

位址	中断程序	中断源	位址	中断程序	中断源
0	INT0	X0 或高速计数器	3	INT3	X3
1	INT1	X1	4	INT4	X4
2	INT2	X2			

② 当 S1 的设定值为 H100 时,S2 的设定格式如图 2-33 所示。

位　址	15…12	11…8	7…4	3…0	
相对应的输出源	—	—	X7…X4	X3 X2 X1 X0	$Xi = 0$：复位　　　 $i = 0 \sim 7$ $Xi = 1$：保持有效 $i = 0 \sim 7$

图 2-33　　S2 的设定格式

当中断源对应的位设置为 0 时,清除相应的中断源。

③ 当 S1 的设定值为 H2 或 H3 时为内部定时中断 INT24,S2 的设定范围为 K0 ~ K3000。S1 = H2 时的定时时间为 S2 × 10ms；S1 = H3 时的定时时间为 S2 × 0.5ms。S2 = H0 则禁止定时,中断 INT24。

4）INT 和 IRET 指令必须放在 ED 指令之后,并且在 INT 和 IRET 指令间必须有程序。

5）当检测到相应中断脉冲的上升沿时,执行 INT 和 IRET 指令间的程序。IRET 指令结束中断程序,并返回执行主程序。

6）C14 和 C16 型 PLC 不支持中断处理的 3 条指令。

2.4　比较指令

松下 FP1 系列的比较指令共有 36 条。比较指令与基本顺序指令 ST、AN、OR 类似,不同的是基本顺序指令的操作数是各类继电器,而比较指令的操作数可以是两个相互比较的存储单元。

比较指令分为单字（16 位）比较和双字（32 位）比较，两个操作数可以是 WX、WY、WR、SV、EV、DT、IX、IY 和常数。需要注意的是，FP1 系列 PLC 的 C14 型和 C16 型两种机型不支持这 36 条比较指令。

1. 单字加载比较指令 ST =、ST < >、ST >、ST > =、ST <、ST < =

（1）指令功能

ST =：相等时加载，S1 等于 S2 时执行后续指令。

ST < >：不相等时加载，S1 不等于 S2 时执行后续指令。

ST >：大于时加载，S1 大于 S2 时执行后续指令。

ST > =：大于或等于（不小于）时加载，S1 大于或等于 S2 时执行后续指令。

ST <：小于时加载，S1 小于 S2 时执行后续指令。

ST < =：小于或等于（不大于）时加载，S1 小于或等于 S2 时执行后续指令。

【例 2-20】 编程实例

该实例的指令如下：

$$0 \quad ST =$$
$$DT \quad 0$$
$$K \quad 50$$
$$5 \quad OT \quad Y0$$

实例程序的梯形图及时序图如图 2-34 所示。

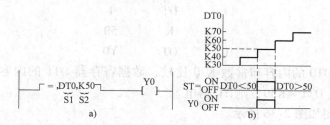

图 2-34 实例程序的梯形图及时序图

a）梯形图 b）时序图

数据寄存器 DT0 的内容与常数 K50 比较，如果 DT0 = K50 时，Y0 为 "ON"。

（2）指令使用说明

1）比较指令直接与左母线相连，相当于一个有条件的控制触点。

2）根据比较条件，将 S1 指定的单字数据和 S2 指定的单字数据进行比较，继电器的通断取决于比较结果。比较结果如图 2-35 所示。

2. 单字串联比较指令 AN =、AN < >、AN >、AN > =、AN <、AN < =

（1）指令功能

AN =：S1 等于 S2 时进行 "与" 运算。

AN < >：S1 不等于 S2 时进行 "与" 运算。

AN >：S1 大于 S2 时进行 "与" 运算。

AN > =：S1 大于或等于 S2 时进行 "与" 运算。

AN <：S1 小于 S2 时进行 "与" 运算。

比较指令	比较条件	接点状态
ST=	S1=S2	ON
	S1≠S2	OFF
ST＜＞	S1≠S2	ON
	S1=S2	OFF
ST＞	S1＞S2	ON
	S1≤S2	OFF
ST＞=	S1≥S2	ON
	S1＜S2	OFF
ST＜	S1＜S2	ON
	S1≥S2	OFF
ST＜=	S1≤S2	ON
	S1＞S2	OFF

图 2-35　比较运算结果

AN＜=：S1 小于或等于 S2 时进行"与"运算。

【例 2-21】　编程实例

实例程序指令如下：

```
0        ST <
         DT          0
         K          70
5        AN < >
         DT          1
         K          50
10       OT         Y0
```

将数据寄存器 DT0 的内容和常数 K70 比较，数据寄存器 DT1 的内容和常数 K50 比较，如果 DT0 < K70，且 DT1 ≠ K50，则 Y0 得电。

梯形图、时序图如图 2-36 所示。

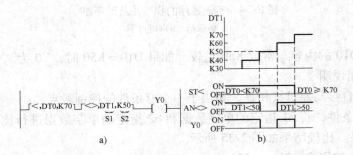

图 2-36　实例梯形图及时序图

a）梯形图　b）时序图

（2）指令使用说明

1）在程序中可以连续使用多个串联比较指令。

2）根据比较条件，将 S1 指定的单字数据和 S2 指定的单字数据进行比较，比较结果如图 2-37 所示。

比较指令	比较条件	接点状态
AN =	S1=S2	ON
	S1≠S2	OFF
AN < >	S1≠S2	ON
	S1=S2	OFF
AN >	S1>S2	ON
	S1≤S2	OFF
AN > =	S1≥S2	ON
	S1<S2	OFF
AN <	S1<S2	ON
	S1≥S2	OFF
AN < =	S1≤S2	ON
	S1>S2	OFF

图 2-37 比较运算结果

3. 单字并联比较指令 OR = 、OR < > 、OR > 、OR > = 、OR < 、OR < =

（1）指令功能

OR = ：S1 等于 S2 时进行 "或" 运算。

OR < > ：S1 不等于 S2 时进行 "或" 运算。

OR > ：S1 大于 S2 时进行 "或" 运算。

OR > = ：S1 大于或等于 S2 时进行 "或" 运算。

OR < ：S1 小于 S2 时进行 "或" 运算。

OR < = ：S1 小于或等于 S2 时进行 "或" 运算。

【例 2-22】 编程实例

程序指令如下所示：

```
0    ST <
     DT    0
     K     30
5    OR >
     DT    1
     K     40
10   OT    Y0
```

数据寄存器 DT0 的内容和常数 K30 比较，数据寄存器 DT1 的内容和常数 K40 比较，如果 DT0 < K30 或 DT1 > K40，则 Y0 得电。

实例梯形图、时序图如图 2-38 所示。

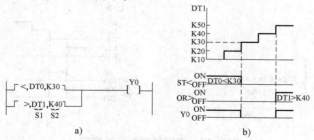

图 2-38 实例梯形图及时序图

a）梯形图   b）时序图

（2）指令使用说明

1）在程序中可以连续使用多个并联比较指令。

2）根据比较条件，将 S1 指定的单字数据和 S2 指定的单字数据进行比较，比较结果如图 2-39 所示。

比较指令	比较条件	接点状态
OR =	S1=S2	ON
	S1≠S2	OFF
OR < >	S1≠S2	ON
	S1=S2	OFF
OR >	S1>S2	ON
	S1≤S2	OFF
OR >=	S1≥S2	ON
	S1<S2	OFF
OR<	S1<S2	ON
	S1≥S2	OFF
OR<=	S1≤S2	ON
	S1>S2	OFF

条件	S1<S2	S1=S2	S1>S2
OR= ON/OFF			
OR<>			
OR>			
OR>=			
OR<			
OR<=			

图 2-39   比较运算结果

4. 双字加载比较指令 STD = 、STD < > 、STD > 、STD > = 、STD < 、STD < =

（1）指令功能

STD = ：相等时执行后续指令。

STD < > ：不相等时执行后续指令。

STD > ：大于时执行后续指令。

STD > = ：大于或等于时执行后续指令。

STD < ：小于时执行后续指令。

STD < = ：小于或等于时执行后续指令。

【例 2-23】 编程实例

实例程序指令如下：

$$0 \quad STD =$$
$$DT \quad 0$$
$$K \quad 30$$
$$9 \quad OT \quad Y0$$

实例梯形图、时序图如图 2-40 所示。

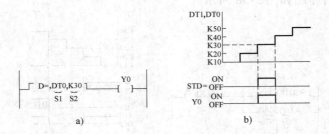

图 2-40   实例梯形图及时序图

a）梯形图   b）时序图

将数据寄存器（DT1，DT0）的内容和常数 K30 比较，如果（DT1，DT0）= K30，则 Y0 得电。

（2）指令使用说明

1）该指令在处理 32 位数据时，如果已指定低 16 位存储单元（S1，S2），则高 16 位存储单元自动指定为（S1 + 1，S2 + 1）。后面类似的情况不再重复说明。

2）根据比较条件，将（S1 + 1，S1）指定的双字数据和（S2 + 1，S2）指定的双字数据进行比较，触点的通断取决于比较结果。比较运算结果如图 2-41 所示。

比较指令	比较条件	接点状态
STD=	(S1+1,S1)=(S2+1,S2)	ON
	(S1+1,S1)≠(S2+1,S2)	OFF
STD<>	(S1+1,S1)≠(S2+1,S2)	ON
	(S1+1,S1)=(S2+1,S2)	OFF
STD>	(S1+1,S1)>(S2+1,S2)	ON
	(S1+1,S1)≤(S2+1,S2)	OFF
STD>=	(S1+1,S1)≥(S2+1,S2)	ON
	(S1+1,S1)<(S2+1,S2)	OFF
STD<	(S1+1,S1)<(S2+1,S2)	ON
	(S1+1,S1)≥(S2+1,S2)	OFF
STD<=	(S1+1,S1)≤(S2+1,S2)	ON
	(S1+1,S1)>(S2+1,S2)	OFF

图 2-41　比较运算结果

5. 双字串联比较指令 AND = 、AND < > 、AND > 、AND > = 、AND < 、AND < =

（1）指令功能

AND = ：相等时进行"与"运算。

AND < > ：不相等时进行"与"运算。

AND > ：大于时进行"与"运算。

AND > = ：大于或等于时进行"与"运算。

AND < ：小于时进行"与"运算。

AND < = ：小于或等于时进行"与"运算。

【例 2-24】　编程实例

实例程序指令表如下所示：

```
0      ST     X0
1      AND >
       DT     0
       K      30
10     OT     Y0
```

将数据寄存器（DT1，DT0）的内容和常数 K30 比较，如果（DT1，DT0）> K30 且 X0 为"ON"，Y0 得电。

实例梯形图、时序图如图 2-42 所示。

（2）指令使用说明

1）在程序中可以连续使用多个双字串联比较指令。

2）根据比较条件，将（S1 + 1，S1）指定的双字数据和（S2 + 1，S2）指定的双字数据进行比较，触点的通断取决于比较结果。比较运算结果如图 2-43 所示。

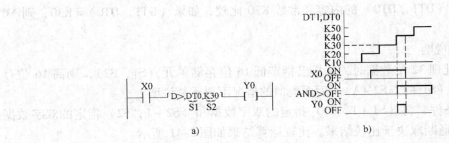

图 2-42　实例梯形图及时序图

a）梯形图　b）时序图

比较指令	比较条件	接点状态
AND=	(S1+1,S1)=(S2+1,S2)	ON
	(S1+1,S1)≠(S2+1,S2)	OFF
AND<>	(S1+1,S1)≠(S2+1,S2)	ON
	(S1+1,S1)=(S2+1,S2)	OFF
AND>	(S1+1,S1)>(S2+1,S2)	ON
	(S1+1,S1)≤(S2+1,S2)	OFF
AND>=	(S1+1,S1)≥(S2+1,S2)	ON
	(S1+1,S1)<(S2+1,S2)	OFF
AND<	(S1+1,S1)<(S2+1,S2)	ON
	(S1+1,S1)≥(S2+1,S2)	OFF
AND<=	(S1+1,S1)≤(S2+1,S2)	ON
	(S1+1,S1)>(S2+1,S2)	OFF

图 2-43　比较运算结果

6. 双字并联比较指令 ORD ＝、ORD ＜＞、ORD ＞、ORD ＞ ＝、ORD ＜、ORD ＜ ＝

（1）指令功能

ORD ＝：相等时进行"或"运算。

ORD ＜＞：不相等时进行"或"运算。

ORD ＞：大于时进行"或"运算。

ORD ＞ ＝：大于等于时进行"或"运算。

ORD ＜：小于时进行"或"运算。

ORD ＜ ＝：小于等于时进行"或"运算。

【例 2-25】　编程实例

实例程序指令如下所示：

$$
\begin{array}{lll}
0 & \text{ST} & \text{X0} \\
1 & \text{ORD}> & \\
 & \text{DT} & 0 \\
 & \text{K} & 30 \\
10 & \text{OT} & \text{Y0}
\end{array}
$$

将数据寄存器（DT1，DT0）的内容和常数 K30 比较，如果（DT1，DT0）＞K30 或 X0 为"ON"时，Y0 得电。

梯形图、时序图如图 2-44 所示。

（2）指令使用说明

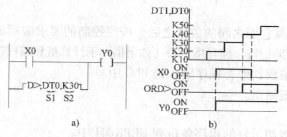

图 2-44　实例梯形图及时序图

a）梯形图　b）时序图

1）在程序中可以连续使用多个双字并联比较指令。

2）根据比较条件，将（S1 + 1，S1）指定的双字数据和（S2 + 1，S2）指定的双字数据进行比较，触点的通断取决于比较结果。比较运算结果如图 2-45 所示。

比较指令	比较条件	接点状态
ORD=	(S1+1,S1)=(S2+1,S2)	ON
	(S1+1,S1)≠(S2+1,S2)	OFF
ORD<>	(S1+1,S1)≠(S2+1,S2)	ON
	(S1+1,S1)=(S2+1,S2)	OFF
ORD>	(S1+1,S1)>(S2+1,S2)	ON
	(S1+1,S1)≤(S2+1,S2)	OFF
ORD>=	(S1+1,S1)≥(S2+1,S2)	ON
	(S1+1,S1)<(S2+1,S2)	OFF
ORD<	(S1+1,S1)<(S2+1,S2)	ON
	(S1+1,S1)≥(S2+1,S2)	OFF
ORD<=	(S1+1,S1)≤(S2+1,S2)	ON
	(S1+1,S1)>(S2+1,S2)	OFF

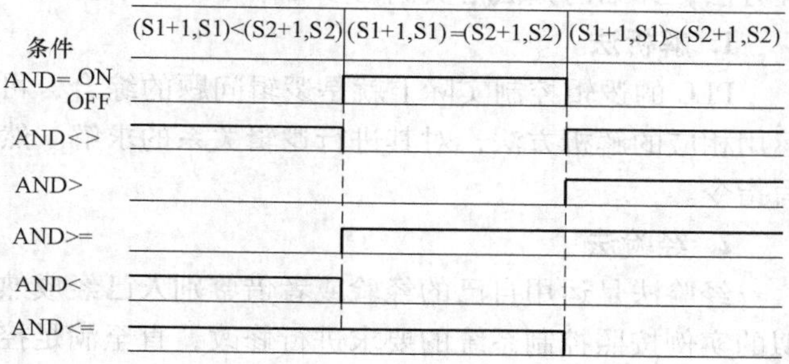

图 2-45　比较运算结果

2.5　程序设计的基本方法

程序设计就是根据控制要求实现将工艺流程图转换成梯形图的过程。这一过程是 PLC 应用中的关键所在，也是软件设计的具体体现。

2.5.1　编程内容

编程是一个系统工作，它包含了对控制对象分析理解和对程序调试的全过程。编写程序的主要内容有：

1）明确控制系统要求。

确定控制任务是设计 PLC 控制系统十分重要的部分。在设计中首先必须确定控制系统的 I/O 点数，因为它决定了 PLC 的系统配置；然后确定控制系统动作发生的顺序和相应的动作条件。

2）I/O 分配。

根据控制系统的功能确定哪些是发送（输入）给 PLC 的信号，哪些是来自 PLC 的信号（输出），并分别给出对应的地址。同时根据程序的需要合理使用定义过的内部辅助继电器、定时器和计数器等资源。

3）绘制梯形图。

明确输入、输出以及它们之间的关系之后，按照控制的要求编写梯形图。

4）将梯形图转换成助记符，编写指令表（如果借助于计算机和编程软件，可省去这一步）。

5）利用编程器或编程软件将程序输入到 PLC 中。

6）检查程序并纠正错误。

7）模拟调试。

8）现场调试，并将调试好的程序备份到 EEPROM 中。

在前面的每一步骤进行时，可以一步步来实现，或者多人协助，同时完成控制需要的任务。

2.5.2　程序设计的编程方法

在编写 PLC 程序时，可以根据自己的实际情况采用不同的方法，在本章中简单介绍编程方法，详细的方法与实例请参看本书第 6 章。

1. 解析法

PLC 的逻辑控制实际上就是逻辑问题的综合，可以根据组合逻辑或者时序逻辑的理论，运用相应的解析方法，对其进行逻辑关系的求解。然后根据求解的结果画出梯形图或直接编写指令。

2. 经验法

经验法是运用自己的经验或者借鉴别人已经成熟的实例进行设计，可以将已有相近或类似的实例按照控制系统的要求进行修改，直至满足控制系统的要求。在工作中要尽可能地积累经验和收集资料，不断丰富设计经验。

3. 图解法

图解法是采用画图的方法进行 PLC 程序设计，常见的方法有梯形图法、时序图（波形图）法和流程图法。

梯形图法是最基本的方法，无论经验法还是解析法，都要把 PLC 程序等价为梯形图。

时序图（波形图）法适合于时间控制系统。先把对应信号的波形画出来，再根据时序逻辑关系去组合，把程序设计出来。

流程图法是用框图表示 PLC 程序的执行过程及输入与输出之间的关系，在使用步进指令编程时，使用该方法进行设计是很方便的。

4. 技巧法

技巧法是在经验法和解析法的基础上运用一定的技巧进行编程，以提高编程质量。还可以采用流程图作为工具，巧妙地将设计形式化，进而编写需要的程序。

5. 计算机辅助设计

计算机辅助设计是利用 PLC 通过上位链接单元与计算机实现链接，运用计算机进行编程。该方法需要有相应的编程软件，现有的软件主要是将梯形图转换成指令。

2.5.3　编程原则及技巧

1. 编程技巧

采用一些编程技巧可使程序简洁、直观和易于理解，节省程序的存储空间，减少不易发现的错误。以下是一些常用的编程技巧：

1）输入继电器、输出继电器、辅助继电器、定时器/计数器的触点数量在程序中没有限制，多次使用可以简化程序和节省存储单元。

2）在不使程序复杂难懂的情况下应尽可能少占用存储空间。

3）定时器和计数器的编号范围是 0 ~ 143，不能重复使用。编程时定时器可以从 0 开始递增使用，而计数器从 143 开始递减使用，这样就可以避免定时器、计数器使用相同的编号。

4）在对复杂的梯形图进行调试时可以在任何地方插入 ED 指令，分段进行调试，从而提高调试的效率。

5）PLC 在工作时按照从左到右，由上而下的顺序进行扫描，上一梯级的执行结果会影响下一级的输入，所以在编程时必须考虑控制系统逻辑上的先后关系。

2. 编程原则

1）任一编号的输出继电器、辅助继电器和定时器/计数器的线圈在程序中只能使用一次，但触点可以无限次使用。

2）并联触点和串联触点的个数没有限制。

3）线圈不能从母线直接输出。如需要始终保持通电，可以使用特殊继电器。

4）输出线圈可以并联，不能串联，但定时器的线圈可以串联。

5）一般以线圈、功能指令或高级指令与右母线相连，线圈、功能指令或高级指令后面不允许有触点。

6）不准使用没有定义过的触点和线圈。

7）主程序必须以 ED 指令结束。

8）定时器/计数器不能直接产生外部输出信号，需用其触点编程到一个输出继电器。

9）梯形图的竖线上不能安排任何元器件。

2.5.4　编程应用实例

在编制不同程序时，有着不同的技巧及原则，接下来就常见的实例，看看应用技巧的优越性。

1. 结构简单的编程

【例 2-26】　并联-串联结构

要编写并联-串联结构（指令及梯形图如图 2-46 所示）的编程，先编写并联逻辑块（如图 2-46a 中 a 块），然后再编写串联逻辑块（如图 2-46a 中 b 块）。

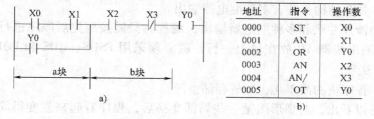

地址	指令	操作数
0000	ST	X0
0001	AN	X1
0002	OR	Y0
0003	AN	X2
0004	AN/	X3
0005	OT	Y0

图 2-46　并联-串联结构

a）梯形图　b）指令表

【例 2-27】 串联-并联结构

对于图 2-47 中串联-并联结构的编程，就必须将其分为逻辑块 a 和逻辑块 b。先对每块进行编程，然后利用 ANS 指令把这些逻辑块组合在一起。图 2-47 中，如将 a 块和 b 块换位，则可以减少指令数量，节约存储空间。

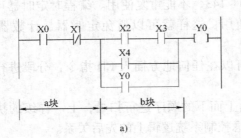

地址	指令	操作数
0000	ST	X0
0001	AN/	X1
0002	ST	X2
0003	AN	X3
0004	OR	X4
0005	OR	Y0
0006	ANS	—
0007	OT	Y0

b)

图 2-47　串联-并联结构

a) 梯形图　b) 指令表

【例 2-28】 多个并、串联结构

当梯形图中有多个串联和并联逻辑块时（如图 2-48 所示）。

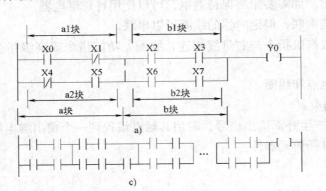

地址	指令	操作数
0000	ST	X0
0001	AN/	X1
0002	ST/	X4
0003	AN	X5
0004	ORS	—
0005	ST	X2
0006	AN	X3
0007	ST	X6
0008	AN	X7
0009	ORS	—
0010	ANS	—
0011	OT	Y0

b)

图 2-48　在串联中连接并联结构

a) 梯形图之一　b) 指令表　c) 梯形图之二

首先要把整个输出支路分成若干个串联或并联逻辑块，再把每个串联或并联逻辑块分为几个独立的逻辑块，然后对每个独立的逻辑块进行编程，最后根据它们之间的相互关系将所有的逻辑块利用 ORS 和 ANS 指令进行组合，完成整个输出支路的编程。

2. 复杂结构编程

【例 2-29】 并联结构，并有多种继电器输出

如图 2-49 中涉及并联和多种继电器输出，编程时只需按照先后顺序进行即可。但是如果将该程序中的输出线圈 Y0 放在最上一行，就必须采用 PSHS、RDS 和 POPS 指令进行编程，程序就会更复杂。

【例 2-30】 程序块的简单化，节省存储空间

从图 2-50 可以看出，对梯形图做一些局部变换后，程序看起来就变得简单了，不需要使用逻辑块指令即可完成，并且节约了存储空间。

【例 2-31】 程序块的简单化，却增加了存储空间

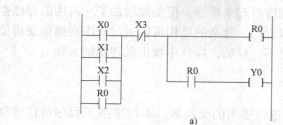

地址	指令	操作数
0000	ST	X0
0001	OR	X1
0002	OR	X2
0003	OR	R0
0004	AN/	X3
0005	OT	R0
0006	AN	R0
0007	OT	Y0

图 2-49 并联结构并有多种继电器输出

a) 梯形图 b) 指令表

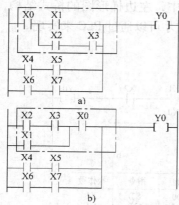

地址	指令	操作数
0000	ST	X0
0001	ST	X1
0002	ST	X2
0003	AN	X3
0004	ORS	—
0005	ANS	—
0006	ST	X4
0007	AN	X5
0008	ST	X6
0009	AN	X7
0010	ORS	—
0011	ORS	—
0012	OT	Y0

地址	指令	操作数
0000	ST	X2
0001	AN	X3
0002	OR	X1
0003	AN	X0
0004	ST	X4
0005	AN	X5
0006	ST	X6
0007	AN	X7
0008	ORS	—
0009	ORS	—
0010	OT	Y0
0011		
0012		

图 2-50 程序块的简单化 (一)

a) 梯形图 b) 梯形图局部变换 c) 指令表 (变换前) d) 指令表 (变换后)

在图 2-51 中，对难以理解的复杂梯形图做出两种不同的变换。

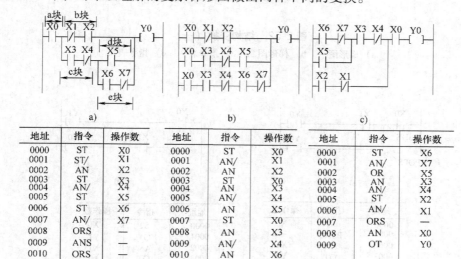

地址	指令	操作数
0000	ST	X0
0001	ST/	X1
0002	AN	X2
0003	ST	X3
0004	AN/	X4
0005	ST	X5
0006	ST	X6
0007	AN/	X7
0008	ORS	—
0009	ANS	—
0010	ORS	—
0011	ANS	—
0012	OT	Y0

地址	指令	操作数
0000	ST	X0
0001	AN/	X1
0002	AN	X2
0003	ST	X0
0004	AN	X3
0005	AN/	X4
0006	AN	X5
0007	ST	X0
0008	AN	X3
0009	AN/	X4
0010	AN	X6
0011	AN/	X7
0012	ORS	—
0013	ORS	—
0014	OT	Y0

地址	指令	操作数
0000	ST	X6
0001	AN/	X7
0002	OR	X5
0003	AN	X3
0004	AN/	X4
0005	ST	X2
0006	AN/	X1
0007	ORS	—
0008	AN	X0
0009	OT	Y0

图 2-51 程序块的简单化 (二)

a) 梯形图之一 b) 梯形图之二 c) 梯形图之三 d) 指令表 (一) e) 指令表 (二) f) 指令表 (三)

从梯形图之一变为梯形图之二时，尽管程序看起来顺畅，但是却增加了所占用的存储空间。当变为梯形图之三时，为最优。由此可以看出，复杂的结构可以通过程序变换而变得简单明了，而不同的变换方式得到的结果是完全不一样的，应从中找出最理想的方案。

3. 结构变换

【例 2-32】 下面是几个结构变换的例子。

从图 2-52 ~ 图 2-55 可以看出，对梯形图进行适当的变换后，不仅增强了程序可读性和直观性，而且还节约了存储空间。这是在程序设计中必须要考虑的。

松下 PLC 有着自身的工作方式，有时候硬件很容易实现的事情而软件却不能实现，同样有些软件很好实现的而硬件却无能为力。在图 2-56 中，左边梯形图的桥式结构，硬件很容易实现但软件无法实现，所以必须变换为右边的形式才可以通过 PLC 来实现。

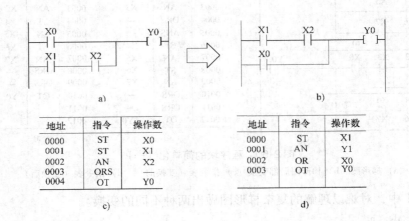

图 2-52　结构变换（一）

a）梯形图一　b）梯形图二　c）指令表一　d）指令表二

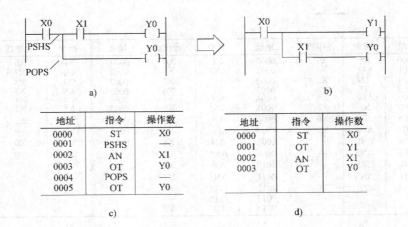

图 2-53　结构变换（二）

a）梯形图一　b）梯形图二　c）指令表一　d）指令表二

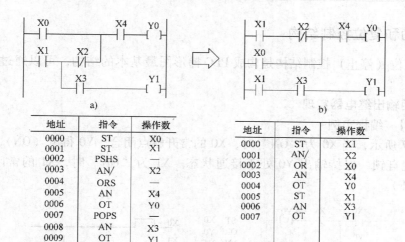

图 2-54　结构变换（三）

a）梯形图一　b）梯形图二　c）指令表一　d）指令表二

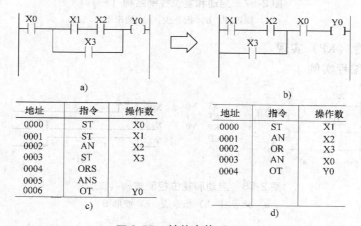

图 2-55　结构变换（四）

a）梯形图一　b）梯形图二　c）指令表一　d）指令表二

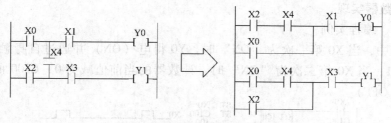

图 2-56　结构变换（五）

2.6　时序结构设计方法

时序结构是 PLC 的基本结构，本节以实例方法进行一一讲述。

2.6.1　启动和复位控制结构

启动和复位（停止）控制结构是构成 PLC 梯形图最基本的结构，可以通过以下几种方法实现。

1. 直接用输出继电器实现

【例 2-33】　编程实例

如图 2-57 所示，当 X0 为"ON"时，X0 的常开触点闭合，Y0 得电（ON），并由 Y0 的常开触点实现自锁，保持输出 Y0 处于接通状态。X1 为"ON"时，X1 的常闭触点断开，Y0 失电（OFF）。

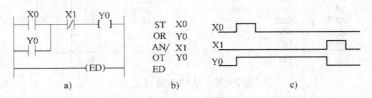

图 2-57　启动和复位控制结构（一）

a）梯形图　b）指令表　c）波形图

2. 用保持指令（KP）实现

【例 2-34】　编程实例

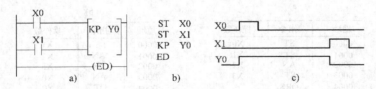

图 2-58　启动和复位控制结构（二）

a）梯形图　b）指令表　c）波形图

如图 2-58 所示，当 X0 为"ON"时，X0 的常开触点闭合，Y0 得电（ON）并保持；当 X1 为"ON"时，X1 的常开触点闭合，Y0 复位（OFF）。

3. 利用计数器实现

【例 2-35】　编程实例

在图 2-59 中，当 X0 第一次为"ON"时，Y0 得电（ON）并通过自身触点实现自锁，同时计数器减 1；当 X0 第二次为"ON"时，计数器的当前值减为 0，C100 的常闭触点断开，Y0 失电（OFF）。

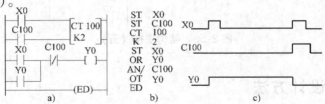

图 2-59　启动和复位控制结构（三）

a）梯形图　b）指令表　c）波形图

2.6.2　优先控制结构

对于两个输入信号（X0、X1）先接通者获得优先权，而另一个无效，实现这种功能的结构就是时间优先结构。

【例 2-36】　时间优先控制结构

如图 2-60 所示。

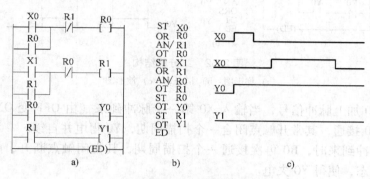

图 2-60　优先控制结构
a）梯形图　b）指令表　c）波形图

当 X0 先接通，R0 线圈接通，Y0 得电（ON），同时由于 R0 的常闭触点断开，X1 接通时也无法使得 R1 接通，因此 Y1 无输出。如果 X1 先接通，则 X0 输出而 Y0 无输出，这样，就实现了先接通者优先输出。

2.6.3　比较控制结构

比较控制结构（译码结构）是预先设定好输出条件，然后对多个输入信号进行比较，根据比较的结果来决定输出状态。

【例 2-37】　比较控制结构

如图 2-61 所示，当 X0、X1 同时接通时，Y0 得电（ON）；X0、X1 都断开时，Y1 得电（ON）；当 X0 断开而 X1 接通时，Y2 得电（ON）；当 X0 接通而 X1 断开时，Y3 得电（ON）。

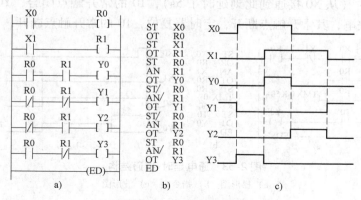

图 2-61　比较控制结构
a）梯形图　b）指令表　c）波形图

2.6.4　分频结构

【例 2-38】　利用 PLC 可以实现任意分频，如图 2-62 所示为二分频结构。

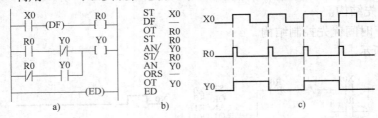

图 2-62　二分频结构

a）梯形图　b）指令表　c）波形图

在输入端 X0 加上脉冲信号，当输入 X0 第一个脉冲到来（由 OFF 变 ON）时，上升沿微分指令使得 R0 接通，其常开触点闭合一个扫描周期，Y0 得电并自锁。

当第二个脉冲到来时，R0 再次接通一个扫描周期，其常闭触点断开，此时 Y0 的常闭触点处于断开状态，使得 Y0 失电。

当第三个脉冲到来时，R0 再次产生导通一个扫描周期，Y0 重新接通并保持，在第四个脉冲的上升沿使得 Y0 再次断开。依次往复循环，实现对输入信号 X0 的二分频。

2.6.5　延时结构

利用 PLC 的定时器和其他元器件构成时间控制结构就是延时结构。各类控制系统经常用到的功能，下面介绍几种实现延时的方法。

1. 通电延时接通结构

FP1 系列 PLC 的定时器是通电延时型的，即定时器接通后，当前值开始递减，当减到 0 时定时器开始输出，对应的常开触点闭合，常闭触点断开。定时器在输入断开时被复位，当前值恢复为设定值，触点也同时被复位。

【例 2-39】　通电延时-接通结构

在图 2-63 中，当输入 X0 接通时，R0 接通并自锁，定时器 T0 开始定时，T0 从 K50 开始递减，减为 0 时（从 X0 接通到此刻延时了 5s），T0 的常开触点闭合，Y0 得电。当输入 X1 接通时，R0 失电，其常开触点断开，定时器复位，T0 的常开触点断开，Y0 失电。

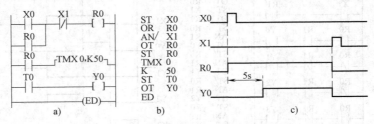

图 2-63　通电延时-接通结构

a）梯形图　b）指令表　c）波形图

2. 通电延时断开结构

【例 2-40】　程序实例

如图 2-64 所示，当输入 X0 接通时，Y0 和 R0 同时得电并实现自锁，R0 的常开触点接通定时器 T0，T0 从 K50 开始递减，当减到 0 时（从 X0 接通到此刻延时了 5s），T0 的常闭触点断开，Y0 失电。

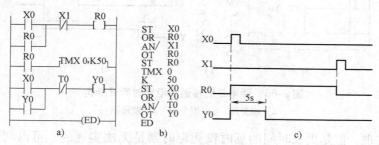

图 2-64　通电延时-断开结构

a）梯形图　b）指令表　c）波形图

当输入 X1 接通时，R0 失电，其常开触点断开，定时器被复位。

3. 失电延时断开结构

在继电器、接触器控制系统中经常用到失电延时控制，而 PLC 中的定时器只有通电延时功能，那么可以利用软件实现失电延时的控制功能。

【例 2-41】　程序实例

在图 2-65 中，当输入 X0 接通时，输出继电器 Y0 和内部继电器 R0 同时得电并均实现自锁，定时器不工作。

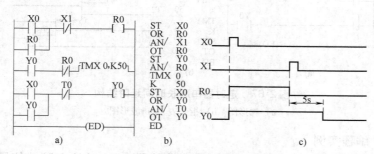

图 2-65　失电延时断开结构

a）梯形图　b）指令表　c）波形图

当输入 X1 接通时，R0 失电，其常闭触点闭合（此时 Y0 保持通电），定时器 T0 接通。T0 从 K50 开始递减，减为 0 时（从 X1 接通到此刻延时了 5s），T0 的常闭触点断开，Y0 失电，Y0 的常开触点断开，定时器复位。

4. 通电延时接通失电延时断开结构

【例 2-42】　编程实例

在图 2-66 中，当 X0 接通时，定时器 T1 开始延时，2s 后定时器 T1 的常开触点闭合（置位信号），保持指令使 Y0 得电并保持；当 X0 断开时，定时器 T2 接通（此时 Y0 的常开触点闭合）开始延时，4s 后定时器 T2 的常开触点闭合（复位信号），Y0 失电。

5. 长时间延时结构

控制系统有时需要比较长的延时，而每个定时器的时间设定都很有限，有时候可以通过

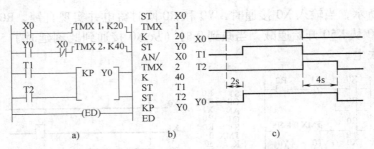

图 2-66　通电延时接通失电延时断开结构
a）梯形图　b）指令表　c）波形图

定时器串联来实现，但是更长时间的延时仅凭定时器是无法实现的，可以利用 PLC 内部的计数器组合来实现。

利用定时器串联可以实现长时间的延时，实质上就是让多个定时器依次接通，延时时间是多个定时器设定值的累加，如例 2-43 所示。但这种方法有一定的限制。

【例 2-43】　编程实例

程序指令及梯形图如图 2-67 所示。

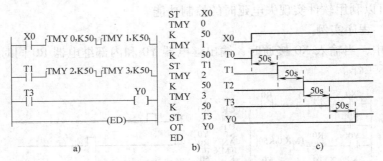

图 2-67　定时器串联长时间延时结构
a）梯形图　b）指令表　c）波形图

【例 2-44】　编程实例

在图 2-68 中，以定时器 T1 的设定时间作为计数器 C100 的输入脉冲信号，这样延时时间就是 T1 设定值的若干倍（图中为 4 倍）。

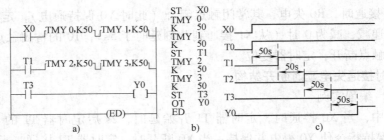

图 2-68　定时器和计数器联用长时间延时结构
a）梯形图　b）指令表　c）波形图

【例 2-45】　编程实例

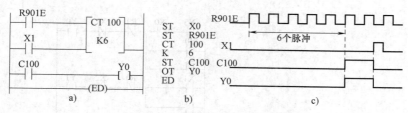

图 2-69　计数器长时间延时结构

a）梯形图　b）指令表　c）波形图

在图 2-69 中，以内部特殊继电器 R901E（1min 时钟）作为计数器 C100 的输入信号，这样延时时间就是若干分钟（图中为 6 个脉冲时间）。如果一个计数器不能满足要求，可以将几个计数器串联使用，即用前一个计数器的触点作为后一个计数器的输入脉冲信号，可实现一个更长时间的延时。

2.6.6　顺序控制

【例 2-46】　编程实例

在图 2-70 中分别利用定时器和计数器实现顺序延时控制。

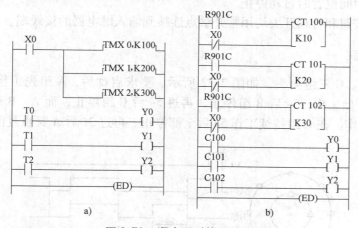

图 2-70　顺序延时接通结构

a）定时器延时电路　b）计数器延时电路

在 X0 接通时开始延时，延时 10s 后 Y0 得电，延时 20s 时 Y1 接通，延时 30s 时 Y2 接通。此外还可以利用比较指令实现顺序延时控制。

2.7　顺序控制的编程实例

顺序控制是各种控制系统的基础，同时又具有重要的作用，下面以 3 个例子来说明这种控制的编程方法。

2.7.1　小车往复程序控制

小车初始状态停在中间（行程开关 X0 被压下，其常开触点闭合），如图 2-71 所示。

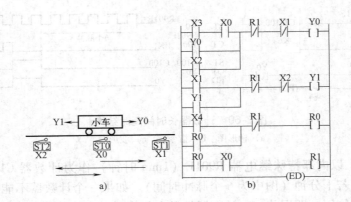

图 2-71　小车往复运动控制结构

a）小车往复运动示意图　b）梯形图

X3：启动；X4：停止

当按下启动按钮（X3 闭合），小车开始按照图示方向往复运动；

在需要停止时，按下停止按钮（X4 闭合）；

小车运行到中间位置时自动停止。

这里所有的按钮和行程开关均用常开触点连接到输入继电器的接线端。

2.7.2　喷泉控制

喷泉有 A、B、C 三组喷头，如图 2-72 所示。要求启动后，A 组先工作 5s 后停止，此时 B、C 组同时开始工作，5s 后 B 组停止，再过 5s 后 C 组停止，而 A、B 组开始工作，再过 2s 后 C 组也工作。在 C 组持续工作 5s 后全部停止。再过 3s 后 A 又重复前述过程。

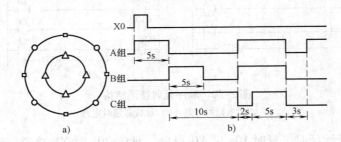

图 2-72　喷泉组和小型图

a）喷泵组　b）波形图

A—□　B—○　C—△　X0—启动

喷泉控制梯形图如图 2-73 所示。

2.7.3　交通信号灯控制

在十字路口的东、南、西、北四个方向分别装设红、绿、黄灯，按照图 2-74 的时序要求轮流工作。

图 2-75 为交通信号灯示意图和控制梯形图。

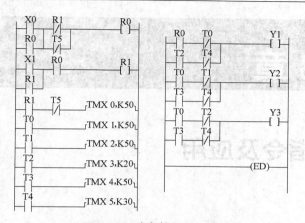

图 2-73 喷泉控制梯形图

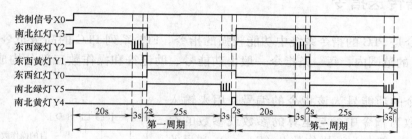

图 2-74 交通灯控制时序图

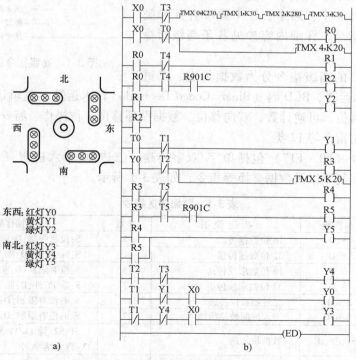

图 2-75 交通灯示意图和控制梯形图

a）示意图 b）梯形图

第3章

高级指令及应用

3.1　数据传送指令

高级指令是 PLC 的指令系统中功能较强的指令。FP1 系列 PLC 的高级指令功能号分散在 F0 ~ F355 的范围内，每一条指令一般由功能号、助记符和操作数三部分构成，如图 3-1 所示。

高级指令的功能号为该指令的编号，用来输入指令；操作数为指令中参与运算的参数或参数的存储单元地址，一般分为源操作数 S（Source）和目的操作数 D（Destination）两种，对应的源操作数和目的操作数的个数（一个、两个、三个或没有）和类型取决于具体的指令，详细内容参见各条高级指令的具体说明。

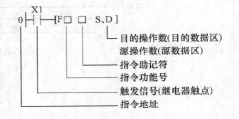

图 3-1　高级指令的一般格式

FP1 系列 PLC 的高级指令分为数据传送、二进制（Binary）算术运算、BCD 码（Binary Coded Decimal）算术运算、逻辑运算、数据比较、数据转换、数据移位、可逆计数、双向移位、数据循环移位、位操作、特殊指令、高速计数器和脉冲输出控制指令等 12 类。

数据传送指令（F0 ~ F17）包括单字/双字传送、二进制/十六进制（Hcxadecimal）传送、块传送、数据复制以及数据交换等指令，如表 3-1 所示。

表 3-1　数据传送指令

功能号	助记符	操作数	功能说明	步数	操作数范围
F0	MV	S、D	16 位数据传送	5	S：没有限制，D：除 WX 和常数外
F1	DMV	S、D	32 位数据传送	7	S：除 IY 外，D：除 WX、IY 和常数外
F2	MV/	S、D	16 位数求反传送	5	S：没有限制，D：除 WX 和常数外
F3	DMV/	S、D	32 位数求反传送	7	S：除 IY 外，D：除 WX、IY 和常数外
F5	BTM	S、n、D	二进制数位传送	7	S、n：没有限制，D：除 WX 和常数外
F6	DGT	S、n、D	十六进制数位传送	7	S、n：没有限制，D：除 WX 和常数外
F10	BKMV	S1、S2、D	数据块传送	7	S1、S2：除 IX/IY 和常数外，D：除 WX、IX/IY 和常数外
F11	COPY	S1、D1、D2	区块复制	7	S：没有限制，D1、D2：除 WX、IX/IY 和常数外

（续）

功能号	助记符	操作数	功能说明	步数	操作数范围
F15	XCH	D1、D2	16 位数据交换	5	D1、D2：除 WX、IY 和常数外
F16	DXCH	D1、D2	32 位数据交换	5	D1、D2：除 WX、IY 和常数外
F17	SWAP	D	16 位数据高/低字节交换	3	D：除 WX 和常数外

1. F0（MV）

F0（MV）是 16 位数的传送指令，其功能是将 16 位二进制常数或 16 位数据存储单元中的数据传送到另一个 16 位数据存储单元中，指令格式及操作数范围如表 3-2 所示。当触发信号使 X1 接通后，将十六进制常数 H3456 传送到 DT1 中。

表 3-2　指令格式及操作数范围①

梯形图	布尔非梯形图	
	地　址	指　令
X1 —[F0 MV,H3456,DT1]	0 1	ST　X1 F0　（MV） H　3456 DT　1
S	16 位常数或 16 位数据存储单元，参数没有限制	
D	16 位数据存储单元，参数为除常数和 WX 以外的操作数	

① 表中 S 的参数没有限制表示该指令中的源操作数可以是输入/输出继电器（X/Y/WX/WY）、内部继电器（R/WR）、定时/计数器的设定值/当前值存储单元（SVn/EVn）、索引寄存器（IX/IY）、十进制（K）/十六进制（H）/浮点型（f）常数和索引修正值等 8 种操作数中的任意一种，D 的参数为除常数的 WX 以外的操作数表示该指令中的目的操作数为 8 种操作数中除常数和 WX 以外的 6 种。16 位数据是指 16 位二进制数或一个字单元，32 位数据是指 32 位二进制数或两个字单元，后面类似的说明意义与此相同，不再重复说明。

【例 3-1】　编程实例

当 X4 接通时，下面的程序将计数器 C100 的设定值存储单元 SV100 中的数据传送到数据寄存器 DT2 中，如图 3-2 所示。

2. F1（DMV）

该指令为 32 位数的传送指令，功能是将 32 位二进制常数或 32 位数据存储单元中的数据传送到另一个 32 位数据存储单元中，指令格式及操作数范围如表 3-3 所示。

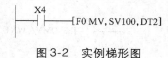

图 3-2　实例梯形图

表 3-3　指令格式及操作数范围

梯形图	布尔非梯形图	
	地　址	指　令
X2 —[F1 DMV,WR0,DT0]	0 1	ST　X2 F1　（DMV） WR　0 DT　0
S	32 位常数或 32 位数据存储单元的低 16 位存储单元地址，参数为除 IY 以外的操作数	
D	32 位数据存储单元的低 16 位存储单元地址，参数为除常数和 WX 以外的操作数	

当触发信号使 X2 接通时，内部继电器 WR1、WR0 中的数据分别传送到数据存储器 DT1、DT0 中。低 16 位存储单元为（S，D）时，高位就自动指定为（S+1，D+1）。

【例 3-2】　当 X1 接通时，下面的指令将 H12345678 传送到数据寄存器 DT5、DT4 中，即指令执行后，DT4 = H5678，DT5 = H1234，如图 3-3 所示。

3. F2（MV/）

该指令为 16 位数的求反传送指令，功能是将 16 位二进制常数或 16 位数据存储单元中的数据取反后传送到另一个 16 位数据存储单元中，指令格式及操作数范围如表 3-4 所示。

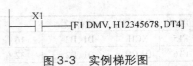

图 3-3　实例梯形图

表 3-4　指令格式及操作数范围

梯　形　图	布尔非梯形图	
	地　址	指　令
X0 —| |—[F2 MV/, WX1, WR0]	0 1	ST　X0 F2　（MV/） WX　1 WR　0
S	16 位常数或 16 位数据存储单元,参数没有限制	
D	16 位数据存储单元,参数为除常数和 WX 以外的操作数	

当触发信号使 X0 接通时，输入继电器 WX1 中的数据求反后传送到 WR0 中。

【例 3-3】　若 WR1 = H1234，则 X1 闭合时，下面的指令将 WR1 中的 16 位数取反后传送到数据寄存器 DT5 中，即指令执行后，DT5 = HEDCB，如图 3-4 所示。

4. F3（DMV/）

该指令为 32 位数的求反传送指令，其功能是将 32 位二进制常数或 32 位数据存储单元中的数据取反后传送到另一个 32 位数据存储单元中，指令格式及操作数范围如表 3-5 所示。

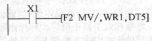

图 3-4　实例梯形图

表 3-5　指令格式及操作数范围

梯　形　图	布尔非梯形图	
	地　址	指　令
X0 —| |—[F3 DMV/, WX1, WR0]	0 1	ST　X0 F3　（DMV/） WX　1 WR　0
S	32 位常数或 32 位数据存储单元,参数为除 IY 以外的操作数	
D	32 位数据存储单元,参数为除常数和 WX 以外的操作数	

当触发信号使 X0 接通时，输入继电器 WX2、WX1 中的数据求反并传送到内部继电器 WR1、WR0 中。

【例 3-4】　编程实例

若 WR0 = H2345，WR1 = H6789，则 X1 闭合时，下面的指令将 WR1、WR0 中的 32 位数取反后分别传送到数据寄存器 DT6、DT5 中，即指令执行后，DT5 = HDCBA，DT6 = H9876，如图 3-5 所示。

5. F5（BTM）

该指令为位传送指令，功能是将 S 中的任意一位传送到 D 中的任意一位，传送的位地址由 n 设定，指令格式及操作数范围如表 3-6 所示。

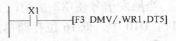

图 3-5　实例梯形图

表 3-6　指令格式及操作数范围

梯　形　图	布尔非梯形图	
	地　址	指　令
X0 ──┤├──[F5 BTM,DT0,HE04,DT1]	0 1	ST　X0 F5　（BTM） DT　0 H　E04 DT　1
S	16 位常数或 16 位数据存储单元,参数没有限制	
n	16 位常数或存储单元,指定源操作数和目的存储单元的位地址,参数没有限制	
D	16 位数据存储单元,参数为除常数和 WX 以外的操作数	

当触发信号 X0 接通时,数据寄存器 DT0 中第 4 位数据被传送到 DT1 的第 14 位上。源存储单元和目的存储单元所指定的位地址由 n 来设定,n 的设定格式如图 3-6 所示。

当指定的位地址都是 0,即 H000 时,

可缩写为 H0。

n: H □0□

源参数/单元的位地址,设置范围: H0~HF

目的存储单元的位地址,设置范围: H0~HF

图 3-6　n 的设定格式

6. F6（DGT）

该指令为十六进制数的传送指令,其功能是将一个 16 位常数或存储单元中的十六进制数的若干位（1~4 位）传送到另一个 16 位存储单元的指定位中。每一个单元为 4 位十六进制数,地址为 D3~D0,指令格式及操作数范围如表 3-7 所示。

表 3-7　指令格式及操作数范围

梯　形　图	布尔非梯形图	
	地　址	指　令
X0 ──┤├──[F6 DGT,DT100,H0 ,WY0]	0 1	ST　X0 F6　（DGT） DT　100 H　0 WY　0
S	16 位常数或 16 位数据存储单元,参数没有限制	
n	16 位常数或 16 位存储单元,指定源操作数和目的存储单元的位地址,参数没有限制	
D	16 位数据存储单元,参数为除常数和 WX 以外的操作数	

当触发信号 X0 接通时,数据寄存器 DT100 的第 0 位十六进制数将被传送到输出字继电器 WY0 的第 0 位。16 位数据的十六进制位的规定如表 3-8 所示。

表 3-8　十六进制位的规定

十六进制数位地址	D3	D2	D1	D0
十进制位地址（K）	15~12	11~8	7~4	3~0
十六进制位地址（H）	F~C	B~8	7~4	3~0
二进制数（X 为 0 或 1）	X X X X	X X X X	X X X X	X X X X

源存储单元和目的存储单元所指定的位地址由 n 来设定,n 的设定格式如图 3-7 所示。

当指定的位地址都为 0,即 H000 时,可缩写为 H0。

【例 3-5】　程序实例

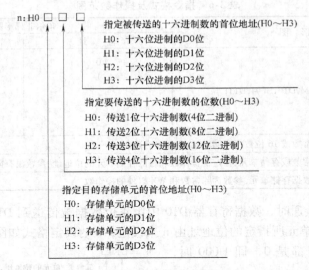

图 3-7　n 的设定格式

若 WR1 = H89EF，DT5 = H1234，则 X1 闭合时，下面的指令将 WR1 中 4 位十六进制数的 D2、D3 位分别传送到数据寄存器 DT5 中的 D1、D2 位，D0、D3 位保持不变即指令执行后，DT5 = H1894，如图 3-8 所示。

【例 3-6】　编程实例

若 WR1 = H4567，DT5 = HABCD，则 X1 闭合时，下面的指令将 WR1 中 4 位十六进制数的 D1、D2、D3、D0 位分别传送到数据寄存器 DT5 中的 D2、D3、D0、D1 位。即指令执行后，DT5 = H5674，如图 3-9 所示。

```
 X1                                       X1
 ┤├──[F6 DGT,WR1,H112,DT5]              ┤├──[F6 DGT,WR1,H231,DT5]
```

图 3-8　实例梯形图　　　　　　　　　图 3-9　实例梯形图

7. F10（BKMV）

该指令为数据块传送指令，其功能是将指定的存储单元中的数据块（从源存储单元的首地址 S1 到末地址 S2 的数据）传送到另一个指定的存储单元开始的存储区中，指令格式及操作数范围如表 3-9 所示。

表 3-9　指令格式及操作数范围

梯　形　图	布尔非梯形图	
	地　址	指　令
X1 ┤├──[F10 BKMV,WR3,WR8,DT2]	0	ST　X1
	1	F10　（BKMV）
		WR　3
		WR　8
		DT　2
S1	源存储单元的首地址，参数为除了常数和 IX/IY 以外的操作数	
S2	源存储单元的末地址，参数为除了常数和 IX/IY 以外的操作数	
D	目的存储单元的首地址，参数为除常数、WX、IX/IY 以外的操作数	

当触发信号使 X1 接通时，该指令将 WR3 ~ WR8 的连续 6 个单元的数据块分别传送到 DT2 开始的 6 个单元（DT2 ~ DT7）中。需要注意的是，指令中的源操作数 S1 和 S2 必须是同类型的存储单元，且 S1 ≤ S2。

8. F11（COPY）

该指令为数据复制指令，其功能是将指定的一个常数或存储单元中的数据复制到另一个指定的存储单元开始的存储区中（从目的存储单元的首地址 D1 到末地址 D2），指令格式及操作数范围如表 3-10 所示。

表 3-10　指令格式及操作数范围

梯　形　图	布尔非梯形图	
	地　　址	指　　令
X1 ├┤├───[F11 COPY, DT3, WR1, WR4]	0 1	ST　X1 F11　（COPY） DT　3 WR　1 WR　4
S	常数或源存储单元，参数没有限制	
D1	目的存储单元的首地址，参数为除了常数、WX 和 IX/IY 以外的操作数	
D2	目的存储单元的末地址，参数为除了常数、WX 和 IX/IY 以外的操作数	

当触发信号使 X1 接通时，该指令将 DT3 中的数据分别复制到 WR1 开始的 4 个单元（WR1 ~ WR4）中。

需要注意的是，指令中的目的操作数 D1 和 D2 必须是同类型的存储单元，且 D1 ≤ D2。

9. F15（XCH）

该指令是 16 位数据交换指令，功能是将两个 16 位数据存储单元中的数据互相交换，指令格式及操作数范围如表 3-11 所示。

表 3-11　指令格式及操作数范围

梯　形　图	布尔非梯形图	
	地　　址	指　　令
X1 ├┤├───[F15 XCH, DT0, WR1]	0 1	ST　X1 F15　（XCH） DT　0 WR　1
D1	16 位数据存储单元，参数为除常数和 WX 以外的操作数	
D2	16 位数据存储单元，参数为除常数和 WX 以外的操作数	

当触发信号使 X1 接通时，继电器 WR1 中的数据与 DT0 中的数据互相交换。

需要注意的是，如果指令前面是保持型的触发信号，则在每一个扫描周期该指令都执行一次，所以通常要在触发信号后加上前沿或后沿微分指令，这样才能得到预期的结果。

10. F16（DXCH）

该指令为 32 位数据交换指令，功能是将两个 32 位数据存储单元中的数据互相交换，指令格式及操作数范围如表 3-12 所示。当触发信号使 X1 接通时，内部继电器 WR1、WR0 中的数据分别与 DT1、DT0 中的数据互相交换。

表 3-12　指令格式及操作数范围

梯　形　图	布尔非梯形图	
	地　　址	指　　令
X1　　　[F16 DXCH,DT0,WR1]	0 1	ST　X1 F16　（DXCH） DT　0 WR　1
D1	16 位数据存储单元,参数为除常数、IY 和 WX 以外的操作数	
D2	16 位数据存储单元,参数为除常数、IY 和 WX 以外的操作数	

11. F17（SWAP）

该指令为 16 位数据高/低字节互换指令,功能是将由 D 指定的 16 位数据存储单元的高字节（高 8 位）和低字节（低 8 位）互换,指令格式及操作数范围如表 3-13 所示。

表 3-13　指令格式及操作数范围

梯　形　图	布尔非梯形图	
	地　　址	指　　令
X1　　　[F17 SWAP,DT1]	0 1	ST　X1 F17　（SWAP） DT　1
D	16 位数据存储单元,参数为除常数和 WX 以外的操作数	

若 DT1 = H1234,当触发信号使 X1 接通时,DT1 中的高字节和低字节数据互相交换,即指令执行一次后,DT1 = H3412。

3.2　二进制算术运算指令

二进制算术运算指令分为 16 位和 32 位二进制数的加、减、乘、除、加 1 和减 1 等的指令一共 16 条,如表 3-14 所示。

表 3-14　二进制算术运算指令

功能号	助记符	操作数	功能说明	步数	操作数范围
F20	+	S、D	16 位数据加	5	S:没有限制,D:除 WX 和常数外
F21	D +	S、D	32 位数据加	7	S:除 IY 外,D:除 WX、IY 和常数外
F22	+	S1、S2、D	16 位数据加	7	S1、S2:没有限制,D:除 WX 和常数外
F23	D +	S1、S2、D	32 位数据加	11	S1、S2:除 IY 外,D:除 WX、IY 和常数外
F25	−	S、D	16 位数据减	5	S:没有限制,D:除 WX 和常数外
F26	D −	S、D	32 位数据减	7	S:除 IY 外,D:除 WX、IY 和常数外
F27	−	S1、S2、D	16 位数据减	7	S1、S2:没有限制,D:除 WX 和常数外
F28	D −	S1、S2、D	32 位数据减	11	S1、S2:除 IY 外,D:除 WX、IY 和常数外
F30	*	S1、S2、D	16 位数据乘	7	S1、S2:没有限制,D:除 WX、IY 和常数外
F31	D *	S1、S2、D	32 位数据乘	11	S1、S2:除 IY 外,D:除 WX、IX/IY 和常数外
F32	%	S1、S2、D	16 位数据除	7	S1、S2:没有限制,D:除 WX、IY 和常数外
F33	D%	S1、S2、D	32 位数据除	11	S1、S2:除 IY 外,D:除 WX、IY 和常数外
F35	+1	D	16 位数据加 1	3	D:除 WX 和常数外
F36	D +1	D	32 位数据加 1	3	D:除 WX、IY 和常数外
F37	−1	D	16 位数据减 1	3	D:除 WX 和常数外
F38	D −1	D	32 位数据减 1	3	D:除 WX、IY 和常数外

1. F20（+）

该指令为 16 位数的加法指令，其功能是当触发信号接通时，将 S 指定的 16 位常数或 16 位数据存储单元中的数据与 D 指定的 16 位数据存储单元中的数据相加，结果存储在 D 指定的数据存储单元中，如图 3-10 所示。指令格式及操作数范围如表 3-15 所示。

被加数(D)+加数(S) —触发信号接通→ 结果(D)

图 3-10 指令的执行

表 3-15 指令格式及操作数范围

梯 形 图	布尔非梯形图	
	地 址	指 令
X1 ─┤├─[F20+,DT1,WR2]	0 1	ST X1 F20 （+） DT 1 WR 2
S	16 位常数或 16 位数据存储单元（存储加数），参数没有限制	
D	16 位存储单元（存储被加数和结果），参数为除常数和 WX 以外的操作数	

当触发信号使 X1 接通时，内部字继电器 WR2 中的数据和数据寄存器 DT1 中的数据相加，结果存储在 WR2 中（被加数存储单元 D 中的数据被加法结果覆盖）。16 位数据存储单元的数据存储范围是 -32768 ~ 32767（H8000 ~ H7FFF）。当计算结果超过 16 位二进制数的范围时，进位标志继电器：R9009 瞬间接通（一个扫描周期）；当计算结果为 0 时，R900B 瞬间接通（一个扫描周期）。

特别注意的是，如果指令前面是保持型的触发信号，则在每一个扫描周期该指令都执行一次，所以通常要在触发信号后面加上前沿或后沿微分指令，这样才能得到预期的运算结果。高级指令中有很多类似的情况，后面不再重复说明。

2. F21（D+）

该指令为 32 位数的加法指令，其功能是将由 S 指定的 32 位常数或 32 位数据存储单元中的数据（S 为低 16 位，S+1 为高 16 位）与由 D 指定的 32 位数据存储单元中的数据（D 为低 16 位，D+1 为高 16 位）相加，结果存放在数据存储单元 D 和 D+1 中，如图 3-11 所示。

被加数(D+1,D)+加数(S+1,S) —触发信号接通→ 结果(D+1,D)

图 3-11 指令的执行

指令格式及操作数范围如表 3-16 所示。

表 3-16 指令格式及操作数范围

梯 形 图	布尔非梯形图	
	地 址	指 令
X1 ─┤├─[F21 D+,DT1,WR2]	0 1	ST X1 F21 （D+） DT 1 WR 2
S	16 位常数或 16 位数据存储单元（存储加数），参数为除 IY 以外的操作数	
D	16 位存储单元（存储被加数和结果），参数为除常数、IY 和 WX 以外的操作数	

执行时，触发信号使 X1 接通时，内部继电器 WR3、WR2 中的数据分别和数据寄存器 DT2、DT1 中的数据相加，结果存储在 WR3、WR2 中（被加数存储单元中的数据被加法结果覆盖）。

32 位数据存储单元的数据范围是 – 2147483648 ～ 2147483647（H80000000 ～ H7FFFFFFF）。当计算结果超过 32 位数据的范围时，进位标志继电器 R9009 瞬间接通（一个扫描周期）；当计算结果为零时，R900B 瞬间接通（一个扫描周期）。

如果低 16 位存储单元已经指定为（D，S），则高位自动指定为（D + 1，S + 1）。此处，S（低位）= DT1，S + 1（高位）= DT2，D（低位）= WR2，D + 1（高位）= WR3。

3. F22（+）

该指令为 16 位数据相加存储在指定单元的指令，功能是将由 S1 和 S2 指定的 16 位常数或 16 位存储单元中的数据相加，结果存储在指定的 D 中，如图 3-12 所示。指令格式及操作数范围如表 3-17 所示。

被加数(S1)+加数(S2) $\xrightarrow{\text{触发信号接通}}$ 结果(D)

图 3-12　指令的执行

表 3-17　指令格式及操作数范围

梯　形　图	布尔非梯形图	
	地　　址	指　　令
X1 ├┤├──[F22+,DT1,WR2,DT5]	0 1	ST　X1 F22　（+） DT　1 WR　2 DT　5
S1	16 位常数或 16 位数据存储单元(存储被加数)，参数没有限制	
S2	16 位常数或 16 位数据存储单元(存储加数)，参数没有限制	
D	16 位存储单元(存储结果)，参数为除常数和 WX 以外的操作数	

当触发信号使 X1 接通时，内部继电器 WR2 中的数据和数据寄存器 DT1 中的数据相加，结果存储在 DT5 中。当计算结果超过 16 位二进制数的范围时，进位标志继电器 R9009 瞬间接通（一个扫描周期）；当计算结果为零时，R900B 瞬间接通（一个扫描周期）。

4. F23（D +）

该指令为 32 位数据相加存储在指定单元的指令，功能是将由 S1 指定的 32 位常数或 32 位数据存储单元中的数据（S1 为低 16 位，S1 + 1 为高 16 位）与由 S2 指定的 32 位数据存储单元（S2 为低 16 位，S2 + 1 为高 16 位）中的数据相加，结果存储在数据存储单元 D 和 D + 1 中，如图 3-13 所示。指令格式及操作数范围如表 3-18 所示。

被加数(S1+1,S1)+加数(S2+1,S2) $\xrightarrow{\text{触发信号接通}}$ 结果(D+1,D)

图 3-13　指令的执行

表 3-18　指令格式及操作数范围

梯　形　图	布尔非梯形图	
	地　　址	指　　令
X1 ├┤├──[F23 D+,DT1,WR2,DT5]	0 1	ST　X1 F23　（D +） DT　1 WR　2 DT　5

（续）

梯 形 图	布尔非梯形图	
	地 址	指 令
S1	32 位常数或 16 位数据存储单元（存储被加数），参数为除 IY 以外的操作数	
S2	32 位常数或 16 位数据存储单元（存储加数），参数为除 IY 以外的操作数	
D	16 位存储单元（存储结果），参数为除常数、IY 和 WX 以外的操作数	

当触发信号使 X1 接通时，内部继电器 WR3、WR2 中的数据分别和数据寄存器 DT2、DT1 中的数据相加，结果分别存储在 DT6、DT5 中。

计算结果一旦超过 32 位数据范围时，进位标志继电器 R9009 瞬间接通（一个扫描周期）；当计算结果为零时，R900B 瞬间接通（一个扫描周期）。

5. F25（－）

该指令为 16 位数据的减法指令，其功能是将由 D 指定的 16 位数据存储单元中的数据与由 S 指定的 16 位常数或 16 位数据存储单元中的数据相减，结果存储在 D 指定的数据存储单元中，如图 3-14 所示。指令格式及操作数范围如表 3-19 所示。

被减数(D) － 减数(S) $\xrightarrow{\text{触发信号接通}}$ 结果(D)

图 3-14 指令的执行

表 3-19 指令格式及操作数范围

梯 形 图	布尔非梯形图	
	地 址	指 令
X1 ├┤├──[F25－,DT1,WR2]	0 1	ST X1 F25 （－） DT 1 WR 2
S	16 位常数或 16 位数据存储单元（存储减数），参数没有限制	
D	16 位存储单元（存储被减数和结果），参数为除常数和 WX 以外的操作数	

当触发信号使 X1 接通时，WR2 中的数据和 DT1 中的数据相减，结果存储在 WR2 中（被减数存储单元 WR2 中的数据被减法的结果覆盖）。当计算结果超过 16 位二进制数的范围时，进位标志继电器 R9009 瞬间接通（一个扫描周期）；当计算结果为零时，R900B 瞬间接通（一个扫描周期）。

6. F26（D－）

该指令为两个 32 位数据的减法指令，其功能是将由 D 指定的 32 位数据存储单元（D 为低 16 位，D＋1 为高 16 位）中的数据与由 S 指定的 32 位常数或 32 位数据存储单元中的数据（S 为低 16 位，S＋1 为高 16 位）相减，结果存储在数据存储单元 D 和 D＋1 中，如图 3-15 所示。指令格式及操作数范围如表 3-20 所示。

被减数(D+1,D) － 减数(S+1,S) $\xrightarrow{\text{触发信号接通}}$ 结果(D+1,D)

图 3-15 指令的执行

表 3-20 指令格式及操作数范围

梯 形 图	布尔非梯形图	
	地 址	指 令
X1 ├┤├──[F26 D－,DT1,WR2]	0 1	ST X1 F26 （D－） DT 1 WR 2

（续）

梯　形　图		布尔非梯形图	
		地　　址	指　　令
S	32 位常数或 16 位数据存储单元（存储减数），参数为除 IY 以外的操作数		
D	16 位存储单元（存储被减数和结果），参数为除常数、IY 和 WX 以外的操作数		

当触发信号使 X1 接通时，内部继电器 WR3、WR2 中的数据分别和数据寄存器 DT2、DT1 中的数据相减，结果存储 WR3、WR2 中（被减数存储单元 DT2、DT1 中的数据被减法的结果覆盖）。

计算结果一旦超过 32 位数据范围时，进位标志继电器 R9009 瞬间接通（一个扫描周期）；当计算结果为零时，R900B 瞬间接通（一个扫描周期）。

7. F27（－）

该指令为 16 位数据相减存储在指定存储单元的指令，其功能是将由 S1 和 S2 指定的 16 位常数或 16 位存储单元中的数据相减，结果存储在指定的 D 中，如图 3-16 所示。指令格式及操作数范围如表 3-21 所示。

$$被减数(S1) - 减数(S2) \xrightarrow{触发信号接通} 结果(D)$$

图 3-16　指令的执行

表 3-21　指令格式及操作数范围

梯　形　图		布尔非梯形图	
		地　　址	指　　令
X1 ├──[F27－, DT1, WR2, DT5]		0	ST　X1
		1	F27　（－）
			DT　1
			WR　2
			DT　5
S1	16 位常数或 16 位数据存储单元（存储被减数），参数没有限制		
S2	16 位常数或 16 位数据存储单元（存储减数），参数没有限制		
D	16 位存储单元（存储结果），参数为除常数和 WX 以外的操作数		

当触发信号使 X1 接通时，DT1 中的数据和 WR2 中的数据相减，结果存储在 DT5 中。

计算结果一旦超过 16 位二进制数的范围时，进位标志继电器 R9009 瞬间接通（一个扫描周期）；计算结果为零时，R900B 瞬间接通（一个扫描周期）。

8. F28（D－）

该指令为 32 位数据相减存储在指定单元的指令，其功能是将由 S1 指定的 32 位常数或 32 位数据存储单元中的数据（S1 为低 16 位，S1＋1 为高 16 位）与由 S2 指定的 32 位数据存储单元（S2 为低 16 位，S2＋1 为高 16 位）中的数据相减，结果存于数据存储单元 D 和 D＋1 中，如图 3-17 所示。指令格式及操作数范围如表 3-22 所示。

$$被减数(S1+1, S1) - 减数(S2+1, S2) \xrightarrow{触发信号接通} 结果(D+1, D)$$

图 3-17　指令的执行

当触发信号使 X1 接通时，DT2、DT1 中的数据和 WR3、WR2 中的数据相减，结果存储在 DT6、DT5 中。

计算结果一旦超过 32 位数据范围时，进位标志继电器 R9009 瞬间接通（一个扫描周期）；当计算结果为零时，R900B 瞬间接通（一个扫描周期）。

表 3-22 指令格式及操作数范围

梯 形 图	布尔非梯形图		
	地 址	指 令	
	0	ST X1	
X1 —[F28 D−,DT1,WR2,DT5]	1	F28 （D−）	
		DT 1	
		WR 2	
		DT 5	
S1	32 位常数或 32 位数据存储单元(存储被减数)，参数为除 IY 以外的操作数		
S2	32 位常数或 32 位数据存储单元(存储减数)，参数为除 IY 以外的操作数		
D	32 位存储单元(存储结果)，参数为除常数、IY 和 WX 以外的操作数		

9. F30 （ * ）

该指令为 16 位数据的乘法指令，其功能是将由 S1 指定的 16 位数据与 S2 指定的 16 位数据相乘，相乘的结果存储在 （D + 1，D） 中 （32 位存储单元），如图 3-18 所示。指令格式及操作数范围如表 3-23 所示。

被乘数(S1)×乘数(S2) $\xrightarrow{\text{触发信号接通}}$ 结果(D+1,D)

图 3-18 指令的执行

表 3-23 指令格式及操作数范围

梯 形 图	布尔非梯形图		
	地 址	指 令	
	0	ST X1	
X1 —[F30*,DT1,WR2,DT5]	1	F30 （ * ）	
		DT 1	
		WR 2	
		DT 5	
S1	16 位常数或 16 位数据存储单元(存储被乘数)，参数没有限制		
S2	16 位常数或 16 位数据存储单元(存储系数)，参数没有限制		
D	32 位存储单元(存储结果)，参数为除常数、IY 和 WX 以外的操作数		

当 X1 接通时，WR2 中的数据和 DT1 中的数据相乘，结果存储在 DT6、DT5 中。

10. F31 （D * ）

该指令为 32 位数据的乘法指令，功能是将 S1 指定的 32 位数与 S2 指定的 32 位数相乘，结果存储在 （D + 3，D + 2，D + 1，D） 中 （64 位存储单元），如图 3-19 所示。指令格式及操作数范围如表 3-24 所示。

被乘数(S1+1,S1)×乘数(S2+1,S2) $\xrightarrow{\text{触发信号接通}}$ 结果(D+3,D+2,D+1,D)

图 3-19 指令的执行

表 3-24 指令格式及操作数范围

梯 形 图	布尔非梯形图		
	地 址	指 令	
	0	ST X1	
X1 —[F31 D*,DT1,WR2,DT5]	1	F31 （D * ）	
		DT 1	
		WR 2	
		DT 5	

（续）

梯　形　图	布尔非梯形图		
	地　　址	指　　令	
S1	32 位常数或 32 位数据存储单元的低 16 位存储单元（存储被乘数），参数为除 IY 以外的操作数		
S2	32 位常数或 32 位数据存储单元的低 16 位存储单元（存储乘数），参数为除 IY 以外的操作数		
D	64 位存储单元的低 16 位存储单元（存储结果），参数为除常数、IX/IY 和 WX 以外的操作数		

当触发信号使 X1 接通时，内部继电器 WR1、WR2 中的数据和数据寄存器 DT2、DT1 中的数据相乘，结果存储在 DT8、DT7、DT6、DT5 中。

值得注意的是，FP1 系列的 PLC 中的 C14 型和 C16 型不支持本条指令，其余的 C24 型、C40 型、C56 型和 C72 型都支持。

11. F32（%）

该指令为 16 位数据的除法指令，功能是将 S1 指定的 16 位数除以 S2 指定的 16 位数，商存储在 D 中，余数存储在特殊数据寄存器 DT9015 中，如图 3-20 所示。指令格式及操作数范围如表 3-25 所示。

被除数(S1) ÷ 除数(S2) —触发信号接通→ 结果(D)…(DT9015)

图 3-20　除法指令的功能

表 3-25　指令格式及操作数范围

梯　形　图	布尔非梯形图	
	地　　址	指　　令
X1 ─┤├─[F32%,DT1,WR2,DT5]	0 1	ST　X1 F32　（%） DT　1 WR　2 DT　5
S1	16 位常数或 16 位数据存储单元（存储被除数），参数没有限制	
S2	16 位常数或 16 位数据存储单元（存储除数），参数没有限制	
D	16 位存储单元（存储结果），参数为除常数、IY 和 WX 以外的操作数	

12. F33（D%）

该指令为 32 位数据的除法指令，功能是将 S1 指定的 32 位被除数除以 S2 指定的 32 位数，商存储在指定的（D + 1，D）中，余数存储在特殊数据寄存器（DT9016，DT9015）中，如图 3-21 所示。指令格式及操作数范围如表 3-26 所示。

被除数(S1+1, S1) ÷ 除数(S2+1, S2) —触发信号接触→ 结果(D+1, D)…(DT9016, DT9015)

图 3-21　指令的执行

表 3-26　指令格式及操作数范围

梯　形　图	布尔非梯形图	
	地　　址	指　　令
X1 ─┤├─[F33 D%,DT1,WR2,DT5]	0 1	ST　X1 F33　（D%） DT　1 WR　2 DT　5
S1	32 位常数或 32 位数据存储单元的低 16 位存储单元（存储被除数），参数为除 IY 以外的操作数	
S2	32 位常数或 32 位数据存储单元的低 16 位存储单元（存储除数），参数为除 IY 以外的操作数	
D	32 位存储单元（存储结果），参数为除常数、IX/IY 和 WX 以外的操作数	

当触发信号使 X1 接通时，内部继电器（WR3，WR2）中的数据和数据寄存器（DT2，DT1）中的数据相除，结果存储在（DT6，DT5）中，余数存储在（DT9016，DT9015）中。

在 FP1 系列 PLC 的 C14 型和 C16 型 PLC 不支持本条指令，其余的 C24 型、C40 型、C56 型和 C72 型都支持，这个需要注意。

13. F35（+1）

该指令为 16 位数据加 1 指令，其功能是将 D 指定的 16 位数据加 1，结果仍存储在 D 中，如图 3-22 所示。指令格式及操作数范围如表 3-27 所示。

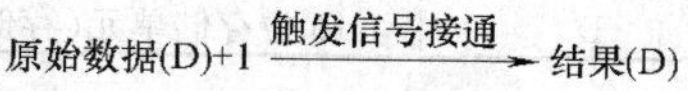

原始数据(D)+1 —— 触发信号接通 —→ 结果(D)

图 3-22　指令的功能

表 3-27　指令格式及操作数范围

梯　形　图	布尔非梯形图		
	地　　址		指　　令
X1 ——[F35+1,DT1]	0 1		ST　X1 F35 （+1） DT　1
D	16 位存储单元(存储源操作数和结果)，参数为除常数和输入继电器 WX 以外的操作数		

当触发信号使 X1 接通时，数据寄存器 DT1 中的数据加 1，结果仍存储在 DT1 中。若 DT1 = HFFFF，则指令执行一次后 DT1 = H0。

如果计算结果出现溢出（R9009 接通），可使用 F36（D+1）指令（32 位数据加 1），此时要先用 F89（EX7）指令将 16 位数据转换成 32 位数据。

14. F36（D+1）

该指令是 32 位数据的加 1 指令，其功能是将 D 指定的 32 位数据加 1，结果仍存储在（D+1，D）中，如图 3-23 所示。指令格式及操作数范围如表 3-28 所示。

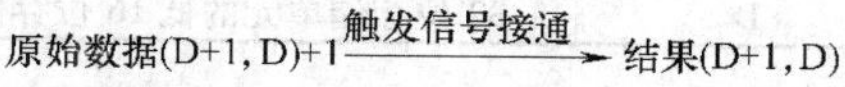

原始数据(D+1,D)+1 —— 触发信号接通 —→ 结果(D+1,D)

图 3-23　指令的功能

表 3-28　指令格式及操作数范围

梯　形　图	布尔非梯形图		
	地　　址		指　　令
X1 ——[F36 D+1,DT1]	0 1		ST　X1 F36 （D+1） DT　1
D	32 位存储单元的低 16 位存储单元地址，参数为除常数、IY 和 WX 以外的操作数		

当触发信号使 X1 接通时，数据寄存器（DT2，DT1）中的数据增加 1，结果仍存储在（DT2，DT1）中。若（DT2，DT1）= H1289FFFF，则指令执行一次后（DT2，DT1）：H128A0000。

15. F37（-1）

该指令为 16 位数据的减 1 指令，其功能是将 D 指定的 16 位数据减 1，结果仍存储在 D 中，如图 3-24 所示。指令格式及操作数范围如表 3-29 所示。

原始数据 (D)-1 —— 触发信号接通 —→ 结果(D)

图 3-24　指令的功能

表 3-29　指令格式及操作数范围

梯　形　图	布尔非梯形图		
	地　址		指　令
X1 ─┤├─[F37−1,DT1]	0		ST　X1
	1		F37　(−1)
			DT　1
D	16 位存储单元(存储源操作数和结果),参数为除常数和输入继电器 WX 以外的操作数		

当触发信号使 X1 接通时,数据寄存器 DT1 中的数据减 1,结果仍存储在 DT1 中。若 DT1 = H0,则指令执行一次后 DT1 = HFFFF。

如果计算结果出现溢出(R9009 接通),可使用:F38(D-1)指令(32 位数据减 1),此时要先用 F89(EXT)指令将 16 位数转换成 32 位数据。

16. F38(D-1)

该指令为 32 位数据减 1 指令,其功能是将 D 指定的 32 数据减 1,结果仍存储在(D+1,D)中,如图 3-25 所示,指令格式及操作数范围如表 3-30 所示。

原始数据(D+1,D)−1 ──触发信号接通──→ 结果(D+1,D)

图 3-25　指令的功能

表 3-30　指令格式及操作数范围

梯　形　图	布尔非梯形图		
	地　址		指　令
X1 ─┤├─[F38 D−1,DT1]	0		ST　X1
	1		F38　(D−1)
			DT　1
D	32 位存储单元的低 16 位存储单元地址,参数为除常数、IY 和 WX 以外的操作数		

当触发信号使 X1 接通时,数据寄存器(DT2,DT1)中的数据减 1,结果仍存储在(DT2,DT1)中。若(DT2,DT1)= H128A0000,则指令执行一次后(DT2,DT1)= H1289FFFF。

3.3　BCD 码算术运算指令

BCD 码算术运算指令包括 4 位和 8 位 BCD 码数的加、减、乘、除、加 1 和减 1 等共 16 条,如表 3-31 所示。

表 3-31　BCD 码算术运算指令

功能号	助记符	操作数	功能说明	步数	操作数范围
F40	B +	S、D	4 位 BCD 码数据相加	5	S:没有限制,D:除 WX 和常数外
F41	DB +	S、D	8 位 BCD 码数据相加	7	S:除 IY 外,D:除 WX、IY 和常数外
F42	B +	S1、S2、D	4 位 BCD 码数据相加	7	S1、S2:没有限制,D:除 WX 和常数外
F43	DB +	S1、S2、D	8 位 BCD 码数据相加	11	S1、S2:除 IY 外,D:除 WX、IY 和常数外
F45	B −	S、D	4 位 BCD 码数据相减	5	S:没有限制,D:除 WX 和常数外
F46	DB −	S、D	8 位 BCD 码数据相减	7	S:除 IY 外,D:除 WX、IY 和常数外
F47	B −	S1、S2、D	4 位 BCD 码数据相减	7	S1、S2:没有限制,D:除 WX 和常数外
F48	DB −	S1、S2、D	8 位 BCD 码数据相减	11	S1、S2:除 IY 外,D:除 WX、IY 和常数外
F50	B *	S1、S2、D	4 位 BCD 码数据乘法	7	S1、S2:没有限制,D:除 WX、IY 和常数外

（续）

功能号	助记符	操作数	功能说明	步数	操作数范围
F51	DB*	S1、S2、D	8 位 BCD 码数据乘法	11	S1、S2：除 IY 外，D：除 WX、IX/IY 和常数外
F52	B%	S1、S2、D	4 位 BCD 码数据除法	7	S1、S2：没有限制，D：除 WX 和常数外
F53	DB%	S1、S2、D	8 位 BCD 码数据除法	11	S1、S2：除 IY 外，D：除 WX、IX/IY 和常数外
F55	B+1	D	4 位 BCD 码数据加 1	3	D：除 WX 和常数外
F56	DB+1	D	8 位 BCD 码数据加 1	3	D：除 WX、IY 和常数外
F57	B-1	D	4 位 BCD 码数据减 1	3	D：除 WX 和常数外
F58	DB-1	D	8 位 BCD 码数据减 1	3	D：除 WX、IY 和常数外

1. F40（B+）

该指令是两个 4 位 BCD 码数的加法指令，能够将 S 指定的 4 位 BCD 码数与 D 指定的 4 位 BCD 码数相加，结果（仍为 BCD 码数）存储在 D 中，如图 3-26 所示。指令格式及操作数范围如表 3-32 所示。

被加数(D)+加数(S) —触发信号接通→ 结果(D)

图 3-26　指令的功能

表 3-32　指令格式及操作数范围

梯形图	布尔非梯形图		
	地址		指令
X1 ├┤　[F40 B+,DT1 WR2]	0 1		ST X1 F40 （B+） DT 1 WR 2
S	4 位 BCD 码数或存储单元(存储加数)，参数没有限制		
D	4 位 BCD 码数存储单元(存储被加数和结果)，参数为除常数和 WX 以外的操作数		

计算结果超过 4 位数字 BCD 码数时（溢出），进位标志继电器 R9009 瞬间接通（一个扫描周期）；计算结果为零时，R900B 瞬间接通（一个扫描周期）。4 位 BCD 码数的范围是 K0～K9999（BCD）。

当触发信号使 X1 接通时，内部继电器 WR2 中的 BCD 码数和数据寄存器 DT1 中的 BCD 码数相加，结果存储在 WR2 中（被加数存储单元 WR2 中的数据被加法的结果覆盖）。

2. F41（DB+）

该指令为两个 8 位 BCD 码数的加法指令，其功能是将由 S 指定的 8 位 BCD 码数（S 为低 4 位，S+1 为高 4 位）与由 D 指定的 8 位 BCD 码数（D 为低 4 位，D+1 为高 4 位）相加，结果存储在数据存储单元 D 和 D+1 中，如图 3-27 所示。指令格式及操作数范围如表 3-33 所示。

被加数(D+1,D)+加数(S+1,S) —触发信号接通→ 结果(D+1,D)

图 3-27　指令的功能

表 3-33　指令格式及操作数范围

梯形图	布尔非梯形图		
	地址		指令
X1 ├┤　[F41 DB+,DT1 WR2]	0 1		ST X1 F41 （DB+） DT 1 WR 2
S	8 位 BCD 码数或存储单元(存储加数)，参数为除 IY 以外的操作数		
D	8 位 BCD 码数存储单元(存储被加数和结果)，参数为除常数、IY 和 WX 以外的操作数		

当触发信号使 X1 接通时，内部继电器 WR3、WR2 中的 8 位 BCD 码数分别和数据寄存器 DT2、DT1）中的 8 位 BCD 码数相加，结果存储在 WR3、WR2 中（被加数存储单元 D 和 D+1 中的数据被加法的结果覆盖）。8 位 BCD 码数的范围是 K0 ~ K99999999。当计算结果超过 8 位 BCD 码数的范围时，进位标志继电器 R9009 瞬间接通（一个扫描周期）；当计算结果为 0 时，R900B 瞬间接通（一个扫描周期）。

3. F42（B +）

该指令是 4 位 BCD 码数相加存储在指定存储单元的指令，其功能是将 S1 和 S2 指定的两个 4 位 BCD 码数相加，结果存储在指定的 D 中，如图 3-28 所示。指令格式及操作数范围如表 3-34 所示。

被加数(S1)+加数(S2) $\xrightarrow{\text{触发信号接通}}$ 结果(D)

图 3-28　指令的功能

表 3-34　指令格式及操作数范围

梯　形　图	布尔非梯形图	
	地　　址	指　　令
![X1 [F42 B+,DT1,WR2,DT5]]	0 1	ST　X1 F42　（B +） DT　1 WR　2 DT　5
S1	4 位 BCD 码数（被加数），参数没有限制	
S2	4 位 BCD 码数或存储单元（存储加数），参数没有限制	
D	4 位 BCD 码数存储单元（存储结果），参数为除常数和 WX 以外的操作数	

当触发信号使 X1 接通时，内部继电器 WR2 中的 BCD 码数和数据寄存器 DT1 中的 BCD 码数相加，结果存储在 DT5 中。当计算结果超过 4 位 BCD 码数的范围时，进位标志继电器 R9009 瞬间接通（一个扫描周期）；当计算结果为零时，R900B 瞬间接通（一个扫描周期）。

4. F43（DB +）

该指令是 8 位 BCD 码数相加存储在指定存储单元的指令，能够将 S1 指定的 8 位 BCD 码常数或存储单元中的数据（S1 为低 4 位，S1 +1 为高 4 位）与由 S2 指定的 8 位 BCD 码数（S2 为低 4 位，S2 +1 为高 4 位）相加，结果存在数据存储单元 D 和 D +1 中，如图 3-29 所示。指令格式及操作数范围如表 3-35 所示。

被加数(S1+1,S1)+加数(S2+1,S2) $\xrightarrow{\text{触发信号接通}}$ 结果(D+1,D)

图 3-29　指令的功能

表 3-35　指令格式及操作数范围

梯　形　图	布尔非梯形图	
	地　　址	指　　令
![X1 [F43 DB+,DT1,WR2,DT5]]	0 1	ST　X1 F43　（DB +） DT　1 WR　2 DT　5
S1	8 位 BCD 码数或存储单元的低位地址（存储被加数），参数为除 IY 以外的操作数	
S2	8 位 BCD 码数或存储单元的低位地址（存储加数），参数为除 IY 以外的操作数	
D	8 位 BCD 码数的存储单元（存储结果），参数为除常数、IY 和 WX 以外的操作数	

当触发信号使 X1 接通时，内部继电器 WR3、WR2 中的 8 位 BCD 码数分别和数据寄存器 DT2、DT1 中的 8 位 BCD 码数相加，结果（仍是 BCD 码数）分别存储在 DT6、DT5 中。

计算结果一旦超过 8 位 BCD 码数的范围时，进位标志继电器 R9009 瞬间接通（一个扫描周期）；当计算结果为零时，R900B 瞬间接通（一个扫描周期）。

5. F45（B−）

该指令为 4 位 BCD 码数的减法指令，能够将 D 指定的存储单元中的 4 位 BCD 码数与由 S 指定的 4 位 BCD 码数或存储单元中的 BCD 码数相减，结果存在 D 指定的数据存储单元中，如图 3-30 所示。指令格式及操作数范围如表 3-36 所示。

被减数(D)−减数(S) $\xrightarrow{\text{触发信号接通接通}}$ 结果(D)

图 3-30 指令的功能

表 3-36 指令格式及操作数范围

梯 形 图	布尔非梯形图	
	地 址	指 令
X1 ├┤├──[F45 B−,DT1,WR2]	0 1	ST X1 F45 （B−） DT 1 WR 2
S	4 位 BCD 码数或存储单元（存储减数），参数没有限制	
D	4 位 BCD 码数存储单元（存储被减数和结果），参数为除常数和 WX 以外的操作数	

当触发信号使 X1 接通时，内部字继电器 WR2 中的数据和数据寄存器 DT1 中的数据相减，结果存储在 WR2 中（被减数存储单元 WR2 中的数据被减法的结果覆盖）。

计算结果一旦超过 4 位 BCD 码的范围时，进位标志继电器 R9009 瞬间接通（一个扫描周期）；当计算结果为零时，R900B 瞬间接通（一个扫描周期）。

6. F46（DB−）

该指令为两个 8 位 BCD 码数的减法指令，能够将 D 指定的存储单元中的 8 位 BCD 码数（D 为低 4 位，D+1 为高 4 位）与 S 指定的 8 位 BCD 码数或存储单元中的数据（S 为低 4 位，S+1 为高 4 位）相减，结果存储在数据存储单元 D 和 D+1 中，如图 3-31 所示。指令格式及操作数范围如表 3-37 所示。

被减数(D+1,D)−减数(S+1,S) $\xrightarrow{\text{触发信号接通}}$ 结果(D+1,D)

图 3-31 指令的功能

表 3-37 指令格式及操作数范围

梯 形 图	布尔非梯形图	
	地 址	指 令
X1 ├┤├──[F46 DB−,DT1,WR2]	0 1	ST X1 F46 （DB−） DT 1 WR 2
S	8 位 BCD 码数或存储单元（存储减数），参数为除 IY 以外的操作数	
D	8 位 BCD 码数的存储单元（存储被减数和结果），参数为除常数、IY 和 WX 以外的操作数	

当触发信号使 X1 接通时，内部继电器 WR3、WR2 中的 8 位 BCD 码数分别和数据寄存器 DT2、DT1 中的 8 位 BCD 码数相减，结果存储在 WR3、WR2 中（被减数存储单元中的数据被减法结果覆盖）。

计算结果一旦超过 8 位 BCD 码数范围时，进位标志继电器 R9009 瞬间接通（一个扫描周期）；当计算结果为零时，R900B 瞬间接通（一个扫描周期）。

7. F47（B−）

该指令为 4 位 BCD 码数相减存储在指定存储单元的指令，其功能是将由 S1、S2 指定的 4 位 BCD 码数或存储单元中的 4 位 BCD 码数相减，结果存储在指定的 D 中，如图 3-32 所示。指令格式及操作数范围如表 3-38 所示。

$$被减数(S1) - 减数(S2) \xrightarrow{触发信号接通} 结果(D)$$

图 3-32　指令的功能

表 3-38　指令格式及操作数范围

梯 形 图	布尔非梯形图	
	地　址	指　令
```X1```[F47 B−,DT1,WR2,DT5]	0 1	ST　X1 F47　（B−） DT　1 WR　2 DT　5
S1	4 位 BCD 码数或存储单元（存储被减数），参数没有限制	
S2	4 位 BCD 码数或存储单元（存储减数），参数没有限制	
D	4 位 BCD 码数的存储单元（存储结果），参数为除常数和 WX 以外的操作数	

当触发信号使 X1 接通时，数据寄存器 DT1 中的 4 位 BCD 码数和内部继电器 WR2 中的 4 位 BCD 码数相减，结果（仍为 BCD 码数）存储在 DT5 中。当计算结果超过 4 位 BCD 码数的范围时，进位标志继电器 R9009 瞬间接通（一个扫描周期）；当计算结果为零时，R900B 瞬间接通（一个扫描周期）。

8. F48（DB−）

该指令为 8 位 BCD 码数相减存储在指定存储单元的指令，功能是将由 S1 指定的 8 位 BCD 码数减去由 S2 指定的 8 位 BCD 码数，相减的结果存储在指定的 D+1 和 D 中，如图 3-33 所示。指令格式及操作数范围如表 3-39 所示。

$$被减数(S1+1,S1) - 减数(S2+1,S2) \xrightarrow{触发信号接通} 结果(D+1,D)$$

图 3-33　指令的功能

表 3-39　指令格式及操作数范围

梯 形 图	布尔非梯形图	
	地　址	指　令
```X1```[F48 DB−,DT1,WR2,DT5]	0 1	ST　X1 F48　（DB−） DT　1 WR　2 DT　5
S1	8 位 BCD 码数或存储单元（存储被减数），参数为除 IY 以外的操作数	
S2	8 位 BCD 码数或存储单元（存储减数），参数为除 IY 以外的操作数	
D	8 位 BCD 码数存储单元（存储结果），参数为除常数、IY 和 WX 以外的操作数	

当触发信号使 X1 接通时，数据寄存器 DT2、DT1 中的 8 位 BCD 码数分别和内部继电器 WR3、WR2 中的 8 位 BCD 码数相减，结果分别存储在 DT6、DT5 中。当计算结果超过 8 位

BCD 码数的范围时，进位标志继电器 R9009 瞬间接通（一个扫描周期）；当计算结果为零时，R900B 瞬间接通（一个扫描周期）。

9. F50（B*）

该指令为 4 位 BCD 码数相乘指令，能够将由 S1 指定的 4 位 BCD 码数与 S2 指定的 4 位 BCD 码数相乘，结果存储在（D+1，D）中（32 位存储单元），如图 3-34 所示。指令格式及操作数范围如表 3-40 所示。

$$被乘数(S1) \times 乘数(S2) \xrightarrow{触发信号接通} 结果(D+1,D)$$

图 3-34　指令的功能

表 3-40　指令格式及操作数范围

梯 形 图	布尔非梯形图	
	地　址	指　令
X1 ┤├──[F50 B*,DT1,WR2,DT5]	0 1	ST　X1 F50　（B*） DT　1 WR　2 DT　5
S1	4 位 BCD 码数或存储单元(存储被乘数)，参数没有限制	
S2	4 位 BCD 码数或存储单元(存储乘数)，参数没有限制	
D	32 位存储单元(存储结果)，参数为除常数、IY 和 WX 以外的操作数	

当触发信号使 X1 接通时，内部继电器 WR2 中的 4 位 BCD 码数和数据寄存器 DT1 中的 4 位 BCD 码数相乘，结果存储在 DT6、DT5 中。

10. F51（DB*）

该指令是 8 位 BCD 码数乘法指令，能够将 S1 指定的 8 位 BCD 码数与 S2 指定的 8 位 BCD 码数相乘，结果存储在（D+3，D+2，D+1，D）中（64 位存储单元），如图 3-35 所示。指令格式及操作数范围如表 3-41 所示。

$$被乘数(S1+1, S1) \times 乘数(S2+1, S2) \xrightarrow{触发信号接通} 结果(D+3,D+2,D+1,D)$$

图 3-35　指令的功能

表 3-41　指令格式及操作数范围

梯 形 图	布尔非梯形图	
	地　址	指　令
X1 ┤├──[F51 DB*,DT1,WR2,DT5]	0 1	ST　X1 F51　（DB*） DT　1 WR　2 DT　5
S1	8 位 BCD 码数或存储单元的低 16 位存储单元地址(存储被乘数)，参数为除 IY 以外的操作数	
S2	8 位 BCD 码数或存储单元的低 16 位存储单元地址(存储乘数)，参数为除 IY 以外的操作数	
D	64 位存储单元的低 16 位存储单元地址(存储结果)，参数为除常数、IX/IY 和 WX 以外的操作数	

当触发信号使 X1 接通时，内部继电器（WR3，WR2）中的 8 位 BCD 码数和数据寄存器（DT2，DT1）中的 8 位 BCD 码数相乘，结果存储在（DT8，DT7，DT6，DT5）中。

FP1 系列 PLC 中的 C14 型和 C16 型 PLC 不支持本条指令，其余的 C24，型、C40 型、C56 型和 C72 型都支持，这是需要注意的。

11. F52（B%）

该指令是 4 位 BCD 码数的除法指令，功能是将 S1 指定的 4 位 BCD 码数除以 S2 指定的 4 位 BCD 码数，结果存储在 D 中，余数存储在特殊数据寄存器 DT9015 中，如图 3-36 所示。指令格式及操作数范围如表 3-42 所示。

被除数(S1)÷除数(S2) →（触发信号接通）→ 结果(D)...(DT9015)

图 3-36　除法指令的功能

表 3-42　指令格式及操作数范围

梯　形　图	布尔非梯形图	
	地　　址	指　　令
┤X1├─[F52 B%, DT1, WR2, DT5]	0 1	ST　X1 F52　（B%） DT　1 WR　2 DT　5
S1	4 位 BCD 码数或存储单元（存储被除数），参数没有限制	
S2	4 位 BCD 码数或存储单元（存储除数），参数没有限制	
D	16 位存储单元（存储结果），参数为除常数和 WX 以外的操作数	

12. F53（DB%）

该指令为 8 位 BCD 码数的除法指令，其功能是将 S1 指定的 8 位 BCD 码数除以 S2 指定的 8 位 BCD 码数，商存储在指定的（D+1，D）中，余数存储在特殊数据寄存器（DT9016，DT9015）中，如图 3-37 所示。指令格式及操作数范围如表 3-43 所示。

被除数(S1+1, S1)÷除数(S2+1, S2) →（触发信号接通）→ 结果(D+1, D)...(DT9016, DT9015)

图 3-37　除法指令的功能

表 3-43　指令格式及操作数范围

梯　形　图	布尔非梯形图	
	地　　址	指　　令
┤X1├─[F53 DB%, DT1, WR2, DT5]	0 1	ST　X1 F53　（DB%） DT　1 WR　2 DT　5
S1	8 位 BCD 码数或存储单元（存储被除数），参数为除 IY 以外的操作数	
S2	8 位 BCD 码数或存储单元（存储除数），参数为除 IY 以外的操作数	
D	32 位存储单元（存储结果），参数为除常数、IX/IY 和 WX 以外的操作数	

当触发信号使 X1 接通时，数据寄存器（DT2，DT1）中的 8 位 BCD 码数和内部继电器（WR3，WR2）中的 8 位 BCD 码数相除，结果存于（DT6，DT5）中，余数存储于（DT9016，DT9015）中。

应当注意的是，FP1 系列 PLC 中的 C14 型和 C16 型 PLC 不支持本条指令，其余的 C24 型、C40 型、C56 型和 C72 型都支持。

13. F55（B+1）

该指令（B+1）为 4 位 BCD 码的加 1 指令，功能是将由 D 指定的 4 位 BCD 码数加 1，结果仍存储在 D 中，如图

原始数据(D)+1 →（触发信号接通）→ 结果(D)

图 3-38　指令的功能

3-38 所示。指令格式及操作数范围如表 3-44 所示。

表 3-44　指令格式及操作数范围

梯　形　图	布尔非梯形图	
	地　　址	指　　令
X1 ├─┤├──[F55 B+1, DT20]	0 1	ST　X1 F55　（B＋1） DT　20
D	16 位存储单元(存储源操作数和结果),参数为除常数和输入继电器 WX 以外的操作数	

当触发信号使 X1 接通时，数据寄存器 DT20 中的数据加 1，结果仍存储在 DT20 中。若 DT20 = H9999，则指令执行后 DT20 = H0。如果计算结果出现溢出（R9009 接通），可使用 F56（DB＋1）指令（8 位 BCD 码数加 1）。

14. F56（DB＋1）

该指令为 8 位 BCD 码数的加 1 指令，其功能是将由 D 指定的 8 位 BCD 码数加 1，结果仍存储在（D＋1，D）中，如图 3-39 所示。指令格式及操作数范围如表 3-45 所示。

原始数据(D+1，D)+1 —触发信号接通→ 结果(D+1，D)

图 3-39　指令的功能

表 3-45　指令格式及操作数范围

梯　形　图	布尔非梯形图	
	地　　址	指　　令
X1 ├─┤├──[F56 DB+1,DT1]	0 1	ST　X1 F56　（DB＋1） DT　1
D	32 位存储单元的低 16 位存储单元地址,参数为除常数、IY 和 WX 以外的操作数	

当触发信号使 X1 接通时，数据寄存器（DT2，DT1）中的数据加 1，结果存储在（DT2，DT1）中。若（DT2，DT1）= H67899999，则指令执行后（DT2，DT1）= H67900000。

15. F57（B－1）

该指令为 4 位 BCD 码数的减 1 指令，功能是将由 D 指定的 4 位 BCD 码数减 1，结果仍存储在 D 中，如图 3-40 所示。指令格式及操作数范围如表 3-46 所示。

原始数据(D)-1 —触发信号接通→ 结果(D)

图 3-40　指令的功能

表 3-46　指令格式及操作数范围

梯　形　图	布尔非梯形图	
	地　　址	指　　令
X1 ├─┤├──[F57 B-1,DT1]	0 1	ST　X1 F57　（B－1） DT　1
D	16 位存储单元(存储源操作数和结果),参数为除常数和输入继电器 WX 以外的操作数	

当触发信号使 X1 接通时，数据寄存器 DT1 中的 4 位 BCD 码数减 1，结果存储在 DT1 中。若 DT1 = H0，则指令执行后 DT1 = H9999。如果计算结果出现溢出，R9009 瞬间接通。

16. F58（DB－1）

该指令为 8 位 BCD 码数的减 1 指令，其功能是将由 D 指定的 8 位 BCD 码数减 1，结果仍存储在（D＋1，D）中，如图 3-41 所示。指令格式及操作数范围如表 3-47 所示。

$$原始数据 (D+1,D)-1 \xrightarrow{\text{触发信号接通}} 结果(D+1,D)$$

图 3-41　指令的功能

表 3-47　指令格式及操作数范围

梯　形　图	布尔非梯形图	
	地　址	指　令
X1 ——[F58 DB-1, DT1]	0 1	ST　X1 F58　（DB - 1） DT　1
D	32 位存储单元的低 16 位存储单元地址，参数为除常数、IY 和 WX 以外的操作数	

当触发信号使 X1 接通时，数据寄存器（DT2，DT1）中的数据减 1，结果存储在数据寄存器（DT2，DT1）中。若（DT2，DT1）= H45670000，则指令执行后（DT2，DT1）= H45669999。

3.4　数据比较指令

FP1 系列 PLC 的数据比较指令有 F60（CMP）、F61（DCMP）、F62（WIN）、F63（DWIN）、F64（BCMP）5 种，如表 3-48 所示。

表 3-48　数据比较指令

功能号	助记符	操作数	功能说明	步数	操作数范围
F60	CMP	S1、S2	16 位数据比较	5	S1、S2：没有限制
F61	DCMP	S1、S2	32 位数据比较	9	S1、S2：除 IY 外
F62	WIN	S1、S2、S3	16 位数据块比较	7	S1、S2、S3：没有限制
F63	DWIN	S1、S2、S3	32 位数据块比较	13	S1、S2、S3：除 IY 外
F64	BCMP	S1、S2、S3	数据块比较	7	S1：没有限制，S2、S3：除 IX/IY 和常数外

1. F60（CMP）

该指令是 16 位数据的比较指令，将 S1 指定的 16 位数据与 S2 指定的 16 位数据进行比较，比较的结果存储在特殊内部继电器 R900A ~ R900C 中，指令格式及操作数范围如表 3-49 所示。

表 3-49　指令格式及操作数范围

梯　形　图	布尔非梯形图	
	地　址	指　令
X0 ——[F60 CMP DT0 K100] X0　R900A ——[R0] X0　R900B ——[R1] X0　R900C ——[R2]	0 1 6 7 8 9 10 11 12 13 14	ST　X0 F60　（CMP） DT　0 K　100 ST　X0 AN　R900A OT　R0 ST　X0 AN　R900B OT　R1 ST　X0 AN　R900C OT　R2
S1	被比较的 16 位常数或存储数据的存储单元，参数没有限制	
S2	被比较的 16 位常数或存储数据的存储单元，参数没有限制	

表 3-49 的程序中，当触发信号使 X0 接通时，将数据寄存器 DT0 中的数据与十进制常数 （K100） 进行比较，当 DT0 > K100 时，R900A 为 "ON"，内部继电器 R0 接通；当 DT0 = K100 时，R900B 为 "ON"，R1 接通；DT0 < K100 时，R900C 为 "ON"，R2 接通。

表 3-50 列出了由 S1 和 S2 的大小决定的 R900A ~ R900C 的输出。如果使用特殊内部继电器 R9010 （常 ON） 来作为 F60 （CMP） 指令的触发信号时，则比较结果标志 （R900A ~ R900C） 前的触发信号 R9010 可省略。

表 3-50　F60 （CMP） 对 R900A ~ R900C 状态的影响

比较 S1 和 S2	标志继电器的状态		
	R900A	R900B	R900C
	（ > flag）	（ = flag）	（ < flag）
S1 < S2	OFF	OFF	ON
S1 = S2	OFF	ON	OFF
S1 > S2	ON	OFF	OFF

值得注意的是，表 3-49 中的指令也可以用栈操作指令 PSHS、RDS 和 POPS 来编写。

2. F61 （DCMP）

该指令为 32 位数据比较指令，其功能是将 S1 指定的 32 位常数或 32 位存储单元中的数据与 S2 指定的 32 位常数或 32 位存储单元中的数据进行比较，结果存在特殊内部继电器 R900A ~ R900C 中，指令格式及操作数范围如表 3-51 所示。

表 3-51　指令格式及操作数范围

梯 形 图	布尔非梯形图	
	地　址	指　令
	20	ST　X0
	21	F61　（DCMP）
		DT　0
X0　　　　　S1　S2		DT　100
├┤├─[F61 DCMP DT0 DT100]	30	ST　X0
X0　R900A	31	AN　R900A
├┤├─┤├──────[Y0]	32	OT　Y0
X0　R900B	33	ST　X0
├┤├─┤├──────[Y1]	34	AN　R900B
X0　R900C	35	OT　Y1
├┤├─┤├──────[Y2]	36	ST　X0
	37	AN　R900C
	38	OT　Y2
S1	被比较的 32 位常数或 32 位数的低 16 位的存储单元，除 IY 以外	
S2	被比较的 32 位常数或 32 位数的低 16 位的存储单元，除 IY 以外	

在表 3-51 中，当触发信号使 X0 接通时，将 （DT101，DT100） 中的数据与 （DT1，DT0） 中的数据进行比较，当 （DT1，DT0） > （DT101，DT100） 时，R900A 为 "ON"，输出继电器 Y0 接通；当 （DT1，DT0） = （DT101，DT100） 时，R900B 为 "ON"，输出继电器 Y1 接通；当 （DT1，DT0） < （DT101，DT100） 时，R900C 为 "ON"，则 Y2 接通。

表 3-52 列出了由 （S1 + 1，S1） 和 （S2 + 1，S2） 的大小决定的 R900A ~ R900C 的输出。

表 3-52　R900A ~ R900C 的状态

比较(S1 + 1,S1)和(S2 + 1,S2)	标志继电器的状态		
	R900A	R900B	R900C
	(> flag)	(= flag)	(< flag)
(S1 + 1,S1) < (S2 + 1,S2)	OFF	OFF	ON
(S1 + 1,S1) = (S2 + 1,S2)	OFF	ON	OFF
(S1 + 1,S1) > (S2 + 1,S2)	ON	OFF	OFF

3. F62（WIN）

该指令为 16 位数据块的比较指令，功能是将 S1 指定的 16 位常数或 16 位存储单元中的数据与 S2 和 S3 指定的数据块相比较，以检查 S1 是在数据块的下限 S2 和上限 S3 之间，还是大于 S3 或小于 S2，比较的结果存储在 R900A、R900B 和 R900C 中，指令格式及操作数范围如表 3-53 所示。

表 3-53　指令格式及操作数范围

梯　形　图	布尔非梯形图		
	地　　址	指　　令	
	0	ST X0	
	1	F62 （WIN）	
X0　　　　S1　S2　S3		DT 0	
├─┤├─[F62 WIN DT0, DT2, DT4]		DT 2	
		DT 4	
X0　R900A	8	ST X0	
├─┤├──┤├────[Y0]	9	AN R900A	
	10	OT Y0	
X0　R900B	11	ST X0	
├─┤├──┤├────[Y1]	12	AN R900B	
	13	OT Y1	
X0　R900C	14	ST X0	
├─┤├──┤├────[Y2]	15	AN R900C	
	16	OT Y2	

S1	被比较的 16 位常数或 16 位数据存储单元,参数没有限制
S2	下限的 16 位常数或 16 位数据存储单元,参数没有限制
S3	上限的 16 位常数或 16 位数据存储单元,参数没有限制

表 3-53 中，当触发信号使 X0 接通时，DT0 中的数据与 DT2 中的数据（数据块的下限）和 DT4 中的数据（数据块的上限）进行比较，比较的结果存储在 R900A、R900B 和 R900C 中。当 DT0 > DT4 时，R900A 接通，Y0 保持接通。当 DT2 ≤ DT0 ≤ DT4 时，R900B 接通，Y1 保持接通。DT0 < DT2 时，R900C 接通，Y2 保持接通。

表 3-54 给出了 R900A（ > 标志）、R900B（ = 标志）和 R900C（ < 标志）的状态，其中 S2 和 S3 为同类型的操作数，并且 S2 ≤ S3。

表 3-54　R900A ~ R900C 的状态

将 S1 与 S2 和 S3 比较	标志继电器的状态		
	R900A	R900B	R900C
S1 < S2	OFF	OFF	ON
S2 ≤ S1 ≤ S3	OFF	ON	OFF
S1 > S3	ON	OFF	OFF

编程时，对于该指令应该使用同样的触发信号，若采用 R9010 来作为该指令的触发信号，则 R9010 可省略。注意比较特殊数据不能使用该指令。

4. F63（DWIN）

该指令为 32 位数据块比较指令，其功能是将 S1 指定的 32 位数据与 S2 和 S3 指定的数据块相比较，以检查 S1 是在数据块下限 S2 和上限 S3 之间，还是大于 S3 或小于 S2，比较的结果存储在 R900A、R900B 和 R900C 中，指令格式及操作数范围如表 3-55 所示。

表 3-55　指令格式及操作数范围

梯　形　图	布尔非梯形图	
	地　　址	指　　令
X0 　　S1　S2　S3 ├─[F63 DWIN DT0,DT2,DT4] X0　R900A ├──┤├──────[Y0] X0　R900B ├──┤├──────[Y1] X0　R900C ├──┤├──────[Y2]	0 1 14 15 16 17 18 19 20 21 22	ST　X0 F63　（DWIN） DT　0 DT　2 DT　4 ST　X0 AN　R900A OT　Y0 ST　X0 AN　R900B OT　Y1 ST　X0 AN　R900C OT　Y2
S1	要比较的 32 位常数或 32 位数的低 16 位的存储单元，除 IY 以外	
S2	下限的 32 位常数或 32 位数的低 16 位的存储单元，除 IX/IY 和常数以外	
S3	上限的 32 位常数或 32 位数的低 16 位的存储单元，除 IX/IY 和常数以外	

表 3-55 中，当触发信号使 X0 接通时，（DT1，DT0）中的数据与（DT3，DT2）中的数据（数据块的下限）和（DT5，DT4）中的数据（数据块的上限）进行比较，比较的结果存储在 R900A、R900B 和 900C 中。当（DT1，DT0）>（DT5，DT4）时，R900A 接通，Y0 保持接通；当（DT3，DT2）≤（DT1，DT0）≤（DT5，DT4）时，R900B 接通，Y1 保持接通；（DT1，DT0）<（DT3，DT2）时，R900C 接通，Y2 保持接通。

表 3-56 给出了 R900A、R900B 和 R900C 的状态，其中 S2 和 S3 为同类型的操作数，且 S2≤S3。

表 3-56　R900A ~ R900C 的状态

将（S1 + 1，S1）与（S2 + 1，S2）和（S3 + 1，S3）比较	标志继电器的状态		
	R900A	R900B	R900C
	（ > flag）	（ = flag）	（ < flag）
（S1 + 1，S1）<（S2 + 1，S2）	OFF	OFF	ON
（S2 + 1，S2）≤（S1 + 1，S1）≤（S3 + 1，S3）	OFF	ON	OFF
（S1 + 1，S1）>（S3 + 1，S3）	ON	OFF	OFF

5. F64（BCMP）

该指令为数据块的比较指令，其功能是根据 S1 的设定，将 S2 指定的数据块中的数据与 S3 指定的数据块中的数据进行比较，指令格式及操作数范围如表 3-57 所示。

表 3-57　指令格式及操作数范围

梯　形　图	布尔非梯形图	
	地　址	指　令
	0	ST　X0
	1	F64　（BCMP）
X0　　　　　　S1　　S2　　S3 ├┤├──[F64 BCMP DT0，DT10，DT20]		DT　0
		DT　10
		DT　20
X0　　R900B	8	ST　X0
├┤├──┤├──────────(R0)	9	AN　R900B
	10	OT　R0

S1	16 位常数或存储单元，参数没有限制
S2	要比较的起始 16 位存储单元，参数除 IX/IY 和常数外
S3	要比较的起始 16 位存储单元，参数除 IX/IY 和常数外

当 S2 = S3 时，R900B 接通。S1 用来指定 S2 和 S3 的起始字节地址和要比较的字节数，设定如图 3-42 所示。

在编程时，当使用 R900B 作为指令的标志时，标志一定要紧跟在该指令后，并要使用相同的触发信号，如表 3-57 所示。若 DT0 = H0104，当触发信号 X0 接通时，比较 DT10（从 DT10 的高字节开始的 4 个字节）与 DT20（从 DT20 的低字节开始的 4 个字节）的数据块，当两个数据块内容相同时，内部继电器 R0 接通。

FP1 系列 PLC 中的 C14 型和 C16 型 PLC 不支持本条指令，其余的 C24 型、C40 型、C56 型和 C72 型都支持，这是需要注意的。

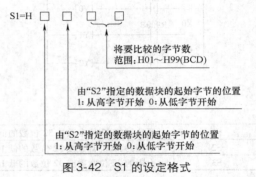

图 3-42　S1 的设定格式

3.5　逻辑运算指令

FP1 系列 PLC 的逻辑运算指令是实现数据的逻辑运算功能的，共有逻辑与、逻辑或、逻辑异或和逻辑异或非（同或）4 种，如表 3-58 所示。

表 3-58　逻辑运算指令

功能号	助记符	操作数	功能说明	步数	操作数范围
F65	WAN	S1、S2、D	16 位数据"与"运算	7	S1、S2：没有限制，D：除 WX 和常数外
F66	WOR	S1、S2、D	16 位数据"或"运算	7	S1、S2：没有限制，D：除 WX 和常数外
F67	XOR	S1、S2、D	16 位数据异或	7	S1、S2：没有限制，D：除 WX 和常数外
F68	XNR	S1、S2、D	16 位数据异或非	7	S1、S2：没有限制，D：除 WX 和常数外

1. F65（WAN）

该指令（WAN）为 16 位数据的"与"运算指令，其功能是将 S1 和 S2 指定的 16 位常数或 16 位存储单元中的数据进行"与"运算，结果存储在由 D 指定的 16 位存储单元中。如果 S1 和 S2 指定的是十进制常数，则被转换成 16 位二进制数进行运算，指令格式及操作数范围如表 3-59 所示。

表 3-59　指令格式及操作数范围

梯　形　图	布尔非梯形图	
	地　　址	指　　令
X0 ┤├────[F65 WAN,DT0,DT2,WR1]	0 1	ST　X0 F65　（WAN） DT　0 DT　2 WR　1
S1	16 位常数或存储单元,参数没有限制	
S2	16 位常数或存储单元,参数没有限制	
D	存储结果的 16 位存储单元,参数为除 WX 和常数外的操作数	

表 3-59 中，当触发信号使 X0 接通时，DT0 和 DT2 的每一位进行逻辑"与"运算，结果存储在 WR1 中，如图 3-43 所示。

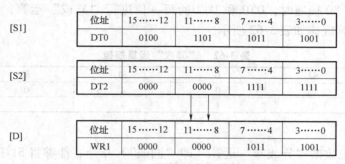

图 3-43　逻辑"与"运算

2. F66（WOR）

该指令为 16 位数据的"或"运算指令，其功能是将 S1 和 S2 指定的 16 位常数或 16 位数据存储单元进行"或"运算，结果存储在由 D 指定的单元中。若 S1 和 S2 指定的是十进制常数，则被转换成 16 位二进制数进行运算。指令格式及操作数范围如表 3-60 所示。当触发信号使 X0 接通时，DT0 和 DT2 的每一位进行逻辑"或"运算，结果存储在 WR1 中。

表 3-60　指令格式及操作数范围

梯　形　图	布尔非梯形图	
	地　　址	指　　令
X0 ┤├────[F66 WOR,DT0,DT2,WR1]	10 11	ST　X0 F66　（WOR） DT　0 DT　2 WR　1
S1	16 位常数或存储单元,参数没有限制	
S2	16 位常数或存储单元,参数没有限制	
D	存储结果的 16 位存储单元,参数为除 WX 和常数外的操作数	

3. F67（XOR）

该指令为 16 位数据的"异或"运算指令，能够将 S1 和 S2 指定的 16 位常数或存储单元中的数据进行"异或"运算，结果存储在由 D 指定的存储单元中。

若 S1 和 S2 指定的是十进制常数，则被转换成 16 位二进制数进行运算，指令格式及操作数范围如表 3-61 所示。

表 3-61　指令格式及操作数范围

梯 形 图	布尔非梯形图	
	地　址	指　令
X0 ――┤├――[F67 XOR,DT0,DT2,WR1]	10 11	ST　X0 F67　(XOR) DT　0 DT　2 WR　1
S1	16 位常数或 16 位存储单元,参数没有限制	
S2	16 位常数或 16 位存储单元,参数没有限制	
D	存储结果的 16 位存储单元,参数为除 WX 和常数外的操作数	

当触发信号使 X0 接通时,DT0 和 DT2 的每一位进行"异或"运算,结果存储在 WR1 中。"异或"的运算规律如表 3-62 所示。

表 3-62　"异或"运算规律

S1	S2	D	S1	S2	D
0	0	0	1	0	1
0	1	1	1	1	0

4. F68（XNR）

该指令为 16 位数据"异或非"运算（即"同或"）指令,能够将 S1 和 S2 指定的 16 位常数或存储单元中的数据进行"异或非"运算,结果存储在由 D 指定的存储单元中。

若 S1 和 S2 指定的是十进制常数,则被转换成 16 位二进制数进行运算。指令格式及操作数范围如表 3-63 所示。当触发信号使 X0 接通时,DT0 和 DT2 的每一位进行"异或非"运算,结果存储在 WR1 中。

表 3-63　指令格式及操作数范围

梯 形 图	布尔非梯形图	
	地　址	指　令
X0 ――┤├――[F68 XNR,DT0,DT2,WR1]	0 1	ST　X0 F68　(XNR) DT　0 DT　2 WR　1
S1	16 位常数或存储单元,参数没有限制	
S2	16 位常数或存储单元,参数没有限制	
D	存储结果的 16 位数据存储单元,参数为除 WX 和常数外的操作数	

3.6　数据转换指令

用于实现二进制、ASCII 码、BCD 码和十六进制数之间的相互转换,以及数据的求补、取反、求绝对值、编码、解码、组合和分离等操作,数据转换指令共有 26 条,如表 3-64 所示。

表 3-64　数据转换指令

功能号	助记符	操作数	功 能 说 明	步数	操作数范围
F70	BCC	S1、S2、S3、D	计算区块检查码	9	S1、S3：没有限制，S2：除 IX/IY 和常数外 D：除 WX、IX/IY 和常数外
F71	HEXA	S1、S2、D	十六进制数→ASCII 码数	7	S1：除 IX/IY 和常数外，S2：没有限制 D：除 WX、IX/IY 和常数外
F72	AHEX	S1、S2、D	ASCII 码数→十六进制数	7	S1：除 IX/IY 和常数外，S2：没有限制 D：除 WX、IX/IY 和常数外
F73	BCDA	S1、S2、D	BCD 码→ASCII 码数	7	S1：除 IX/IY 和常数外，S2：没有限制 D：除 WX、IX/IY 和常数外
F74	ABCD	S1、S2、D	十进制 ASCII 码数→BCD 码	9	S1：除 IX/IY 和常数外，S2：没有限制 D：除 WX、IX/IY 和常数外
F75	BINA	S1、S2、D	16 位二进制数→ASCII 码数	7	S1、S2：没有限制，D：除 WX、IX/IY 和常数外
F76	ABIN	S1、S2、D	ASCII 码数→16 位二进制数	7	S1：除 IX/IY 和常数外，S2：没有限制 D：除 WX、IX/IY 和常数外
F77	DBIA	S1、S2、D	32 位二进制数→ASCII 码数	11	S1、S2：除 IY 外，D：除 WX、IX/IY 和常数外
F78	DABI	S1、S2、D	ASCII 码数→32 位二进制数	11	S1：除 IX/IY 和常数外，S2：没有限制 D：除 WX、IX/IY 和常数外
F80	BCD	S、D	16 位二进制数→4 位 BCD 码	5	S：没有限制，D：除 WX 和常数外
F81	BIN	S、D	4 位 BCD 码→16 位二进制数	5	S：没有限制，D：除 WX 和常数外
F82	DBCD	S、D	32 位二进制数→8 位 BCD 码	7	S：没有限制，D：除 WX、IY 和常数外
F83	DBIN	S、D	8 位 BCD 码→32 位二进制数	7	S：除 IY 外，D：除 WX、IY 和常数外
F84	INV	D	16 位二进制数求反	3	D：除 WX 和常数外
F85	NEG	D	16 位二进制数求补	3	D：除 WX 和常数外
F86	DNEG	D	32 位二进制数求补	3	D：除 WX、IY 和常数外
F87	ABS	D	16 位数据取绝对值	3	D：除 WX 和常数外
F88	DABS	D	32 位数据取绝对值	3	D：除 WX、IY 和常数外
F89	EXT	D	16 位数据位数扩展	3	D：除 WX、IY 和常数外
F90	DECO	S、n、D	解码	7	S、n：没有限制，D：除 WX 常数外
F91	SEGT	S、D	十六进制数据 7 段显示解码	5	S：没有限制，D：除 WX、IY 和常数外
F92	ENCO	S、n、D	编码	7	S：除 IX/IY 和常数外，n：没有限制 D：除 WX 和常数外
F93	UNIT	S、n、D	16 位数据组合	7	S：除 IX/IY 和常数外，n：没有限制 D：除 WX 和常数外
F94	DIST	S、n、D	16 位数据分离	7	S、n：没有限制，D：除 WX、IX/IY 和常数外
F95	ASC	S、D	ASCII 码字符常数 → ASCII 码数	15	S：常数，D：除 WX、IY 和常数外
F96	SRC	S1、S2、S3	表数据查找	7	S1：没有限制，S2、S3：除 WX、IX/IY 和常数外

　　数据转换指令在 PLC 指令中属于比较复杂的一类指令，只有在掌握了二进制、ASCII
码、BCD 码、原码、反码、补码、7 段字形码等相关基本概念的基础上才能真正理解和掌握这类指令。另外，FP1 系列 PLC 中的 C14 型和 C16 型 PLC 不支持功能号为 F70 ~ F78 等 9 条指令，其余的 C24 型、C40 型、C56 型和 C72 型则都支持。

1. F70（BCC）

该指令为区块检查码的计算指令，其功能是根据 S1 设定的计算方式，计算由 S2 指定的 16 位存储单元开始，数据长度为 S3 字节的 ASCII 码数据块的校验码（BCC），结果存储在由 D 指定的 16 位存储单元的低字节中，高字节保持不变，指令格式及操作数范围如表 3-65 所示。

S1 的设定使用十进制数计算区块检查码的方法，K0 表示加法运算，K1 表示减法运算，K2 表示逻辑"异或"运算。

表 3-65　指令格式及操作数范围

梯　形　图	布尔非梯形图	
	地　　址	指　　令
X0 —[F70 BCC，K0，DT1，K10，DT18]	0 1	ST　X0 F70　（BCC） K　0 DT　1 K　10 DT　18
S1	指定计算方式的 16 位常数或存储单元，参数没有限制	
S2	计算 BCC 的 16 位存储单元的起始地址，参数除常数及 IX/IY 以外	
S3	16 位常数或存储单元，指定 BCC 计算的字节数，参数没有限制	
D	存储 BCC 的 16 位存储单元，参数除常数、WX、IX/IY 以外	

在表 3-65 的梯形图中，当触发信号使 X0 接通时，通过执行加法运算，计算从数据寄存器 DT1 开始的 10 个字节 ASCII 码数据块的校验码（BCC），结果存储在 DT18 的低字节。

2. F71（HEXA）

该指令为十六进制数转换成 ASCII 码数的指令，其功能是根据 S2 设定的内容，将 S1 指定的 16 位存储单元开始的十六进制数转换成对应的 ASCII 码数，结果存储在由 D 指定的 16 位存储单元开始的区域中，指令格式及操作数范围如表 3-66 所示。

表 3-66　指令格式及操作数范围

梯　形　图	布尔非梯形图	
	地　　址	指　　令
X0 —[F71 HEXA，DT0，K4，DT10]	0 1	ST　X0 F71　（HEXA） DT　0 K　4 DT　10
S1	被转换十六进制数的起始 16 位存储单元，除 IX/IY 和常数外	
S2	指定被转换数据字节数的 16 位常数或存储单元，参数没有限制	
D	存储 ASCII 码数的 16 位存储单元的起始地址，除 WX、IX/IY 和常数外	

当触发信号 X0 接通时，将存储在 DT0 中的 4 个字节数据转换成 ASCII 码数，结果存储在 DT11 和 DT10 中，指令中 S2 指定将要转换的数据的字节数。当 S2 = K1（一个字节）时，只转换 S1 的低字节。S2 = K4（4 个字节）时的结果如图 3-44 所示。

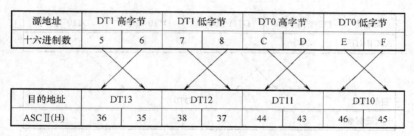

源地址	DT1 高字节		DT1 低字节		DT0 高字节		DT0 低字节	
十六进制数	5	6	7	8	C	D	E	F

目的地址	DT13		DT12		DT11		DT10	
ASCⅡ(H)	36	35	38	37	44	43	46	45

图 3-44　S2＝K4 时 F71（HEXA）指令执行结果

一个十六进制数（4 位二进制）对应的 ASCII 码数采用 8 位二进制（一个字节）表示，将十六进制数转换成 ASCII 码数后，数据长度为原来的 2 倍。

十六进制数的 ASCII 码数对应的二进制（B）、十六进制（H）和十进制（D）数如表 3-67 所示。

表 3-67　ACSII 码数

十六进制数	ASCII（B）	ASCII（H）	ASCII（D）	十六进制数	ASCII（B）	ASCII（H）	ASCII（D）
0	0011 0000	30	48	8	0011 1000	38	56
1	0011 0001	31	49	9	0011 1001	39	57
2	0011 0010	32	50	A	0100 0001	41	65
3	0011 0011	33	51	B	0100 0010	42	66
4	0011 0100	34	52	C	0100 0011	43	67
5	0011 0101	35	53	D	0100 0100	44	68
6	0011 0110	36	54	E	0100 0101	45	69
7	0011 0111	37	55	F	0100 0110	46	70

3. F72（AHEX）

该指令是将 ASCII 码数转换成十六进制数的指令，功能是根据 S2 指定的内容，将 S1 指定的起始于 16 位存储单元的 ASCII 码数转换成十六进制数，结果存储在起始于由 D 指定的 16 位存储单元的存储区域中，指令格式及操作数范围如表 3-68 所示。

表 3-68　指令格式及操作数范围

梯 形 图	布尔非梯形图	
	地　址	指　令
	10	ST X0
X0 ──[F72 AHEX,DT10,K4,DT0]	11	F72 （AHEX）
		DT 10
		K 4
		DT 0

S1	被转换 ASCII 码数的起始 16 位存储单元，除 IX/IY 和常数外
S2	指定被转换数据字节数的 16 位常数或存储单元，参数没有限制
D	存储结果的起始 16 位存储单元，除 WX、IX/IY 和常数外

当触发信号使 X0 接通时，将存储在数据寄存器 DT10 和 DT11 中的 4 个 ASCII 码数转换成十六进制数，结果存储在 DT0 中，如图 3-45 所示。

一个 ASCII 码数采用 8 位二进制（一个字节）表示，转换成十六进制数后，数据长度为原来 ASCII 码数的一半。

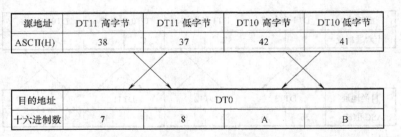

源地址	DT11 高字节	DT11 低字节	DT10 高字节	DT10 低字节
ASCII(H)	38	37	42	41

目的地址	DT0			
十六进制数	7	8	A	B

图 3-45　S2 = K4 时指令的执行结果

4. F73（BCDA）

该指令是将 BCD 码数转换为 ASCII 码数的指令，其功能是根据 S2 指定的内容，将起始于 S1 指定的 16 位存储单元的 BCD 码数转换成 ASCII 码数，结果存储在起始于由 D 指定的 16 位存储单元的存储区域中，指令格式及操作数范围如表 3-69 所示。

表 3-69　指令格式及操作数范围

梯形图	布尔非梯形图	
	地　址	指　　令
X0 ── [F73 BCDA, DT0, H2, DT10]	0 1	ST X0 F73 （BCDA） DT 0 H 2 DT 10

S1	存储 BCD 码数的 16 位存储单元的起始地址，除 IX/IY 和常数外
S2	指定将要转换的源区数据的字节数和安排转换数据的 16 位常数或 16 位存储单元，参数没有限制
D	存储结果的 16 位存储单元的起始地址，除 WX、IX/IY 和常数外

当触发信号使 X0 接通时，存储在 DT0 中的 4 位 BCD 码数（2 个字节）被转换成 ASCIII 码数，结果存储在 DT11 和 DT10 中，如图 3-46 所示。

S2 指定了原数据的字节数及转换后数据的存储方向（正/反方向），设定格式如图 3-47 所示。若表 3-69 中 S2 = H1002，则指令执行后结果反向存储，DT10 = H3635，DT11 = H3837。

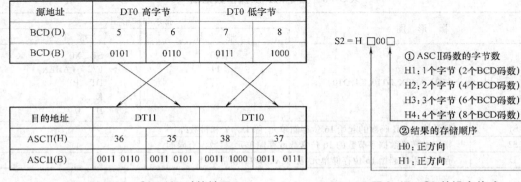

源地址	DT0 高字节		DT0 低字节	
BCD(D)	5	6	7	8
BCD(B)	0101	0110	0111	1000

目的地址	DT11		DT10	
ASCII(H)	36	35	38	37
ASCII(B)	0011 0110	0011 0101	0011 1000	0011 0111

S2 = H □00□

① ASCII 码数的字节数
H1：1 个字节（2 个 BCD 码数）
H2：2 个字节（4 个 BCD 码数）
H3：3 个字节（6 个 BCD 码数）
H4：4 个字节（8 个 BCD 码数）

② 结果的存储顺序
H0：正方向
H1：正方向

图 3-46　S2 = H2 时的结果　　　　　图 3-47　S2 的设定格式

一个 BCD 码数占 4 位（半字节），一个 ASCII 码数占 8 位（一个字节），因此转换成 ASCII 码数后，数据长度为原来的 2 倍。

5. F74（ABCD）

该指令是将 ASCII 码数转换成 BCD 码数的指令，其功能是根据 S2 指定的内容，将起始于 S1 指定的 16 位存储单元的 ASCII 码数转换成 BCD 码数，结果存储在起始于由 D 指定的 16 位存储单元的存储区域中，指令格式及操作数范围如表 3-70 所示。

表 3-70　指令格式及操作数范围

梯　形　图		布尔非梯形图	
		地　　址	指　　令
X0 ——┤├——[F74 ABCD,DT0,H4,DT10]		10 11	ST　X0 F74　（ABCD） DT　0 H　4 DT　10
S1	存储 ASCII 码数的 16 位存储单元的起始地址,除 IX/IY 和常数外		
S2	指定被转换数据的字节数及安排转换数据存储顺序的 16 位常数或 16 位存储单元,参数没有限制		
D	存储结果的 16 位存储单元的起始地址,除 WX、IX/IY 和常数外		

S2 指定了原数据的字节数及转换后数据的存储方向（正/反方向），设定格式如图 3-48 所示。当触发信号使 X0 接通时，存储在 DT1、DT0 中的 4 个字节 ASCII 码数转换成 4 位 BCD 码数，结果存储在 DT10 中，如图 3-49 所示。若表 3-70 中 S2 = H1004，则指令执行后结果反向存储，DT10 = H8765。

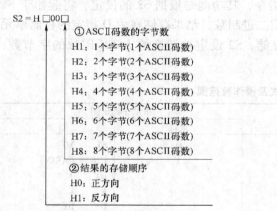

$S2 = H\square 00\square$

①ASCII 码数的字节数
H1：1 个字节（1 个 ASCII 码数）
H2：2 个字节（2 个 ASCII 码数）
H3：3 个字节（3 个 ASCII 码数）
H4：4 个字节（4 个 ASCII 码数）
H5：5 个字节（5 个 ASCII 码数）
H6：6 个字节（6 个 ASCII 码数）
H7：7 个字节（7 个 ASCII 码数）
H8：8 个字节（8 个 ASCII 码数）
②结果的存储顺序
H0：正方向
H1：反方向

图 3-48　S2 的设定格式

源地址	DT11		DT10	
ASCII(H)	35	36	37	38
ASCII(B)	0011 0101	0011 0110	0011 0111	0011 1000

目的地址	DT0 高字节		DT0 低字节	
BCD(D)	6	5	8	7
BCD(B)	0110	0101	1000	0111

图 3-49　S2 = H4 时的结果

一个 BCD 码数只占半字节，一个 ACSII 码数占 8 位（一个字节），因而转换成 BCD 码数后，数据的长度为原来的一半。

6. D75（BINA）

该指令是将二进制数转换成 ASCII 码数的指令，其功能是将 S1 指定的 16 位二进制数转换成 ASCII 码数，结果根据 S2 的设定存储在起始于由 D 指定的 16 位存储单元的存储区域中。在目的存储单元 D 中，数据的存储顺序是按照转换后的数字由高字节开始存储（逆序），指令格式及操作数范围如表 3-71 所示。

表 3-71 中，当触发信号使 X0 接通时，存储在 DT0 中的 16 位二进制数（−123）被转换成对应的 ASCII 码数，结果存储在 DT10 和 DT11 中，如图 3-50 所示。

表 3-71　指令格式及操作数范围

梯　形　图	布尔非梯形图	
	地　　址	指　　令
X0 —[F75 BINA, DT0, K4, DT10]	0 1	ST　X0 F75　（BINA） DT　0 K　4 DT　10
S1	被转换的 16 位常数或者 16 位存储单元, 参数没有限制	
S2	指定用于表示目的区数据的字节数的 16 位常数或 16 位存储单元, 参数没有限制	
D	存储 ASCII 码数的 16 位存储单元的起始地址, 除 WX、IX/IY 和常数外	

这里 S2 = K4, 转换后的数据为 4 个字节。需要注意的是, PLC 中的数据都是以补码的形式存储的, 此处 DT0 中的数据（HFF85）是 -123 的补码。若 S2 = K6, 转换后为 6 个字节, 多余的低位存储单元中被填以空格（ASCII 码为 H20）, 此时 DT12 = H3332, DT11 = H312D, DT10 = H2020。

S2 设定了保存结果的存储单元的字节数（ASCII 码数）, 在转换负数时, " - " 也被转换成对应的 ASCII 码（ASCII 码为 H2D）。若转换的是正数, " + " 号不被转换。如果由 S2 指定的区域大于转换所需的空间, 多余的低位存储单元中被填以空格。

7. F76（ABIN）

该指令是将 ASCII 码数转换成二进制数的指令, 其功能是根据 S2 的设定, 将起始于 S1 指定的 16 位存储单元的 ASCII 码数转换成 16 位二进制数, 结果存储在由 D 指定的存储单元中。被转换的 ASCII 码数在 S1 中要颠倒顺序存储, S2 设定被转换的 ASCII 码数的字节数, 指令格式及操作数范围如表 3-72 所示。

表 3-72　指令格式及操作数范围

梯　形　图	布尔非梯形图	
	地　　址	指　　令
X0 —[F76 ABIN, DT0, K4, DT10]	0 1	ST　X0 F76　（ABIN） DT　0 K　4 DT　10
S1	存 ASCII 码数的 16 位存储单元的起始地址, 除 IX/IY 和常数外	
S2	指定被转换数据字节数的 16 位常数或 16 位存储单元, 参数没有限制	
D	存储转换后的数据的 16 位存储单元的起始地址, 除 WX、IX/IY 和常数外	

当 X0 接通时, 在 DT0 和 DT1 中的 4 个 ASCII 码数转换成 16 位二进制数, 结果存储在 DT10 中, 如图 3-51 所示。

如果由 S1 和 S2 指定的区域大于要转换的数据所需的保存区域, 从高字节开始存储到 S1 和 S2 指定的区域中, 并将多余的字节置为 "0"（ASCII 码为 H30）或 "空格"（ASCII 码为 H20）。

8. F77（DBIA）

该指令是将 32 位二进制数转换成 ASCII 码数的指令, 功能是将 S1 指定的 32 位二进制数转换成 ASCII 码数, 结果根据 S2 的设定存储在起始于由 D 指定的 16 位存储单元的存储区域中。在 D 中，数据的存储按照逆转后的数字顺序由高字节开始存储，指令格式及操作数范围如表 3-73 所示。

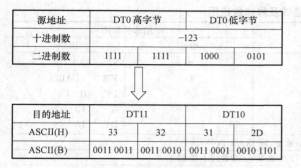

源地址	DT0 高字节		DT0 低字节	
十进制数	-123			
二进制数	1111	1111	1000	0101

目的地址	DT11		DT10	
ASCII(H)	33	32	31	2D
ASCII(B)	0011 0011	0011 0010	0011 0001	0010 1101

图 3-50 S2 = K4 时的结果

源地址	DT1		DT0	
ASCII(H)	33	32	31	2D
ASCII(B)	0011 0011	0011 0010	0011 0001	0010 1101

目的地址	DT10 高字节		DT10 低字节	
十进制数	-123			
二进制数	1111	1111	1000	0101

图 3-51 S2 = K4 时的结果

表 3-73 指令格式及操作数范围

梯 形 图	布尔非梯形图	
	地址	指令
X0 ⊢⊢ —[F77 DBIA,DT0,K10,DT10]	10 11	ST X0 F77 (DBIA) DT 0 K 10 DT 10

S1	被转换的 32 位常数或存储单元，除 IY 以外
S2	用于存储结果的存储单元字节数的 16 位常数或存储单元，除 IY 以外
D	存储 ASCII 码数的 16 位存储单元的起始地址，除 WX、IX/IY 和常数外

当触发信号 X0 接通时，存储在 DT0 和 DT1 中的 32 位二进制数被转换成对应的 ASCII 码数，转换后的数据存储在 DT10 ~ DT14 中，如图 3-52 所示。

源地址	DT1			DT0		
十进制	-12345678					
二进制	1111 1111	0100 0011		1001 1110	1011 0010	
十六进制	F	F	4	3	9	E	B	2

目的地址	DT14		DT13		DT12		DT11		DT10	
ASCⅡ(H)	38	37	36	35	34	33	32	31	2D	20

图 3-52 S2 = K10 时的结果

需要说明的是，此处 DT0 和 DT1 中的数 HFF439EB2 是被转换数据 -12345678 的补码。指令中 S2 用于设定保存结果中存储单元的字节数。若被转换的是负数，"-"号也被转换成对应的。ASCII 码（ASCII 码为 H2D）；若被转换的数据是正数，则"+"号不转换。

如果由 S2 指定的存储单元数大于所需要的空间，多余的字节将被置为"空格"（ASCII 码为 H20）。

9. F78（DABI）

该指令是将 ASCII 码数转换成 32 位二进制数的指令，其功能是根据 S2 的设定，将起始于 S1 指定的 16 位存储单元的 ASCII 码数转换成 32 位二进制数，结果存储在起始于由 D 指定的 16 位存储单元的存储区域中，指令格式及操作数范围如表 3-74 所示。

表 3-74　指令格式及操作数范围

梯　形　图	布尔非梯形图	
	地址	指令
X0 [F78 DABI,DT0,K10,DT10]	10	ST　X0
	11	F78　（DABI）
		DT　　0
		K　　10
		DT　　10
S1	被转换 ASCII 码数的 16 位存储单元的起始地址，除 IX/IY 以外	
S2	设定被转换数据字节数的 16 位常数或 16 位存储单元，参数没有限制	
D	存储结果的 32 位单元的低 16 位存储单元地址，除 WX、IX/IY 和常数外	

指令中 S2 用于设定被转换数据的字节数，当触发信号使 X0 接通时，DT0 ~ DT4 中的 10 个 ASCII 码数被转换成 32 位二进制数，结果存储在 DT11 和 DT10 中，如图 3-53 所示。

源地址	DT4		DT3		DT2		DT1		DT0	
ASCII(H)	38	37	36	35	34	33	32	31	2D	20

目的地址	DT11				DT10			
十进制	−12345678							
二进制	1111 1111		0100 0011		1001 1110		1011 0010	
十六进制	F	F	4	3	9	E	B	2

图 3-53　S2 = K10 时的结果

10. F80（BCD）

该指令将 16 位二进制数转换成 4 位 BCD 码数的指令，其功能是将 S 指定的 16 位二进制数转换成 BCD 码数，结果存储在 D 中，被转换的数据要在 K0（H0）~ K9999（H270F）的范围内，指令格式及操作数范围如表 3-75 所示。

表 3-75　指令格式及操作数范围

梯　形　图	布尔非梯形图	
	地址	指令
X0 [F80 BCD,EV0,WY0]	10	ST　X0
	11	F80　（BCD）
		EV　　0
		WY　　0
S	16 位常数或存储单元，参数没有限制	
D	存储 BCD 码的存储单元，除 WX 和常数外	

当触发信号使 X0 接通时，定时器当前值存储单元 EV0 中的数据被转换成 4 位 BCD 码数，结果存储在输出继电器 WY0 中，如图 3-54 所示。

11. F81（BIN）

该指令是将 4 位 BCD 码数转换成 16 位二进制数的指令，能够将 S 指定的 4 位 BCD 码数转换成 16 位二进制数，结果存储在 D 中，指令格式及操作数范围如表 3-76 所示。

表 3-76 指令格式及操作数范围

梯 形 图	布尔非梯形图	
	地址	指令
X0 ├┤──[F81 BIN,DT0,DT10]	0	ST X0
	1	F81 （BIN）
		DT 0
		DT 10
S	4 位 BCD 码常数或存储 4 位 BCD 码数的存储单元，参数没有限制	
D	存储结果的 16 位存储单元，除 WX 和常数外	

当触发信号使 X0 接通时，DT0 中的内容（4 位 BCD 码数）被转换成二进制数，结果存储在 DT10 中，如图 3-55 所示。

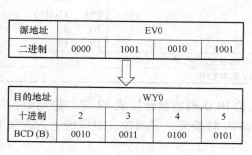

图 3-54 指令的执行结果

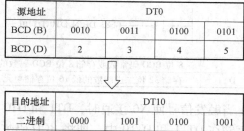

图 3-55 指令的执行结果

12. F82（DBCD）

该指令是将 32 位二进制数转换成 8 位 BCD 码数的指令，其功能是将 S 指定的 32 位二进制数转换成 8 位 BCD 码数，结果存储在（D+1，D）中，被转换数据需在 K0（H0）~ K99999999（H5F5E0FF）的范围内，指令格式及操作数范围如表 3-77 所示。

表 3-77 指令格式及操作数范围

梯 形 图	布尔非梯形图	
	地址	指令
X0 ├┤──[F82 DBCD,DT0,DT10]	10	ST X0
	11	F82 （DBCD）
		DT 0
		DT 10
S	32 位常数或存储 32 数据的低 16 位存储单元，参数没有限制	
D	存储 8 位 BCD 码的低 4 位存储单元地址，除 WX、IY 和常数外	

当触发信号使 X0 接通时，DT1 和 DT0 中的二进制数被转换成 8 位 BCD 码数，结果存储在 DT11 和 DT10 中，如图 3-56 所示。

13. F83（DBIN）

该指令是将 8 位 BCD 码数转换成 32 位二进制数的指令，功能是将 S 指定的用 BCD 码表示的 8 位十进制数转换成 32 位二进制数，结果存储在 D+1 和 D 中，被转换数据要在 K0（H0）~ K99999999（H5F5E0FF）的范围内，指令格式及操作数范围如表 3-78 所示。

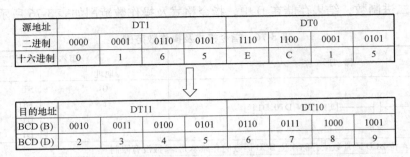

源地址	DT1				DT0			
二进制	0000	0001	0110	0101	1110	1100	0001	0101
十六进制	0	1	6	5	E	C	1	5

目的地址	DT11				DT10			
BCD(B)	0010	0011	0100	0101	0110	0111	1000	1001
BCD(D)	2	3	4	5	6	7	8	9

图 3-56　指令的执行结果

表 3-78　指令格式及操作数范围

梯　形　图	布尔非梯形图	
	地址	指令
X0 ┤├ ─[F83 DBIN,DT0,DT10]	10	ST　　X0
	11	F83　（DBIN)
		DT　　0
		DT　　10
S	8 位 BCD 码常数或存储 8 位 BCD 码数的低 16 位存储单元地址,除 IY 以外	
D	存储 32 位二进制数的低 16 位存储单元,除 WX、IY 和常数外	

当触发信号使 X0 接通时，DT1 和 DT0 中的 8 位 BCD 码数被转换成 32 位二进制数，结果存储在 DT11 和 DT10 中，即将 BCD 码数 K23456789 转换成二进制数（对应的十六进制为 H165EC15），如图 3-57 所示。

源地址	DT1				DT0			
BCD(B)	0010	0011	0100	0101	0110	0111	1000	1001
BCD(D)	2	3	4	5	6	7	8	9

目的地址	DT11				DT10			
二进制	0000	0001	0110	0101	1110	1100	0001	0101
十六进制	0	1	6	5	E	C	1	5

图 3-57　指令的执行结果

14. F84（INV）

该指令是将 16 位二进制数求反的指令，功能是将 D 指定的 16 位二进制数的每一位（0 或 1）按位取反，结果仍存储在 D 中，指令格式及操作数范围如表 3-79 所示。

表 3-79　指令格式及操作数范围

梯　形　图	布尔非梯形图	
	地址	指令
X0 ┤├ ─[F84 INV,DT0]	10	ST　　X0
	11	F84　（INV)
		DT　　0
D	16 位存储单元,除 WX 和常数外	

当触发信号使 X0 接通时，对 DT0 中的数据求反，结果存储在 DT0 中，如图 3-58 所示。

15. F85（NEG）

该指令是 16 位二进制数的求补指令，其功能是将 D 指定的 16 位二进制数求补，求补的方法是将所有数据位求反后再加 1，结果仍存储在 D 中，指令格式及操作数范围如表 3-80 所示。

表 3-80　指令格式及操作数范围

梯　形　图	布尔非梯形图		
	地址	指令	
X0 ———┤├——————[F85 NEG,DT0]	10 11	ST　　X0 F85　（NEG） DT　　0	
D	存储源数据及求补结果的 16 位存储单元，除 WX 和常数外		

当触发信号使 X0 接通时，将 DT0 中的 16 位二进制数求补，结果仍存储在 DT0 中，如图 3-59 所示。

源地址	DT0			
二进制	1010	1011	1000	1001
十六进制	A	B	8	9

目的地址	DT0			
二进制	0101	0100	0111	0110
十六进制	5	4	7	6

图 3-58　指令的执行结果

二进制	1010	1011	1000	1001
十六进制	A	B	8	9

目的地址	DT0			
二进制	0101	0100	0111	0111
十六进制	5	4	7	7

图 3-59　指令的执行结果

与计算机中的求补运算不同，FP1 系列 PLC 的求补指令 F85（NEG）在执行时是将所有的数据位（包括最高位的符号位）求反后再加 1。而计算机中，正数的补码与原码相同，但对负数的求补运算是将除了符号位（即最高位）以外的数据位取反再在最低位上加 1，所以要注意两者的不同。

16. F86（DNEG）

该指令是将 32 位二进制数求补的指令，与 F85 类似，其功能是将 D 指定的 32 位二进制数求补，结果仍存储在 D 中，指令格式及操作数范围如表 3-81 所示。

表 3-81　指令格式及操作数范围

梯　形　图	布尔非梯形图		
	地址	指令	
X0 ———┤├——————[F86 DNEG,DT0]	10 11	ST　　X0 F86　（DNEG） DT　　0	
D	存储源数据及求补结果的低 16 位存储单元地址，除 WX、IY 和常数外		

当触发信号使 X0 接通时，对 DT1 和 DT0 中的数据求补，结果仍存储在 DT1 和 DT0 中，如图 3-60 所示。

源地址	DT1				DT0			
二进制	0010	0011	0100	0101	0110	0111	1000	1001
十六进制	2	3	4	5	6	7	8	9

目的地址	DT1				DT0			
二进制	1101	1100	1011	1010	1001	1000	0111	0111
十六进制	D	C	B	A	9	8	7	7

图 3-60　指令的执行结果

17. F87（ABS）

该指令是求 16 位二进制数绝对值的指令，其功能是求由 D 指定的带符号的 16 位二进制数的绝对值，结果仍存储在 D 中，指令格式及操作数范围如表 3-82 所示。

表 3-82　指令格式及操作数范围

梯 形 图	布尔非梯形图	
	地址	指令
X0 ┤├───[F87 ABS, DT0]	0 1	ST　X0 F87　（ABS） DT　0
D	存储源操作数及结果的 16 位存储单元地址，除 WX 和常数外	

当触发信号使 X0 接通时，该指令求 DT0 中数据的绝对值，结果存储在 DT0 中，如图 3-61 所示。图中 DT0 = HFFFF 是 "－1" 的补码，其绝对值为 1。

源地址	DT0			
二进制	1111	1111	1111	1111
十六进制	F	F	F	F
十进制	－1			

目的地址	DT0			
二进制	0000	0000	0000	0001
十六进制	0	0	0	1
十进制	K1			

图 3-61　指令的执行结果

18. F88（DABS）

该指令是求 32 位二进制数绝对值的指令，功能是求由 D 指定的带符号的 32 位二进制数的绝对值，结果仍存储在 D + 1 和 D 中，指令格式及操作数范围如表 3-83 所示。

表 3-83　指令格式及操作数范围

梯 形 图	布尔非梯形图	
	地址	指令
X0 ┤├───[F88 DABS, DT0]	10 11	ST　X0 F88　（DABS） DT　0
D	存放数据及结果的低 16 位存储单元，除 WX、IY 和常数外	

当触发信号使 X0 接通时，该指令求 DT1 和 DT0 中数据的绝对值，结果仍存储在 DT1 和 DT0 中，如图 3-62 所示。图中的（DT1，DT0）= HFFFE1DC0 是 "－123456" 的补码，其绝对值为 123456。

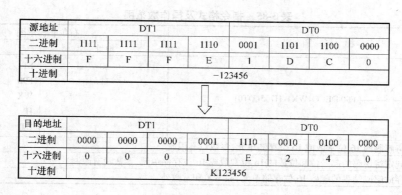

图 3-62　指令的执行结果

19. F89（EXT）

该指令是 16 位二进制数符号位的扩展指令，其功能是将由 D 指定的 16 位二进制数的符号位复制到 D + 1，结果存储在 D + 1 和 D 中。若 D 中的 16 位二进制数是负数（最高位为 1），扩展后 D 中的数据保持不变，D + 1 中的每一位都是 1，指令格式及操作数范围如表 3-84 所示。

表 3-84　指令格式及操作数范围

梯 形 图	布尔非梯形图		
	地址	指令	
X0　　［F89 EXT，DT0］	10	ST	X0
	11	F89	（EXT）
		DT	0
D	存储源 16 位二进制数的 16 位存储单元，除 WX、IY 和常数外		

当触发信号使 X0 接通时，该指令将 DT0 中数据的符号位复制到 DT1 中，存放在 DT0 和 DT1 中的数据就可作为 32 位二进制数来处理，如图 3-63 所示。

源地址	DT0			
二进制	1111	1101	0010	1110
十六进制	F	B	2	E

目的地址	DT1				DT0			
二进制	1111	1111	1111	1111	1111	1101	0010	1110
十六进制	F	F	F	F	F	B	2	E

图 3-63　指令的执行结果

其中 DT0 中的数据 HFB2E 是 " – 1234" 的补码。若 DT0 = H1234，则指令执行后 DT0 = H1234，DT1 = H0，即将 DT0 的符号位 "0" 扩展到 DT1 中，DT1 中的每一位都是 0。

20. F90（DECO）

该指令是解码指令，其功能是将 S 指定的 16 位二进制数根据 n 的设定进行解码，结果存储在起始于由 D 指定的存储单元的区域中，指令格式及操作数范围如表 3-85 所示。

表 3-85　指令格式及操作数范围

梯　形　图	布尔非梯形图		
	地址	指令	
X0 ┤├─[F90 DECO，WX1，H705，DT0]	10	ST	X0
	11	F90	（DECO）
		WX	1
		H	705
		DT	0

S	待解码的 16 位常数或 16 位存储单元，参数没有限制
n	规定待解码的起始位和位数的 16 位常数或 16 位存储单元，参数没有限制
D	存放解码结果的起始 16 位存储单元，除 WX 和常数外

n 的设定格式如图 3-64 所示。

解码的位数与结果的对应关系如表 3-86 所示。

表 3-86　解码的位数与结果的对应关系

解码的位数	存储结果的单元数（字）	结果的有效位	解码的位数	存储结果的单元数（字）	结果的有效位
1	1	2	5	2	32
2	1	4	6	4	64
3	1	8	7	8	128
4	1	16	8	16	256

当触发信号使 X0 接通时，将 WX1 中第 7 位开始的 5 位二进制数解码，结果存储在 DT0 中，5 位二进制数为 "01010"，对应的位地址是 K10，解码后将目的单元的第 10 位置为 1，其余的数据位全为 0，如图 3-65 所示。

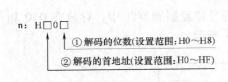

图 3-64　n 的格式

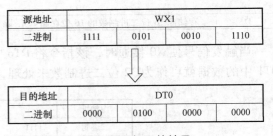

源地址	WX1			
二进制	1111	0101	0010	1110

目的地址	DT0			
二进制	0000	0100	0000	0000

图 3-65　解码的结果

如果解码条件 n 规定的起始位地址为 H0（位地址为 0），解码的位数为 H4（4 位），即对 4 位数据解码时，解码结果（16 位二进制数）如表 3-87 所示。

表 3-87　解码结果

待解码的数据 [二进制（十进制）]	解码结果			
	15 ~ 12	11 ~ 8	7 ~ 4	3 ~ 0
0000（K0）	0000	0000	0000	0001
0001（K1）	0000	0000	0000	0010
0010（K2）	0000	0000	0000	0100
0011（K3）	0000	0000	0000	1000
0100（K4）	0000	0000	0001	0000
0101（K5）	0000	0000	0010	0000
0110（K6）	0000	0000	0100	0000
0111（K7）	0000	0000	1000	0000

（续）

待解码的数据	解码结果			
[二进制（十进制）]	15 ~ 12	11 ~ 8	7 ~ 4	3 ~ 0
1000（K8）	0000	0001	0000	0000
1001（K9）	0000	0010	0000	0000
1010（K10）	0000	0100	0000	0000
1011（K11）	0000	1000	0000	0000
1100（K12）	0001	0000	0000	0000
1101（K13）	0010	0000	0000	0000
1110（K14）	0100	0000	0000	0000
1111（K15）	1000	0000	0000	0000

21. F91（SEGT）

该指令是十六进制数的 7 段解码指令，其功能是将 S 指定的 4 位十六进制数转换成 7 段 LED 数码管（共阴）显示对应的字形码，结果存储在起始于 D 指定的 16 位存储单元的存储区域中，指令格式及操作数范围如表 3-88 所示。

表 3-88　指令格式及操作数范围

梯　形　图	布尔非梯形图	
	地址	指令
X0————[F91 SEGT，DT0，WY0]	10	ST　X0
	11	F91　（SEGT）
		DT　0
		WY　0
S	16 位常数或 16 位存储单元，参数没有限制	
D	存放 7 段解码结果的 4 位十六进制数的起始 16 位存储单元，除 WX、IY 和常数外	

用于 7 段字形码显示的数据占 8 位，来表示一个十六进制数，十六进制数的 7 段字形码如表 3-89 所示。

表 3-89　7 段解码表

解码的数据		7 段字形码的对应关系	7 段解码的结果（B）									7 段解码的结果（H）	7 段显示
十六进制	二进制		/	g	f	e	d	c	b	a			
H0	0000		0	0	1	1	1	1	1	1	3F	0
H1	0001		0	0	0	0	0	1	1	0	06	1
H2	0010		0	1	0	1	1	0	1	1	5B	2
H3	0011		0	1	0	0	1	1	1	1	4F	3
H4	0100		0	1	1	0	0	1	1	0	66	4
H5	0101		0	1	1	0	1	1	0	1	6D	5
H6	0110		0	1	1	1	1	1	0	1	7D	6
H7	0111		0	0	1	0	0	1	1	1	27	7
H8	1000		0	1	1	1	1	1	1	1	7F	8
H9	1001		0	1	1	0	1	1	1	1	6F	9
HA	1010		0	1	1	1	0	1	1	1	77	A
HB	1011		0	1	1	1	1	1	0	0	7C	b
HC	1100		0	0	1	1	1	0	0	1	39	C
HD	1101		0	1	0	1	1	1	1	0	5E	d
HE	1110		0	1	1	1	1	0	0	1	79	E
HF	1111		0	1	1	1	0	0	0	1	71	F

当触发信号使 X0 接通时，DT0 中的数据被转换成 4 位十六进制数对应的 7 段字形码，结果存储在 WY1 和 WY0 中，如图 3-66 所示。

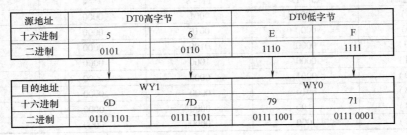

源地址	DT0高字节		DT0低字节	
十六进制	5	6	E	F
二进制	0101	0110	1110	1111

目的地址	WY1		WY0	
十六进制	6D	7D	79	71
二进制	0110 1101	0111 1101	0111 1001	0111 0001

图 3-66　指令的执行结果

22. F92（ENCO）

该指令为编码指令，其功能是将 S 指定的 16 位二进制数根据 n 的规定进行编码，结果存储在起始于 D 指定的 16 位存储单元的存储区域中，存储结果的单元中无效位设置为 0，指令格式及操作数范围如表 3-90 所示。n 的设定格式如图 3-67 所示。

表 3-90　指令格式及操作数范围

梯 形 图	布尔非梯形图	
	地址	指令
X0 ⊣⊢[F92 ENCO,WX0,H5,DT0]	10	ST　X0
	11	F92　（ENCO）
		WX　0
		H　5
		DT　0

S	编码的 16 位常数或存储单元，除 IX/IY 和常数外
n	规定编码的起始位和位数的 16 位常数或存储单元，参数没有限制
D	存放编码后数据的起始 16 位存储单元，除 WX 和常数外

n:H□0□
①编码的位数(设置范围:H1～H8)
②编码的首地址(设置范围:H0～HF)

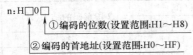

预设值	首地址	预设值	首地址		预设值	编码结果的位数(bit)
H0	0	H8	8		H1	2
H1	1	H9	9		H2	4
H2	2	HA	10		H3	8(1个字节)
H3	3	HB	11		H4	16(1个字)
H4	4	HC	12		H5	32(2个字)
H5	5	HD	13		H6	64(4个字)
H6	6	HE	14		H7	128(8个字)
H7	7	HF	15		H8	256(16个字)

图 3-67　n 的格式

当触发信号使 X0 接通时，该指令将 WX1 和 WX0 中的 32 位数编码，结果存储在 DT0

中，如图 3-68 所示。

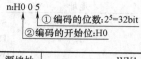

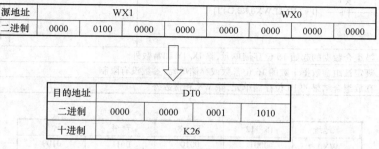

图 3-68　编码的结果

如果设定编码条件的起始位地址为 H0（位地址为 0），编码的位数为 H4（$2^4 = 16$ 位），对 16 位二进制数进行编码时，编码的结果如表 3-91 所示。

表 3-91　16 位二进制数编码的结果

待编码的数据				编码结果
15 ~ 12	11 ~ 8	7 ~ 4	3 ~ 0	二进制（十进制）
0000	0000	0000	0001	0000（K0）
0000	0000	0000	0010	0001（K1）
0000	0000	0000	0100	0010（K2）
0000	0000	0000	1000	0011（K3）
0000	0000	0001	0000	0100（K4）
0000	0000	0010	0000	0101（K5）
0000	0000	0100	0000	0110（K6）
0000	0000	1000	0000	01111（K7）
0000	0001	0000	0000	1000（K8）
0000	0010	0000	0000	1001（K9）
0000	0100	0000	0000	1010（K10）
0000	1000	0000	0000	1011（K11）
0001	0000	0000	0000	1100（K12）
0010	0000	0000	0000	1101（K13）
0100	0000	0000	0000	1110（K14）
1000	0000	0000	0000	1111（K15）

23. F93（UNIT）

该指令是 16 位二进制数的组合指令，其功能是将 S 指定的 1 ~ 4 个 16 位存储单元的最低 4 位取出来组合成一个字，结果存储在 D 指定的 16 位存储单元中，指令格式及操作数范围如表 3-92 所示。

n 规定了被组合数据的个数，范围为 K0 ~ K4。当 n = K0 时，不执行该命令；当 n < K4 时，D 中未被占用的高位数据位被自动复位为 0。

当触发信号使 X0 接通时，将输入继电器 WX0 ~ WX2 的低 4 位取出来组合成一个字存放在 DT1 中，如图 3-69 所示。

表 3-92　指令格式及操作数范围

梯　形　图	布尔非梯形图		
	地址	指令	
	10	ST	X0
	11	F93	（UNIT）
X0 ─┤├─ [F93 UNIT,WX0,K3,DT1]		WX	0
		K	3
		DT	1
S	被组合数据的起始 16 位存储单元,除 IX/IY 和常数外		
n	规定被组合数据个数的 16 位常数或存储单元,参数没有限制		
D	存放组合结果的 16 位存储单元,除 WX 和常数外		

源地址	15～12	11～8	7～4	3～0
WX0	0001	0010	0011	0100
WX1	0101	0110	0111	1000
WX2	1010	1011	1100	1101

目的地址	15～12	11～8	7～4	3～0
DT1	0000	1101	1000	0100

图 3-69　n＝K3 时的数据组合

24. F94（DIST）

该指令是 16 位二进制数的分离指令,其功能是将 S 指定的 4 位十六进制数分离,结果依次存储在 D 开始的 1～4 个 16 位存储单元的低 4 位（位地址 0～3）,其余的数据位保持不变,指令格式及操作数范围如表 3-93 所示。

表 3-93　指令格式及操作数范围

梯　形　图	布尔非梯形图		
	地址	指令	
	10	ST	X0
	11	F94	（DIST）
X0 ─┤├─ [F94 DIST,DT0,K3,WR0]		DT	0
		K	3
		WR	0
S	待分离的 16 位常数或 16 位存储单元,参数没有限制		
n	规定分离数据个数的 16 位常数或 16 位存储单元,参数没有限制		
D	存放分离数据的起始 16 位存储单元,除 WX、IX/IY 和常数外		

n 规定了分离数据的个数,范围为 K0～K4。当 n＝K0 时,不执行该命令。

当触发信号使 X0 接通时,DT0 中的 4 位十六进制数的 3 位（从低位开始）被分离出来,分离出来的数据分别存放在 WR0、WR1、WR2 的最低位中,如图 3-70 所示。

25. F95（ASC）

该指令是将字符常数转换成 ASCII 码的指令,其功能是将 S 指定的字符常数（以 M 开始）转换成对应的 ASCII 码,结果存储在 D 指定的 16 位存储单元的存储区域中。当 S 指定的字符个数小于 12 时,多余的目的单元以空格填充（ASCII 码为 H20）,指令格式及操作数

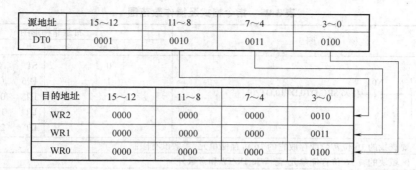

图 3-70　n=K3 时的数据分离

范围如表 3-94 所示。

表 3-94　指令格式及操作数范围

梯 形 图		布尔非梯形图		
		地址	指令	
X0		10	ST	X0
─┤├─[F95 ASC,M AB123456EF,DT0]		11	F95	(ASC)
			M	AB123456 EF
			DT	0
S	字符常数(最多 12 个字符)			
D	存放 ASCII 码数的起始存储单元,除 WX、IY 和常数外			

当触发信号使 X0 接通时,字符常数 "AB123456 EF" 被转换成对应的 ASCII 码,结果逆序存储在 DT0 ~ DT5 中,如图 3-71 所示。

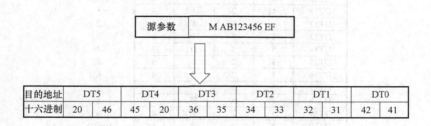

图 3-71　指令的执行结果

FP1 系列 PLC 中的 C14 型和 C16 型 PLC 不支持本条指令,其余的 C24 型、C40 型、C56型和 C72 型都支持,这是需要注意的。

26.　F96（SRC）

该指令是在 16 位存储单元中查找指定数据的指令,其功能是在 S2（首地址）和 S3（末地址）指定的存储区域中查找与 S1 的内容相同的数据,指令格式及操作数范围如表3-95所示。

其中首地址 S2 和末地址 S3 必须满足如下条件:

1）S2 和 S3 属于同一类型的操作数。

2）S2≤S3,数据从 S2 至 S3 进行搜寻。

当查找完成时,查找结果存储情况如下:

表 3-95　指令格式及操作数范围

梯　形　图	布尔非梯形图		
	地址	指令	
	0	ST	X0
X0	1	F96	（SRC）
├─┤ ├─[F96 SRC,DT0,DT10,DT20]		DT	0
		DT	10
		DT	20

S1	要查找的 16 位常数或存放它的 16 位存储单元,参数没有限制
S2	区域块的首 16 位存储单元,除 WX、IX/IY 和常数外
S3	区域块的末 16 位存储单元,除 WX、IX/IY 和常数外

1）与 S1 的内容相同的数据个数存储在特殊数据寄存器 D79037 中;

2）从 S2 开始的第一个存储单元算起,第一个被查找到的数据位置,被存储在特殊数据寄存器 DT9038 中。

当触发信号使 X0 接通时,该指令在 DT10 ~ DT20 中查找与 DT0 内容相同的数。查找完成后,查找到与 DT0 内容相同的数据次数存储在 DT9037。从 DT10 开始,第一次发现该数据存储在 D79038,如图 3-72 所示。

源地址(S1)	DT0			
十六进制数	1	2	3	4

目的地址	D3	D2	D1	D0	地址
DT10	4	5	5	1	0(S2)
DT11	1	2	3	4	1
DT12	A	6	8	4	2
DT13	1	2	3	4	3
DT14	8	5	D	3	4
DT15	1	2	4	5	5
DT16	1	2	3	4	6
DT17	3	5	7	F	7
DT18	F	A	B	3	8
DT19	1	2	3	4	9
DT20	8	3	B	5	10(S3)

数据查找指令的执行结果(一)

个数地址	DT9037			
数据(B)	0000	0000	0000	0100
数据(K)	K4			

位置地址	DT9038			
数据(B)	0000	0000	0000	0001
数据(K)	K1			

数据查找指令的执行结果(二)

图 3-72　数据查找指令的执行结果

3.7　数据移位指令

数据移位指令是用于对存储单元或存储区域以二进制、十六进制或以字为单位进行左/右移位的指令，包括 8 条指令，如表 3-96 所示。

表 3-96　数据移位指令

功能符	助记符	操作数	功能说明	步数	操作数范围
F100	SHR	D、n	16 位二进制数右移 n 位	5	D：除 WX 和常数外，n：没有限制
F101	SHL	D、n	16 位二进制数左移 n 位	5	D：除 WX 和常数外，n：没有限制
F105	BSR	D	16 位数据右移 4 位	3	D：除 WX 和常数外，n：没有限制
F106	BSL	D	16 位数据左移 4 位	3	D：除 WX 和常数外，n：没有限制
F110	WSHR	D1、D2	16 位数据区右移一个字	5	D：除 WX、IX/IY 和常数外
F111	WSHL	D1、D2	16 位数据区左移一个字	5	D：除 WX、IX/IY 和常数外
F112	WBSR	D1、D2	16 位数据区右移 4 位	5	D：除 WX、IX/IY 和常数外
F113	WBSL	D1、D2	16 位数据区左移 4 位	5	D：除 WX、IX/IY 和常数外

1. F100（SHR）

该指令是 16 位二进制数右移 n 位的指令，能够将 D 指定的 16 位二进制数右移 n 位。数据右移 n 位后，最后一位移出的数据（位地址为 n-1）传送到进位标志继电器 R9009 中，D 中的 16 位存储单元的最高 n 位为 0，指令格式及操作数范围如表 3-97 所示。

表 3-97　指令格式及操作数范围

梯　形　图	布尔非梯形图	
	地址	指令
┤├──[F100 SHR,DT0,K6] X0	0	ST　　X0
	1	F100　（SHR）
		DT　　0
		K　　　6
D　｜右移的 16 位存储单元，除 WX 和常数外		
n　｜16 位常数或存储单元，参数没有限制		

当触发信号使 X0 接通时，数据寄存器 DT0 中的数据被右移 6 位，数据右移后，位地址 5 的数据传送到进位标志继电器 R9009 中，DT0 的高 6 位为 0，如图 3-73 所示。

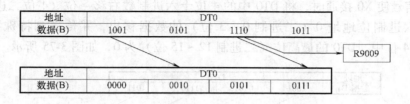

图 3-73　n＝K6 时左移指令的执行结果

2. F101（SHL）

该指令将 16 位二进制数左移 n 位的指令，将 D 指定的 16 位二进制数左移 n 位。数据左移 n 位后，最后一位移出的数据（位地址为 16-n）传送到进位标志继电器 R9009 中，而 D 中从位地址开始的最低 n 位为 0，指令格式及操作数范围如表 3-98 所示。

表 3-98　指令格式及操作数范围

梯　形　图		布尔非梯形图	
		地址	指令
X0 ├[F101,SHL,DT0,K4]		0	ST　X0
		1	F101　（SHL）
			DT　0
			K　4
D	左移的 16 位存储单元,除 WX 和常数外		
n	16 位常数或存储单元,参数没有限制		

当触发信号使 X0 接通时,数据寄存器 DT0 中的数据被左移 4 位。数据左移后,最后一位移出的数据（位地址为 12）传送到进位标志继电器 R9009 中,DT0 的低 4 位为 0,如图 3-74 所示。

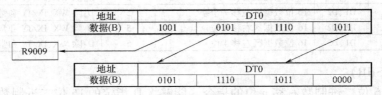

图 3-74　n＝K4 时左移指令的执行结果

3. F105（BSR）

该指令是将十六进制数右移一位的指令,就是将 D 指定的十六进制数右移一位。数据右移后,D 中十六进制数中最低位（4 位二进制）的数据移出,并传送到特殊数据寄存器 DT9014 的最低 4 位中,D 中的十六进制最高位（4 位二进制）为 0,指令格式及操作数范围如表 3-99 所示。

表 3-99　指令格式及操作数范围

梯　形　图		布尔非梯形图	
		地址	指令
X0 ├[F105 BSR,DT0]		0	ST　X0
		1	F105　（BSR）
			DT　0
D	右移的 16 位存储单元,除 WX 和常数外		

当触发信号使 X0 接通时,将 DT0 中的 4 位十六进制数右移一位（4 位二进制）。数据右移后,十六进制位地址 0（二进制 0 ~ 3 位）的数据移出,并传送到特殊数据寄存器 DT9014 的低 4 位中,DT0 的最高位（二进制 12 ~ 15 位）为 0,如图 3-75 所示。

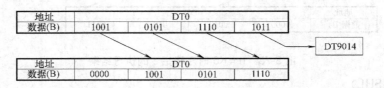

图 3-75　右移指令的执行结果

4. F106（BSL）

该指令是将十六进制数左移一位的指令,就是将 D 指定的十六进制数左移一位。数据左移一位后，D 中十六进制数的最高位（4 位二进制）的数据移出，并传送到特殊数据寄存器 DT9014 的最低 4 位中，D 中的最低位（4 位二进制）为 0，指令格式及操作数范围如表 3-100 所示。

表 3-100 指令格式及操作数范围

梯 形 图	布尔非梯形图	
	地址	指令
X0	0	ST X0
┤├─[F106 BSL,DT0]	1	F106 （BSL）
		DT 0
D	左移的 16 位存储单元,除 WX 和常数外	

当触发信号使 X0 接通时，DT0 中的 4 位十六进制数被左移一位（4 位二进制）。数据左移后，DT0 中的最高位（二进制 12～15 位）的数据移出，并传送到特殊数据寄存器 DT9014 的最低 4 位中，DT0 中的最低位（二进制 0～3 位）为 0，如图 3-76 所示。

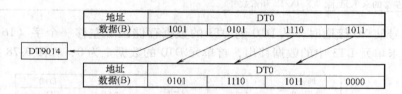

图 3-76 左移指令的执行结果

5. F110（WSHR）

该指令是将一个数据块（数据存储区域）右移一个字单元的指令，就是将首单元 D1 和末单元 D2 规定的数据块右移一个字。数据右移后，首单元 D1 的数据移出，末单元 D2 的数据变为 0，首单元 D1 和末单元 D2 必须为同一类型的操作数，且 D1≤D2，指令格式及操作数范围如表 3-101 所示。

表 3-101 指令格式及操作数范围

梯 形 图	布尔非梯形图	
	地址	指令
X0	0	ST X0
┤├─[F110 WSHR,DT0,DT3]	1	F110 （WSHR）
		DT 0
		DT 3
D1	右移的首单元,除 WX、IX/IY 和常数外	
D2	右移的末单元,除 WX、IX/IY 和常数外	

当 X0 接通时，从数据寄存器 DT0 到 DT3 的数据存储区域右移一个字（16 位二进制）。数据右移后，首单元 DT0 中的数据移出，末单元 DT3 的数据全为 0，如图 3-77 所示。

6. F111（WSHL）

该指令是将一个数据块（数据存储区域）左移一个字的指令，其功能是将首单元 D1 和末单元 D2 规定的数据块左移一个字。数据左移后，末单元 D2 的数据移出，首单元 D1 的数据变为 0，首单元 D1 和末单元 D2 必须为同一类型的操作数，且 D1≤D2，指令格式及操作数范围如表 3-102 所示。

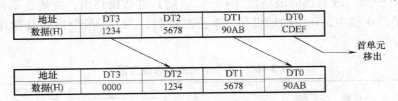

图 3-77　右移指令的执行结果

表 3-102　指令格式及操作数范围

梯 形 图	布尔非梯形图	
	地址	指令
 X0 ⊢—[F111 WSHL,DT0,DT3]	0	ST　X0
	1	F111　（WSHL）
	DT	0
	DT	3
D1　左移的首单元,除 WX、IX/IY 和常数外		
D2　左移的末单元,除 WX、IX/IY 和常数外		

当触发信号使 X0 接通时,从 DT0 到 DT3 的数据存储区域左移一个字（16 位二进制）。数据左移后,末单元 DT3 中的数据移出,首单元 DT0 的数据全为 0,如图 3-78 所示。

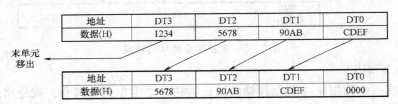

图 3-78　左移指令的执行结果

7. F112（WBSR）

该指令是将一个数据块（数据存储区域）中的十六进制数右移一位的指令,将首单元 D1 到末单元 D2 规定的数据块中的十六进制数右移一位（4 位二进制）。数据右移后,首单元 D1 中的最低位（4 位二进制）数据移出,末单元 D2 中的最高位（4 位二进制）数据变为 0,首单元 D1 和末单元 D2 必须为同一类型的操作数,而且要求 D1 ≤ D2,指令格式及操作数范围如表 3-103 所示。

表 3-103　指令格式及操作数范围

梯 形 图	布尔非梯形图	
	地址	指令
 X0 ⊢—[F112 WBSR,DT0,DT3]	0	ST　X0
	1	F112　（WBSR）
	DT	0
	DT	3
D1　右移的首单元,除 WX、IX/IY 和常数外		
D2　右移的末单元,除 WX、IX/IY 常数外		

当触发信号使 X0 接通时,从数据寄存器 DT0 到 DT3 的数据存储区域中的十六进制数右移一位（4 位二进制）。数据右移后,首单元 DT0 中的最低位（4 位二进制）数据移出,末

单元 DT3 中的最高位（4 位二进制）数据变为 0，如图 3-79 所示。

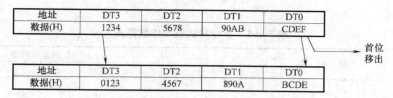

图 3-79 右移指令的执行结果

8. F113 （WBSL）

该指令是将一个数据块（数据存储区域）中的十六进制数左移一位的指令，就是将首单元 D1 到末单元 D2 规定的数据块中十六进制数左移一位（4 位二进制）。数据左移后，末单元 D2 中的最高位（4 位二进制）数据移出，首单元 D1 中的最低位（4 位二进制）数据变为 0，首单元 D1 和末单元 D2 必须为同一类型的操作数，且 $D1 \leq D2$，指令格式及操作数范围如表 3-104 所示。

表 3-104 指令格式及操作数范围

梯 形 图		布尔非梯形图	
		地址	指令
X0 ─┤├─[F113 WBSL,DT0,DT3]		0	ST X0
		1	F113 （WBSL）
			DT 0
			DT 3
D1	左移的首单元，除 WX、IX/IY 和常数外		
D2	左移的末单元，除 WX、IX/IY 和常数外		

当触发信号使 X0 接通时，将从数据寄存器 DT0 到 DT3 的数据存储区域中的十六进制数左移一位（4 位二进制）。数据左移后，末单元 DT3 中的最高位（4 位二进制）数据移出，首单元 DT0 中的最低位（4 位二进制）数据变为 0，如图 3-80 所示。

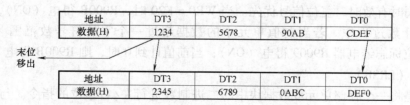

图 3-80 左移指令的执行结果

3.8 可逆计数与左/右移位指令

在 FP1 系列 PLC 中，增加了可逆计数和左/右移位指令各 1 条，这是对普通计数器 CT 和移位寄存器 SR 指令功能的补充和加强，下面分别予以介绍。

1. F118 （UDC）

该指令是可逆计数器指令，也称为加/减计数器。与普通计数器不同，可逆计数器有 3 个输入信号，分别是加/减触发信号（加/减计数控制信号）、计数触发信号（加/减脉冲信号）和复位触发信号，且这 3 个输入信号是互相独立的。指令格式及操作数范围如表 3-105 所示。

表 3-105 指令格式及操作数范围

梯 形 图	布尔非梯形图	
	地址	指令
X0 —[ ]— F118 UDC X1 —[ ]— DT1 X2 —[ ]— WR0	0	ST X0
	1	ST X1
	2	ST X2
	3	F118 (UDC)
		DT 1
		WR 0
R9010 —[ ]—[F60,CMP,WR0,K20]	8	ST R9010
	9	F60 (CMP)
		WR 0
		K 20
R900B —[ ]—[Y0]	14	ST R900B
	15	OT Y0

S	常数或保存设定值的单元地址，除 IX/IY 和索引修正值外
D	当前值存储单元地址，除 WX、IX/IY、常数和索引修正值外

当加/减计数控制信号接通（ON）时，在每一个计数触发信号的上升沿进行加 1 计数，反之则进行减 1 计数。当复位触发信号接通（ON）时，计数器被复位，计数器的当前值存储单元 D 变为 0。

计数器的复位触发信号断开（OFF）时，设定值存储单元 S 中的数据传送给当前值存储单元 D，设定值的范围是-32768 ~ 32767。一般将比较指令或数据比较指令 F60（CMP）与可逆计数器结合起来使用，以完成相应的控制功能。

在表 3-105 中，若 X0 闭合，则对输入触发脉冲 X1 进行加计数，反之就进行减计数。3 个触发信号同时有效时，复位信号优先。当 WR0 = K20 时，R900B 得电（ON），Y0 随之得电输出。在计数过程中，若当前值单元中的数据超过一个字的符号数范围（ – 32768 ~ 32767），进位标志继电器 R9009 得电（ON）；当前值计到 0 时，则 R900B 得电（ON）。

2. F119（LRSR）

该指令是将一个存储单元或数据块中的二进制数进行左/右移位的指令。与移位寄存器指令 SR 不同，F119（LRSR）有 4 个输入信号，分别是左/右移位触发信号（左/右移位控制信号）、数据输入信号、移位触发信号（移位脉冲信号）和复位触发信号，4 个输入信号是互相独立的，同时要求 D1、D2 为同类型的存储单元，且 D1≤D2。指令格式及操作数范围如表 3-106 所示。

在表 3-106 中，当左/右移位控制信号使 X0 接通（ON）时，在每一个移位触发信号 X2 的上升沿将 DT1 ~ DT3 中的二进制数依次左移 1 位，同时将数据输入信号 X1 的状态（ON 为 1，OFF 为 0）移入 DT1 的最低位；反之则将 DT1 ~ DT3 中的二进制数依次右移 1 位，同时将数据输入信号 X1 的状态（ON 为 1，OFF 为 0）移入 DT3 的最高位。当复位触发信号接通（ON）时，移位对象 DT1 ~ DT3 被复位为 0。

表 3-106 指令格式及操作数范围

梯 形 图	布尔非梯形图		
	地址	指令	
X0 — F119 LRSR X1 — DT1 X2 — DT3 X3 —	0	ST	X0
	1	ST	X1
	2	ST	X2
	3	ST	X3
	4	F119	（LRSR）
	DT	1	
	DT	3	

D1	移位的首单元地址,除 WX、IX/IY、常数和索引修正值外
D2	移位的末单元地址,除 WX、IX/IY、常数和索引修正值外

3.9 数据循环指令

数据循环指令是用于对一个存储单元中的二进制数进行左/右循环移动指定位数的指令。包括 F120（ROR）、F121（ROL）、F122（RCR）和 F123（RCL）4 条指令,如表 3-107 所示。

表 3-107 数据循环指令

功能符	助记符	操作数	功 能 说 明	步数	操作数范围
F120	ROR	D、n	16 位数据右循环	5	D:除 WX 和常数外,n:没有限制
F121	ROL	D、n	16 位数据左循环	5	D:除 WX 和常数外,n:没有限制
F122	RCR	D、n	16 位数据带进位右循环	5	D:除 WX 和常数外,n:没有限制
F123	RCL	D、n	16 位数据带进位左循环	5	D:除 WX 和常数外,n:没有限制

1. F120（ROR）

该指令是 16 位二进制数的循环右移指令,就是将 D 指定的 16 位二进制数循环右移 n 位,右移 n 位后,最后一位移出的数（位地址为 n-1）传送到进位标志继电器 R9009 中,D 中的 16 位二进制数从位地址 0 开始的 n 位依次右移到相邻的低位,指令格式及操作数范围如表 3-108 所示。

表 3-108 指令格式及操作数范围

梯 形 图	布尔非梯形图		
	地址	指令	
X0 — [F120 ROR,DT0,K5]	0	ST	X0
	1	F120	（ROR）
	DT	0	
	K	5	

D	右移的 16 位存储单元,除 WX 和常数外
n	16 位常数或存储单元,参数没有限制

当 n≥16 时,其结果与减去 16 的倍数后相同。例如,n = K17 时与 n = K1 的结果相同,n = K52 时与 n = K4 的结果相同。

当触发信号使 X0 接通时, 数据寄存器 DT0 中的数据被循环右移 5 位。右移后, 最后一位移出的数 (位地址为 4) 传送到进位标志继电器 R9009 中, DT0 中的低 5 位 (0~4 位) 右移到高 5 位 (11~15 位) 中, 如图 3-81 所示。

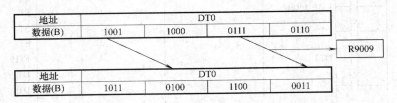

图 3-81　n = K5 时循环右移指令的执行结果

2. F121 (ROL)

该指令是 16 位二进制数的循环左移指令, 能够将 D 指定的 16 位二进制数循环左移 n 位, 左移 n 位后, 最后一位移出的数传送到进位标志继电器 R9009 中, D 中的 16 位二进制数从位地址 n-1 开始的位依次左移到相邻的高位, 指令格式及操作数范围如表 3-109 所示。

表 3-109　指令格式及操作数范围

梯 形 图	布尔非梯形图	
	地址	指令
X0 ┤├──[F121 ROL,DT0,K5]	0	ST　X0
	1	F121　(ROL)
		DT　0
		K　5
D	左移的 16 位存储单元, 除 WX 和常数外	
n	16 位常数或存储单元, 参数没有限制	

当 n≥16 时, 其结果与减去 16 的倍数后相同。例如, n = K19 时与 n = K3 的结果相同。n = K52 时与 n = K4 的结果相同。

当触发信号使 X0 接通时, 数据寄存器 DT0 中的数据被循环左移 5 位。左移后, DT0 中的高 5 位 (11~15 位) 左移到低 5 位 (0~4 位) 中, 最后一位移出的数 (位地址为 11 的数据位) 传送到进位标志继电器 R9009 中, 如图 3-82 所示。

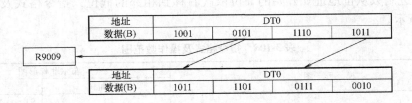

图 3-82　n = K5 时循环左移指令的执行结果

3. F122 (RCR)

该指令是 16 位二进制数带进位标志循环右移的指令, 能够将 D 指定的数据带进位标志循环右移由 n 规定的位数, 右移 n 位后, 进位标志和 D 规定的 16 位二进制数从位地址 0 开始的 n-1 位数据依次右移到相邻的低位, 最后 1 位移出的数据 (位地址为 n-1) 传送到 R9009 (进位标志) 中。指令格式及操作数范围如表 3-110 所示。

表 3-110 指令格式及操作数范围

梯 形 图	布尔非梯形图		
	地址	指令	
X0	0	ST	X0
⊢⊦——[F122 RCR,DT0,K4]	1	F122	(RCR)
		DT	0
		K	4
D	右移的 16 位存储单元,除 WX 和常数外		
n	16 位常数或存储单元,参数没有限制		

当 n≥16 时,其结果与减去 16 的倍数后相同。例如, n = K19 时与 n = K3 的结果相同, n = K52 时与 n = K4 的结果相同。

当触发信号使 X0 接通时, DT0 中的数据带进位标志循环右移 4 位。循环右移 4 位后,位地址 3 的数据被传送到进位标志继电器 R9009 中,进位标志和 D70 中位地址 0 ~ 2 的数据右移到 DT0 的高 4 位。若移位前 R9009 为 1 ,则移位后 R9009 为 0 ,结果如图 3-83 所示。

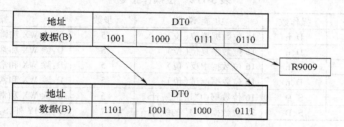

图 3-83 n = K4 时循环右移指令的执行结果

4. F123（RCL）

该指令是 16 位二进制数带进位标志循环左移的指令,其功能是将 D 指定的数据带进位标志循环左移由 n 规定的位数,左移 n 位后,进位标志和 D 中的 16 位二进制数依次左移到相邻的高位,最后 1 位移出的数据（位地址为 16-n）传送到进位标志继电器 R9009 中。指令格式及操作数范围如表 3-111 所示。

表 3-111 指令格式及操作数范围

梯 形 图	布尔非梯形图		
	地址	指令	
X0	0	ST	X0
⊢⊦——[F123 RCL,DT0,K4]	1	F123	(RCL)
		DT	0
		K	4
D	左移的 16 位存储单元,除 WX 和常数外		
n	16 位常数或存储单元,参数没有限制		

当 n≥16 时,其结果与减去 16 的倍数后相同。例如, n = K25 时与 n = K9 的结果相同。 n = K68 时与 n = K4 的结果相同。

当触发信号使 X0 接通时, DT0 带进位标志循环左移 4 位。循环左移 4 位后,位地址 12 的数据被传送到进位标志继电器 R9009 中,进位标志和 DT0 中位地址为 15 ~ 13 的数据左移到 DT0 的低 4 位。若移位前 R9009 为 1 ,则移位后 R9009 为 0 ,结果如图 3-84 所示。

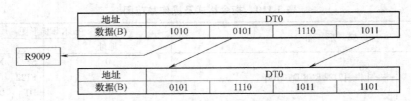

图 3-84　n＝K4 时循环左移指令的执行结果

3.10　位操作指令

位操作指令是用于对一个存储单元的某一位进行置位、复位、取反、测试以及对 16 位或 32 位存储单元进行统计的指令，包括 F130（BTS）、F131（BTR）、F132（BTI）、F133（BTT）、F135（BCU）和 F136（DBCU）6 条指令如表 3-112 所示。

表 3-112　位操作指令

功能符	助记符	操作数	功能说明	步数	操作数范围
F130	BTS	D、n	16 位数据置位（位）	5	D：除 WX 和常数外，n：没有限制
F131	BTR	D、n	16 位数据复位（位）	5	D：除 WX 和常数外，n：没有限制
F132	BTI	D、n	16 位数据求反（位）	5	D：除 WX 和常数外，n：没有限制
F133	BTT	D、n	16 位数据测试（位）	5	D：除 WX 和常数外，n：没有限制
F135	BCU	S、D	16 位数据中"1"的统计	5	D：除 WX 和常数外，S：没有限制
F136	DBCU	S、D	32 位数据中"1"的统计	7	D：除 IY 外，S：除 WX、IY 和常数外

1. F130（BTS）

该指令对一个 16 位存储单元的某一位进行置位操作的指令，就是将指定存储单元的指定位（范围是 H0～HF 或 K0～K15）置为 1（ON），其他位保持不变，指令格式及操作数范围如表 3-113 所示。

表 3-113　指令格式及操作数范围

梯　形　图	布尔非梯形图	
	地址	指令
X0 ├┤├─[F130 BTS,WY0,K7]	0 1	ST　X0 F130　（BTS） WY　0 K　7
D	16 位存储单元，除 WX 和常数外	
n	16 位常数或存储单元，参数没有限制	

当触发信号使 X0 接通时，WY0 的第 8 位被置 1，即 Y7 的线圈得电输出（ON），其他继电器（YF～Y8、Y6～Y0）保持不变，如图 3-85 所示。

地址	WY0			
数据(B)	1010	0101	0110	1011

↓

地址	WY0			
数据(B)	1010	0101	1110	1011

图 3-85　n＝K7 时置位指令的执行结果

2. F131（BTR）

该指令是对一个 16 位存储单元的某一位进行复位操作的指令，其功能是将指定存储单元的指定位（范围是 H0 ~ HF 或 K0 ~ K15）复位为 0（OFF），其余的数据位保持不变，指令形式及操作数类型如表 3-114 所示。

当触发信号使 X0 接通时，WY0 的第 6 位被复位为 0（OFF），即 Y5 的线圈失电，其他继电器（YF ~ Y6、Y4 ~ Y0）保持不变，如图 3-86 所示。

表 3-114 指令格式及操作数范围

梯 形 图	布尔非梯形图		
	地址	指令	
X0 ──┤├──[F131 BTR,WY0,K5]	0	ST	X0
	1	F131	（BTR）
		WY	0
		K	5
D	16 位存储单元,除 WX 和常数外		
n	16 位常数或存储单元,参数没有限制		

地址	WY0			
数据(B)	1010	0101	0110	1011

地址	WY0			
数据(B)	1010	0101	0100	1011

图 3-86 n = K5 时复位指令的执行结果

3. F132（BTI）

该指令是对一个 16 位存储单元的某一位进行取反操作的指令，其功能是将指定存储单元的指定位（范围是 H0 ~ HF 或 K0 ~ K15）取反，其余的数据位保持不变，指令格式及操作数范围如表 3-115 所示。

表 3-115 指令格式及操作数范围

梯 形 图	布尔非梯形图		
	地址	指令	
X0 ──┤├──[F132 BTI,DT1,K10]	0	ST	X0
	1	F132	（BTI）
		DT	1
		K	10
D	16 位存储单元,除 WX 和常数外		
n	16 位常数或存储单元,参数没有限制		

当触发信号使 X0 通时，DT1 的第 11 位被取反，取反后 DT1 的第 11 位为 0，其余的数据位（HF ~ HB、H9 ~ H0）保持不变，如图 3-87 所示。

地址	DT1			
数据(B)	1010	0101	0110	1011

地址	DT1			
数据(B)	1010	0001	0110	1011

图 3-87 n = K10 时取反指令的执行结果

4. F133（BTT）

该指令是对一个 16 位存储单元的某一位进行位测试操作的指令，其功能是测试能定存储单元的指定位（范围是 H0 ~ HF 或 K0 ~ K15）的状态，测试结果存储在内部特殊继电器 R900B 中。若该位是 0（OFF），则 R900B 得电（ON）；若该位是 1（ON），则 R900B 失电（OFF）。指令格式及操作数范围如表 3-116 所示。

表 3-116　指令格式及操作数范围

梯 形 图	布尔非梯形图	
	地址	指令
X0 ├──┤├──[F133 BTT,DT1,K9]	0 1	ST　　X0 F133　（BTT） DT　　1 K　　　9
D	16 位存储单元，除 WX 和常数外	
n	16 位常数或存储单元，参数没有限制	

当触发信号使 X0 接通时，该指令测试 DT1 中第 10 位的状态，DT1 的第 10 位为 0，所以测试后 R900B 得电（ON），如图 3-88 所示。

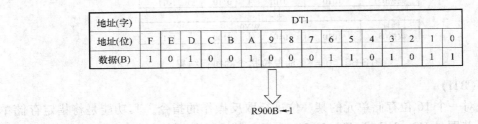

地址(字)	DT1															
地址(位)	F	E	D	C	B	A	9	8	7	6	5	4	3	2	1	0
数据(B)	1	0	1	0	0	1	0	0	0	0	1	1	0	1	0	1	1

R900B ← 1

图 3-88　n＝K9 时位测试指令的操作

5. F135（BCU）

该指令是统计 16 位数中数据为 1（ON）的位数个数的指令，就是统计一个 S 指定的 16 位常数或存储单元中数据为 1（ON）的位数个数，结果存储在 D 指定的存储单元中，指令格式及操作数范围如表 3-117 所示。

表 3-117　指令格式及操作数范围

梯 形 图	布尔非梯形图	
	地址	指令
X0 ├──┤├──[F135 BCU,DT1,WR10]	0 1	ST　　X0 F135　（BCU） DT　　1 WR　　10
S	16 位常数或存储单元，参数没有限制	
D	16 位存储单元，除 WX 和常数外	

当触发信号使 X0 接通时，该指令统计 DT1 中数据为 1（ON）的位数，结果存储在 WR10 中，如图 3-89 所示。

6. F136（DBCU）

该指令是统计 32 位数中数据为 1（ON）的位数个数的指令，其功能是统计一个 S 指定

地址(字)	DT1															
地址(位)	F	E	D	C	B	A	9	8	7	6	5	4	3	2	1	0
数据(B)	1	0	1	1	0	1	0	0	0	1	1	0	1	0	1	1

地址	WR10			
数据(B)	0000	0000	0000	1001
数据(K)	9			

图 3-89　指令的执行结果

的 32 位常数或两个存储单元中数据为 1（ON）的位数个数，结果存储在 D 指定的存储单元中。指令格式及操作数范围如表 3-118 所示。

表 3-118　指令格式及操作数范围

梯　形　图		布尔非梯形图	
		地址	指令
X0 ──┤├──[F136 DBCU,DT1,WR10]		0	ST　　X0
		1	F136　（DBCU）
			DT　　1
			WR　　10
S	32 位常数或存储单元低位的地址，除 IY 外		
D	16 位存储单元，除 WX、IY 和常数外		

当触发信号使 X0 接通时，该指令统计 DT2、DT1 中数据为 1（ON）的位数，结果存储在 WR10 中，如图 3-90 所示。

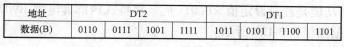

地址	DT2				DT1			
数据(B)	0110	0111	1001	1111	1011	0101	1100	1101

地址	WR10			
数据(B)	0000	0000	0001	0101
数据(K)	21			

图 3-90　指令的执行结果

3.11　特殊指令

特殊指令是用途比较特别的一类指令，如进位标志 R9009 的置位和复位操作、部分 I/O

的立即刷新、串行口通信、打印输出、自诊断错误代码设定、信息显示的处理等，主要包括 F137（STMR）、F138（HMSS）、F139（SHMS）、F140（STC）、F141（CLC）、F143（IORF）、F144（TRNS）、F147（PR）、F148（ERR）、F149（MSG）、F157（CADD）和 F158（CSUB），如表 3-119 所示。

表 3-119　特殊指令

功能符	助记符	操作数	功能说明	步数	操作数范围
F137	STMR	S、D	辅助定时器	5	S：参数没有限制，D：WY、WR、EV、DT
F138	HMSS	S、D	将时、分、秒数据转换为秒数据	5	S、D：除 WX、IY 外的存储单元
F139	SHMS	S、D	将秒数据转换为时、分、秒数据	5	S、D：除 WX、IY 外的存储单元
F140	STC	—	进位标志位置位	1	
F141	CLC	—	进位标志位复位	1	
F143	IORF	D1、D2	刷新部分 I/O	5	D1、D2：只限于 WY、WX 及其修正值
F144	TRNS	S、n	串行口数据通信	5	S：只限于 DT，n：没有限制
F147	PR	S、D	打印输出	5	S：除 IX/IY、常数和索引修正值外，D：只限于 WY
F148	ERR	n	自诊断错误代码设定	3	n：只限于常数
F149	MSG	S	信息显示	13	S：只限于带有 M 的字符常数
F157	CADD	S1、S2、D	时间加法	9	S1：除 IX/IY 和常数外，S2：除 IY 外 D：除 WX、IX/IY 外的存储单元
F158	CSUB	S1、S2、D	时间减法	9	S1：除 IX/IY 和常数外，S2：除 IY 外 D：除 WX、IX/IY 外的存储单元

1. F137（STMR）

该指令是辅助定时器指令，工作时以 0.01s 为单位进行定时（定时范围 0.01～327.67s）。可作为普通定时器的补充。一般的 PLC 定时器都是以 0.1s 为单位进行定时，若有分辨率更高的定时控制要求，通常就采用辅助定时器来实现，在 FP1 系列的 PLC 中可用 TMR 来代替。F137 功能是经过设定值×0.01s 后，将特殊内部继电器 R900D 置为 1（ON），指令格式及操作数范围如表 3-120 所示。

表 3-120　指令格式及操作数范围

梯　形　图	布尔非梯形图	
	地址	指令
X0 ┤├─[F137 STMR,K500,DT0]	0	ST X0
	1	F137 （STMR）
		K 500
		DT 0
S	16 位设定常数或存储设定值的存储单元地址，参数没有限制	
D	存储当前值的 16 位存储单元，除 WX、IX/IY、索引修正值和常数外	

当触发信号使 X0 接通 5s 时，R900D 被置为 1（ON）。若在定时过程中或定时时间到时触发信号使 X0 断开，当前值存储单元 DTD 被复位为 0，R900D 被复位为 0（OFF）。

在 FP1 系列 PLC 中 C14 型、C16 型、C24 型和 C40 型 PLC 不支持本条指令，其余的 C256 型和 C72 型都支持，这点需要注意。

2. F138（HMSS）

该指令是将时、分、秒数据转换为秒数据的指令，其功能是将 S 指定的两个存储单元中的时、分、秒数据转换为秒数据，结果存储在 D 指定的两个连续的存储单元中，指令格式及操作数范围如表 3-121 所示。

表 3-121 指令格式及操作数范围

梯 形 图	布尔非梯形图	
	地址	指令
X0 ⊣⊢[F138 HMSS,DT10,WR1]	0	ST X0
	1	F138 （HMSS）
		DT 10
		WR 1
S	32 位存储单元,除 WX 和 IY 外	
D	32 位存储单元,除 WX 和 IY 外	

如图 3-91 所示，当触发信号使 X0 接通时，该指令将 DT2 中的小时数据（12h）、DT1 中高 8 位的分数据（56min）及低 8 位中的秒数据（49s）一起转换为秒数据（46609s），结果存储在 WR2 和 WR1 中，数据都采用 BCD 码数的形式。被转换的最大数据是 9999h 59min 59s，相应的秒数据为 35999999s。

地址	DT2				DT1			
数据(BCD)	0000	0000	0001	0010	0101	0110	0100	1001
	小时数据				分数据		秒数据	

地址	WR2				WR1			
数据(BCD)	0000	0000	0000	0100	0110	0110	0000	1001

图 3-91 指令的执行结果

在 FP1 系列 PLC 中的 C14 型和 C16 型 PLC 不支持本条指令，其余的 C24 型、C40 型、C56 型和 C72 型都支持，这点需要注意。

3. F139（SHMS）

该指令是将秒数据转换为时、分、秒数据的指令，就是将 S 指定的两个存储单元中的秒数据转换为时、分、秒数据，结果存储在 D 指定的两个连续的存储单元中，指令格式及操作数范围如表 3-122 所示。

表 3-122 指令格式及操作数范围

梯 形 图	布尔非梯形图	
	地址	指令
X0 ⊣⊢[F139 SHMS,DT10,WR1]	0	ST X0
	1	F139 （SHMS）
		DT 10
		WR 1
S	32 位存储单元,除 WX 和 IY 外	
D	32 位存储单元,除 WX 和 IY 外	

如图 3-92 所示，当触发信号使 X0 接通时，该指令将 DT2 和 DT1 中的秒数据（85076s）

转换为时、分、秒数据，小时数据（23h）存放在 WR2 中，分数据（37min）及秒数据（56s）分别存放在 WR1 的高 8 位和低 8 位中，数据都采用 BCD 码数的形式。被转换的最大数据是 35999999s，相应的时间为 9999h 59min 59s。

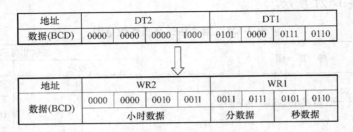

图 3-92　指令的执行结果

在 FP1 系列 PLC 中的 C14 型和 C16 型 PLC 不支持本条指令，其余的 C24 型、C40 型、C356 型和 C72 型都支持，应当注意。

4. F140（STC）

该指令是进位标志的置位指令，其功能是将进位标志继电器 R9009 置 1（ON），指令格式及操作数范围如表 3-123 所示。

表 3-123　指令格式及操作数范围

梯 形 图	布尔非梯形图	
	地址	指令
X0　[F140 STC]	0 1	ST　X0 F140　（STC）

当触发信号使 X0 接通时，进位标志继电器 R9009 被置为 1（ON）。

在 FP1 系列 PLC 中的 C14 型和 C16 型 PLC 不支持本条指令，其余的 C24 型、C40 型、C56 型和 C72 型都支持，应当注意。

5. F141（CLC）

该指令是进位标志的复位指令，其功能是将进位标志继电器 R9009 置 0（OFF），指令格式及操作数范围如表 3-124 所示。

表 3-124　指令格式及操作数范围

梯 形 图	布尔非梯形图	
	地址	指令
X0　[F141 CLC]	0 1	ST　X0 F141　（CLC）

当触发信号使 X0 接通时，进位标志继电器 R9009 被复位为 0（OFF）。

在 FP1 系列 PLC 中的 C14 型和 C16 型 PLC 不支持本条指令，其余的 C24 型、C40 型、C56 型和 C72 型都支持，应当注意。

6. F143（IORF）

该指令是部分 I/O 的立即刷新指令。PLC 在循环扫描的工作过程中，只有在输入扫描和输出刷新阶段才进行 I/O 刷新，在执行程序时不处理 I/O 刷新任务。利用 I/O 刷新指令 F143（IORF），即使在执行程序阶段，也可将指定的输入/输出继电器立即刷新，实现无滞后（由扫描时间造成的）地刷新输入或输出，指令格式及操作数范围如表 3-125 所示。

表 3-125 指令格式及操作数范围

梯 形 图	布尔非梯形图		
	地址	指令	
X0 ├─┤ ├───[F143 IORF,WY0,WY1]	0 1	ST F143 WY WY	X0 （IORF） 0 1
D1	存储单元的起始地址,操作数只限于 WY、WX 及其修正值		
D2	存储单元的结束地址,操作数只限于 WY、WX 及其修正值		

当触发信号使 X0 接通时，D1 和 D2 指定的 WY0 ~ WY1 被立即刷新。使用时要保证 D1 和 D2 是同一类型的操作数，并且 D1 ≤ D2。

7. F144（TRNS）

该指令是串行数据通信指令，其功能是将以 S 为起始地址的 n 个字节的数据寄存器中的数据从 RS-232C 串行通信端口发送出去，指令格式及操作数范围如表 3-126 所示。

表 3-126 指令格式及操作数范围

梯 形 图	布尔非梯形图		
	地址	指令	
X0 ├─┤ ├───[F144 TRNS,DT1,K20]	0 1	ST F144 DT K	X0 （TRNS） 1 20
S	被传送数据的首单元地址,只限于 DT 和索引修正值		
n	设定传送字节数的 16 位常数或存储单元地址,参数没有限制		

该指令一般用于实现 PLC 与带有串行端口的计算机、条形码阅读器或智能仪表之间的通信。

当触发信号使 X0 接通时，从 DT1 开始的 20 个字节（10 个存储单元）的数据（即 DT1 ~ DT10）通过 PLC 的串行通信端口发送出去，并将特殊内部继电器 R9038 复位为 0（OFF），使 PLC 处于接收操作的准备状态（可以接收的状态）。

（1）数据的发送

发送数据时，通信端口自动在数据的开始和末尾分别加上起始符和结束符，具体的规定在系统寄存器 413 中进行设置，起始符可设定为有 STX 和无 ST7，结束符可设定为 CR、CR + LF、ETX 或无结束符，同时在系统寄存器 413 中还可设定单帧数据长度（7 位或 8 位）、校验方式（奇校验、偶校验或无校验）和停止位（1 位或 2 位），在系统寄存器 414 中可设定通信速率（300bit/s、600bit/s、1200bit/s、2400bit/s、4800bit/s、9600bit/s 或 19200bit/s）。对系统寄存器的设置一般可采用手持编程器或编程软件来完成，通常采用默认设置即可。

（2）数据的接收

当特殊内部继电器 R9038 为 0（OFF）时，才能进行数据接收的操作。接收前要先在系统寄存器 417 中设置接收缓冲区的起始地址。在系统寄存器 418 中设置接收缓冲区的容量（存储单元数），范围与起始地址的设置一样，注意要避免发送缓冲区和接收缓冲区的地址发生重叠。

在接收和存储数据时，接收到的字节数存储在接收缓冲区的首单元，从外设传送来的数据存放在接收缓冲区第 2 个单元开始的区域中。起始符和结束符尽管被作为数据接收，但并不存储到接收缓冲区。在接收到由系统寄存器 413 中设置的结束符时，R9038 被置为 1，完成一次接收过程。当要进行一次新的接收，需将 R9038 复位为 0（可通过执行 F144 指令完成）。

8. F147（PR）

该指令是并行打印指令，其功能是将从 S 开始的 6 个存储单元中的 12 个 ASCII 码数字符输出到由 D 指定的 WY 中，本指令只适用于晶体管输出型的 PLC，指令格式及操作数范围如表 3-127 所示。

表 3-127　指令格式及操作数范围

梯　形　图	布尔非梯形图		
	地址	指令	
X0 [F147 PR,DT1,WY0]	0	ST	X0
	1	F147	(PR)
		DT	1
		WY	0
S	存储 ASCII 码数字符的首单元地址，除 IX/IY、常数和索引修正值以外		
D	输出 ASCII 码数字符的输出继电器地址，只限于 WY		

在具体应用中，打印机的控制码必须设置为被打印数据的最后一个字，ASCII 码字符从低地址开始顺序输出。若输出的数据不是 ASCII 码形式，可采用相应的数据转换指令将其从二进制、BCD 码、十六进制或字符常数转换成 ASCII 码形式。ASCII 码字符为 8 位二进制，对应由 Y0 ~ Y7 输出，加上打印机的一位选通信号，只需占用一个字单元中的 9 个输出继电器。

在表 3-127 中，当 X0 接通时，从 DT1 开始的 6 个单元（DT1 ~ DT6）中的 12 个 ASCII 码字符依次由 WY0 输出，每输出一个 ASCII 码字符需要 3 个扫描周期，输出所有的数据要用 37 个扫描周期（第一个为空周期），指令执行时打印输出标志继电器 R9033 被置为 1（ON）。

在 FP1 系列 PLC 中 C14 型和 C16 型 PLC 不支持本条指令，C24 型、C40 型、C56 型和 C72 型只有晶体管输出型支持，应当注意。

9. F148（ERR）

F148（ERR）是自诊断错误设置指令，其功能是将某一类自定义的错误类型存放到 DT9000 中，将 R9000 置为 1（ON），并使出错指示灯（ERROR LED）闪烁，具体情况由 n 确定。指令格式及操作数范围如表 3-128 所示。

当 n = 0 时，执行 F148（ERR）指令将清除 43 号及其以上的自诊断错误，R9000、R9005 ~ R9008 被复位为 0（OFF），DT9000、DT9007 和 DT9008 被清 0。

表 3-128　指令格式及操作数范围

梯　形　图	布尔非梯形图	
	地址	指令
X0 ┤├─[F148 ERR,K100]	0 1	ST　　X0 F148　（ERR） K　　　100
n	自诊断错误代码,设置范围是 K0、K100 ~ K299	

100 ≤ n ≤ 299 时，执行 F148（ERR）指令将 R9000 置为 1（ON），n 所设定的自诊断错误代码被传送到 DT9000 中，出错指示灯闪烁，PLC 的程序停止执行。

在表 3-128 中，当 X0 接通时，PLC 认为出现了自诊断错误，出错指示灯闪烁，R9000 被置为 1（ON），自诊断错误代码 K100 被传送到 DT9000 中，PLC 的程序停止执行。

在 FP1 系列 PLC 中的 C14 型和 C16 型 PLC 不支持本条指令，C24 型、C40 型、C56 型和 C72 型都支持，应当注意。

10. F149（MSG）

F149（MSG）是信息显示指令，其功能是在编程工具（手持编程器）中显示 S 设定的字符常数，指令格式及操作数范围如表 3-129 所示。

表 3-129　指令格式及操作数范围

梯　形　图	布尔非梯形图	
	地址	指令
X0 ┤├─[F149 MSG,M PROGRAM END]	0 1	ST　　X0 F149　（MSG） M PROGRAM END
S	字符常数	

当 X0 闭合时，与 PLC 相连的编程器上显示预先设定的字符串 PROGRAM END。

S 设定的字符常数存储在 DT9030 ~ DT9035 中，以 M 作为开始，但只能用编程软件输入。要在编程器上显示该信息，必须按编程器上的 ACLR 键，将编程器设置为初始状态。

在 FP1 系列 PLC 中的 C14 型和 C16 型 PLC 不支持本条指令，C24 型、C40 型、C56 型和 C72 型都支持，应当注意。

11. F157（CADD）

该指令是对时间数据进行求和的指令，其功能是将 S1 指定的 3 个存储单元中的日期数据（年、月、日）及时刻数据（时、分、秒）与 S2 指定的两个存储单元中的时刻数据（时、分、秒）相加，结果存储在 D 指定的 3 个连续的存储单元中，指令格式及操作数范围如表 3-130 所示。

如图 3-93 所示，当触发信号使 X0 接通时，该指令将 DT9056 中的年、月数据（92 年 6 月），DT9055 中的日、时的数据（17 日 10 时），DT9054 中分、秒的数据（30 分 24 秒）与 DT11 和 DT10 中的时、分、秒的数据（20 时 45 分 35 秒）相加，结果（92 年 6 月 18 日 7 时 15 分 59 秒）

表 3-130　指令格式及操作数范围

梯 形 图		布尔非梯形图	
		地址	指令
		0	ST　　X0
X0		1	F157　（CADD）
─┤├─[F157 CADD,DT9054,DT10,DT20]			DT　　9054
			DT　　10
			DT　　20

S1	除 IX 和 IY 外的存储单元
S2	常数及除 IY 外的存储单元
D	除 WX、IX 和 IY 外的存储单元

地址	DT9056				DT9055				DT9054			
数据（BCD码）	1001	0010	0000	0110	0001	0111	0001	0000	0011	0000	0010	0100
	9	2	0	6	1	7	1	0	3	0	2	4
	年		月		日		时		分		秒	

＋

地址	DT11				DT10			
数据（BCD码）	0000	0000	0010	0000	0100	0101	0011	0101
	0	0	2	0	4	5	3	5
	时			分		秒		

地址	DT22				DT21				DT20			
数据（BCD码）	1001	0010	0000	0110	0001	1000	0000	0111	0001	0101	0101	1001
	9	2	0	6	1	8	0	7	1	5	5	9
	年		月		日		时		分		秒	

图 3-93　指令的执行结果

存储在 DT22、DT21 和 DT20 中，数据都采用 BCD 码数的形式。指令中年的数据范围是 00～99，月的数据范围是 00～12，日的数据范围是 00～31，时的数据范围是 00～23，分和秒的数据范围都是 00～59。

在 FP1 系列 PLC 中的 C14 型和 C16 型 PLC 不支持本条指令，其余的 C24 型、C40 型、C56 型和 C72 型都支持，应当注意。

12. F158（CSUB）

该指令是对时间数据进行求差的指令，其功能是将 S1 指定的 3 个存储单元中的日期数据（年、月、日）及时刻数据（时、分、秒）与 S2 指定的两个存储单元中的时刻数据（时、分、秒）相减，结果存储在 D 指定的 3 个连续的存储单元中，指令格式及操作数范围如表 3-131 所示。

在图 3-94 中，当触发信号使 X0 接通时，该指令将 DT9056 中的年、月数据（1992 年 6 月），DT9055 中的日、时数据（17 日 10 时），DT9054 中分、秒数据（30 分 24 秒）与 DT11 和 DT10 中的时、分、秒数据（3 时 30 分 30 秒）相减，结果（1992 年 6 月 17 日 6 时 59 分 54 秒）存储在 DT22、DT21 和 DT20 中，数据都采用 BCD 码数的形式。指令中年的数据范围是 00～99，月的数据范围是 00～12，日的数据范围是 00～31，时的数据范围是 00～

23，分和秒的数据范围都是 00~59。

表 3-131　指令格式及操作数范围

梯　形　图	布尔非梯形图	
	地址	指令
X0 —[F158 CSUB,DT9054,DT10,DT20]	0	ST　　X0
	1	F158　（CSUB）
		DT　　9054
		DT　　10
		DT　　20

S1	除 IX 和 IY 外的存储单元
S2	常数及除 IY 外的存储单元
D	除 WX、IX 和 IY 外的存储单元

地址	DT9056				DT9055				DT9054			
数据 (BCD码)	1001	0010	0000	0110	0001	0111	0001	0000	0011	0000	0010	0100
	9	2	0	6	1	7	1	0	3	0	2	4
	年		月		日		时		分		秒	

—

地址	DT11				DT10			
数据(BCD码)	0000	0000	0000	0011	0011	0000	0011	0000
	0	0	0	3	3	0	3	0
		时			分		秒	

地址	DT22				DT21				DT20			
数据 (BCD码)	1001	0010	0000	0110	0001	0111	0000	0110	0101	1001	0101	0100
	9	2	0	6	1	7	0	6	5	9	5	4
	年		月		日		时		分		秒	

图 3-94　指令的执行结果

在 FP1 系列 PLC 中的 C14 型和 C16 型 PLC 不支持本条指令，其余的 C24 型、C40 型、C56 型和 C72 型都支持，应当注意。

3.12　高速计数器与脉冲输出控制指令

FP1 系列 PLC 都具有高速计数器（High Speed Counter，HSC）功能，可以设置为加计数、减计数或双相输入。同时，还具有方向控制计数方式，即以某一通道作为方向控制输入端，若该通道的输入为低电平（断开），HSC 进行加计数，反之就进行减计数。在使用 HSC 时需要对相关的系统寄存器进行设置，其计数范围是 $-8388608 \sim 8388607$，单相输入时的计数速度可达 10kHz，双相输入时每路可达 5kHz。

3.12.1　高速计数器的功能

1. HSC 占用的继电器和寄存器资源及特性

HSC 在工作时要占用一部分 I/O 继电器和寄存器资源，如表 3-132 所示。表中的特殊内部继电器 R903A 和 R903B 为标志继电器。HSC 的特性如表 3-133 所示。

表 3-132　HSC 占用的继电器和寄存器资源

通道	输入	硬复位	标志继电器	当前值寄存器	目标值寄存器
CH0	X0、X1	X2	R903A、R903B	DT9044 ~ DT9045	DT9046 ~ DT9047

表 3-133　HSC 的特性

计数范围	K-8388608 至 K8388607（HFF800000 至 H7FFFFFF）
最大计数速度	单相：10kHz（当占空比为 50% 时）；双相：5kHz
输入模式	4 种模式（双相模式，加计数模式，减计数模式，加/减计数模式） 利用系统寄存器 400 指定高速计数器的输入模式

2. HSC 的相关指令和寄存器

HSC 的相关指令有 F0（MV）、F1（DMV）、F162（HC0R）、F164（SPD0）及 F165（CAM0）。使用 F0（MV）指令，可以进行软件复位（高速计数器的当前值复位）、允许复位输入 X2 控制和计数输入控制；使用 F1（DMV）指令可以改变和读取当前值；使用 F162（HC0S）指令可以进行高速计数置位输出设定；使用 F163（HC0R）指令可以进行高速计数复位输出设定；使用 F164（SPD0）指令可以进行脉冲输出控制或格式类型输出控制；使用 n65（CAM0）指令可以实现电子凸轮输出控制；使用 n62（HC0S）至 F165（CAM0）的指令都可以提供中断功能。高速计数器的当前值保存在特殊数据寄存器 DT9045 和 DT9044 中。DT9045 和 DT9044 中的当前值可使用 F1（DMV）指令读取或修改。

当执行 F162（HC0S）、F163（HC0R）、F164（SPD0）和 F165（CAM0）中的某个指令时，指定的高速计数器的目标值将被存入特殊数据寄存器 DT9047 和 DT9046 内。当高速计数器的当前值与目标值一致时，DT9047 和 DT9046 中的数据将被清除。当使用 F162（HC0S）、F163（HC0R）、F164（SPD0）和 n65（CAM0）指令控制高速计数器时，高速计数控制标志 R903A 为 ON。当使用 F0（MV）指令将高速计数器指令复位时，标志 R903A 变为 OFF。当标志 R903A 处于 ON 状态时，不能执行另一个与高速计数器有关的指令。当执行 F165（CAM0）指令时，凸轮控制标志：R903B 为 "ON"。当使用 F0（MV）指令将高速计数器指令复位时，标志 R903B 变为 OFF。

高速计数器支持四种工作模式（双相模式、加计数模式、减计数模式、加/减计数模式）。高速计数器的输入模式通过系统寄存器 400 进行设置，如表 3-134 所示。默认值为 H0，此时不使用高速计数功能。

表 3-134　系统寄存器 400 的设置

设定值	FP1 的输入触点		
	X0	X1	X2
H0	不使用高速计数器功能		
H1	双相输入		—
H2	双相输入		复位输入
H3	加计数输入	—	
H4	加计数输入		复位输入
H5	—	减计数输入	
H6		减计数输入	复位输入
H7	加计数输入	减计数输入	
H8	加计数输入	减计数输入	复位输入

3. 脉冲输入控制的连接和输入模式的设定

脉冲输入控制的连接和输入模式也是通过系统寄存器 400 的设置来确定的。系统寄存器 400 中的数据设定格式为 Hm0n。其中 H 表示十六进制数，m 和 n 是需要设置的两位数，中间一位固定为 0，如表 3-135 所示。

表 3-135　系统寄存器 400 的设置

参数设置		输入触点		
		X0	X1	X2
n	H0	不使用高速计数器		
	H1	两相输入		
	H2			复位输入
	H3	增输入		—
	H4		—	复位输入
	H5	—	减输入	—
	H6	—		复位输入
	H7	增/减输入		—
	H8	（X0：增输入；X1：减输入）		复位输入
m	H0	不使用内部连接		
	H1	内部连接		

对于晶体管输出型的 FP1 系列 PLC 中的 C14 型、C16 型、C24 型和 C40 型，m 恒设为 0，n 则根据具体情况参照表 3-135 进行设置。此时由 Y7 输出脉冲，为了将 Y7 输出的脉冲输入到高速计数器，必须在外部用导线将 Y7 连接到 X0。

对于晶体管输出型的 FP1 系列 PLC 中的 C256 型和 C72 型，由 Y6 和 Y7 输出脉冲。当 m 被设置为 1 时，由 Y6 和 Y7 输出的脉冲可分别直接输入 X1 和 X0 而无需经过外部连线；当 m 被设置为 0 时，由 Y6 和 Y7 输出的脉冲必须在外部用导线分别连接到 X1 和 X0，如表 3-135 所示。n 则根据具体情况参照表 3-135 进行设置。如果 X0 用于输入 Y7 发出的脉冲，X1 用于输入 Y6 发出的脉冲，则 X0 和 X1 不能再用于其他用途。

3.12.2　高速计数器与脉冲输出的相关指令

FP1 中高速计数器的使用还涉及一些相关的高级指令，除了前面介绍的数据传送指令中的 F0（MV）、F1（DMV）外，还有 F162（HC0S）、F163（HC0R）、F164（SPD0）和 F165（CAM0），如表 3-136 所示。

表 3-136　高速计数器与脉冲输出控制指令

功能符	助记符	操作数	功能说明	步数	操作数范围
F162	HC0S	S、D	高速计数器输出置位	7	S：除 IY 以外，D：Y0 ~ Y7
F163	HC0R	S、D	高速计数器输出复位	7	S：除 IY 以外，D：Y0 ~ Y7
F164	SPD0	S	速度控制（脉冲输出/模式输出）	3	DT 及其索引修正值
F165	CAM0	S	凸轮输出控制	3	DT 及其索引修正值
F0	MV	S、D	16 位数据传送	5	S：没有限制，D：除 WX 外
F1	DMV	S、D	32 位数据传送	7	S：没有限制，D：除 WX 外的存储单元

1. F162（HC0S）

该指令是高速计数器的输出置位指令，其功能是当内置高速计数器的当前值（经过值）

达到（S+1，S）中的目标值时，将指令中指定的高速计数器的输出 Y。置为 1（ON），指令格式及操作数范围如表 3-137 所示。

当触发信号使 X0 接通时执行该指令，HSC 开始计数，若（DT2，DT1）中的目标值与 HSC 的当前值相等，Y0 被置为 1（ON）并保持（以中断的方式进行处理），同时该指令的控制功能及指令中设置的目标值被清除。S 设定的目标值范围是 -8388608 ~ 8388607（HFF800000 ~ H007FFFFF），存储在对应的特殊数据寄存器 DT9047 和 DT9046 中。

表 3-137　指令格式及操作数范围

梯　形　图	布尔非梯形图	
	地址	指令
X0 ├┤├──(DF)───[F162 HC0S，DT1，Y0]	0 1	ST　　X0 F162　（HC0S） DT　　1 Y　　　0
S	设定 HSC 目标值的 32 位常数或存储单元的低 16 位存储单元地址，除 IY 以外	
D	HSC 指定的输出继电器，只限于 Y0 ~ Y7	

该指令在执行时，对应的标志继电器 R903A 被置为 1（ON），这样 PLC 就不会执行 HSC 的其他相关指令。每一个 HSC 的工作方式和目标值都可以用 F0（MV）或 F1（DMV）读出或修改，当前值可以用 F0（MV）或 F1（DMV）读出，但只能用 F1（DMV）修改。HSC 工作方式的设定参数存储在特殊数据寄存器 DT9052 中，如表 3-138 所示。下面的相关指令与此类似，不再重复说明。

表 3-138　DT9052 中的参数设置

字地址	DT9052			
位地址	15 ~ 12	11 ~ 8	7 ~ 4	3 ~ 0
参数意义	—	—	—	软件复位控制位 0：不复位 1：复位

2. F163（HC0R）

该指令是高速计数器输出复位指令，其功能是当内置高速计数器的当前值（经过值）达到（S+i，S）中设定的目标值时，指令中指定的高速计数器的输出 Yn 被复位为 0（OFF），指令格式及操作数范围如表 3-139 所示。

表 3-139　指令格式及操作数范围

梯　形　图	布尔非梯形图	
	地址	指令
X0 ├┤├──(DF)─[F163 HC0R，DT1，Y0]	0 1	ST　　X0 DF F163　（HC0R） DT　　1 Y　　　0
S	设定 HSC 目标值的 32 位常数或存储单元的低 16 位存储单元地址，除 IY 以外	
D	HSC 指定的输出继电器，只限于 Y0 ~ Y7	

当触发信号使 X0 接通时执行该指令，HSC 开始计数，若（DT2，DT1）中的目标值与 HSC 的当前值相等，Y0 被复位为 0（OFF）并保持（以中断的方式进行处理），同时该指令的控制功能及指令中设置的目标值被清除。S 设定的目标值范围是-8388608 ～ 8388607（HFF800000 ～ H007FFFFF），存储在对应的特殊数据寄存器 DT9047 和 DT9046 中。

3. F164（SPD0）

该指令可根据高速计数器的当前值对输出状况进行控制。它可提供两种模式的输出控制：脉冲输出控制模式（仅用于晶体管输出型）和格式输出控制模式。

（1）脉冲输出控制模式

在脉冲输出控制模式中，F164 （SPD0）指令可根据图 3-95 中的时序图所示的高速计数器的当前值来控制输出脉冲频率。

（2）格式输出控制模式

在格式输出控制模式中，F164 （SPD0）指令可根据高速计数器的当前值，按照固定的格式对输出的 ON/OFF 进行控制。F164 （SPD0）指令的格式输出控制模式时序图如图 3-96 所示。

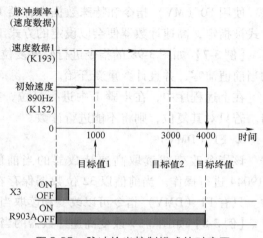

图 3-95　脉冲输出控制模式的时序图

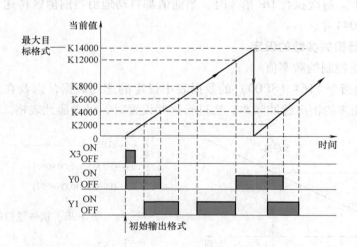

图 3-96　F164（SPD0）指令的格式输出控制模式的时序图

4. F165（CAM0）

该指令可根据高速计数器的当前值，控制输出的"ON"或"OFF"，实现电子凸轮控制。

由 Y0 开始，最多可使用八个凸轮控制输出。FP1 系列 PLC 中的 C14 型和 C16 型最多可使用的模板是 16 对（16 个"ON"目标和 16 个"OFF"目标），C24 型、C40 型、C56 型、C72 型共有 32 对（32 个"ON"目标和 32 个"OFF"目标）可使用的模板。F165（CAM0）指令的时序图如图 3-97 所示。

5. F0（MV）

F0（MV）指令控制高速计数器进行软件复位操作、计数输入控制操作、允许复位输入 X2 控制操作、控制与高速计数器有关的指令 [F162（HC0S）、F163（HC0R）、F164（SPD0）和 n65（CAM0）指令]、清除目标值一致中断等处理任务。

使用 F0（MV）指令和特殊数据寄存器 DT9052，可控制高速计数器的运行。一旦工作方式被指定，高速计数器便会以设定的方式工作，直到进行新的设定。

【例3-7】 如图 3-98 的指令进行软件复位操作，当触发器 X7 为"ON"时，高速计数器的当前值清零，并且计数重新开始。

在上述程序中，在步骤 1 中进行复位，在随后的步骤 2 中设置 0。此时计数已准备就绪。若只对其复位，则将不能进行计数。

6. F1（DMV）

该指令改变或读取高速计数器的当前值。利用 F1（DMV）指令对特殊数据寄存器 DT9044 进行操作。当前值以 32 位数据保存在特殊数据寄存器 DT9045 和 DT9044 的数据区中。只有 F1（DMV）指令可以改变和读取当前值。

【例3-8】 如图 3-99 改变高速计数器的当前值，当触发器 X7 变为"ON"时，高数计数器的当前值改变为 K3000。

在图 3-100 中，当触发器 X7 变为"ON"时，高速计数器的当前值被复制到数据寄存器 DT101 和 DT100 中。每次执行 DF 指令时，当前值都自动地由当前值区传送到特殊数据寄存器 DT9045 和 DT9044 中。

7. 高速计数器相关参数的设定

（1）脉冲输出控制的频率值

表 3-140 表示指令 F164（SPD0）的数据表中设定的速度数据，以及在进行脉冲输出过程中实际输出的相应的输出脉冲频率。当进行这些设置时，可参照此表格。

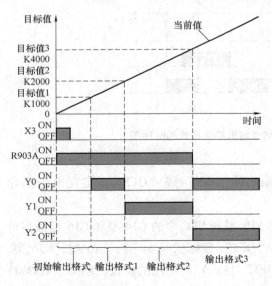

图 3-97　F165（CAM0）指令的时序图

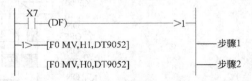

图 3-98　软件复位的操作

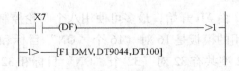

图 3-99　改变当前值的操作

图 3-100　读取当前值的操作

表 3-140　输出脉冲频率

速度数据	输出脉冲频率						占空比（%）
	范围 0 360Hz～5kHz	范围 1 180Hz～5kHz	范围 2 90Hz～5kHz	范围 3 45Hz～5kHz	范围 4 1440Hz～5kHz	范围 5 720Hz～5kHz	
255	46700	23500	11700	5860	187300	93800	25
254	31200	15600	7810	3910	124800	62500	33
253	23400	11700	5850	2930	93600	46900	25
252	18700	9390	4680	2340	74900	37500	40
251	15600	7820	3900	1950	62400	31300	33
250	13400	6710	3350	1670	53500	26800	43
249	11700	5870	2930	1470	46800	23500	38
248	10400	5220	2600	1300	41600	20800	44
247	9350	4690	2340	1170	37500	18800	40
246	8500	4270	2130	1070	34000	17100	45
245	7790	3910	1950	977	31200	15600	42
244	7190	3610	1800	902	28800	14400	46
243	6680	3350	1670	837	26800	13400	43
242	6230	3130	1560	782	25000	12500	47
241	5840	2930	1460	733	23400	11700	44
240	5500	2760	1380	690	22000	11000	47
239	5190	2610	1300	651	20800	10400	44
238	4920	2470	1230	617	19700	9870	47
237	4670	2350	1170	586	18700	9380	45
236	4450	2240	1120	558	17800	8930	48
235	4250	2130	1060	533	17000	8530	45
234	4060	2040	1020	510	16300	8160	48
233	3890	1960	976	488	15600	7820	46
232	3740	1880	937	469	15000	7500	48
231	3590	1810	901	451	14400	7220	46
230	3460	1740	867	434	13900	6950	48
229	3340	1680	836	419	13400	6700	46
228	3220	1620	808	404	12900	6470	48
227	3120	1560	781	391	12500	6250	47
226	3010	1510	755	378	12100	6050	48
225	2920	1470	732	366	11700	5860	47
224	2830	1420	710	355	11300	5690	48
223	2750	1380	689	345	11000	5520	47
222	2670	1340	669	335	10700	5360	49
221	2600	1300	651	326	10400	5210	47
220	2530	1270	633	317	10100	5070	49
219	2460	1240	616	309	9860	4940	47
218	2400	1200	600	301	9600	4810	49
217	2340	1170	585	293	9360	4690	48

（续）

速度数据	输出脉冲频率						占空比（%）
	范围 0 360Hz ~ 5kHz	范围 1 180Hz ~ 5kHz	范围 2 90Hz ~ 5kHz	范围 3 45Hz ~ 5kHz	范围 4 1440Hz ~ 5kHz	范围 5 720Hz ~ 5kHz	
216	2280	1150	571	286	9130	4580	49
215	2230	1120	558	279	8920	4470	48
214	2170	1090	545	273	8710	4360	49
213	2120	1070	532	266	8510	4260	48
212	2080	1040	520	261	8320	4170	49
211	2030	1020	509	255	8140	4080	48
210	1990	999	498	249	7970	3990	49
209	1950	978	488	244	7800	3910	48
208	1910	958	478	239	7640	3830	49
207	1870	939	468	234	7490	3750	48
206	1830	921	459	230	7340	3680	49
205	1800	903	450	225	7200	3610	48
204	1760	886	442	221	7070	3540	49
203	1730	869	434	217	6940	3470	48
202	1700	854	426	213	6810	3410	49
201	1670	838	418	209	6690	3350	48
200	1640	824	411	206	6570	3290	49
199	1610	809	404	202	6460	3230	48
198	1580	796	397	199	6350	3180	49
197	1560	782	390	195	6240	3130	48
196	1530	770	384	192	6140	3080	49
195	1510	757	378	189	6040	3030	48
194	1480	745	372	186	5940	2980	49
193	1460	734	366	183	5850	2930	48
192	1440	722	360	180	5760	2890	49
191	1420	711	355	178	5670	2840	48
190	1390	701	350	175	5590	2800	49
189	1370	690	344	172	5510	2760	49
188	1350	680	339	170	5430	2720	49
187	1340	671	335	167	5350	2680	49
186	1320	661	330	165	5280	2640	49
185	1300	652	325	163	5200	2610	49
184	1280	643	321	161	5130	2570	49
183	1260	634	316	158	5060	2540	49
182	1250	626	312	156	4990	2500	49
181	1230	618	308	154	4930	2470	49
180	1210	610	304	152	4860	2440	49
179	1200	602	300	150	4800	2410	49

（续）

速度数据	输出脉冲频率						占空比（%）
	范围 0 360Hz～5kHz	范围 1 180Hz～5kHz	范围 2 90Hz～5kHz	范围 3 45Hz～5kHz	范围 4 1440Hz～5kHz	范围 5 720Hz～5kHz	
178	1180	594	296	148	4740	2370	49
177	1170	587	293	147	4680	2350	49
176	1150	580	289	145	4620	2320	49
175	1140	573	286	143	4570	2290	49
174	1130	566	282	141	4510	2260	49
173	1110	559	279	140	4460	2230	49
172	1100	552	276	138	4410	2210	49
171	1090	546	272	136	4360	2180	49
170	1070	540	269	135	4300	2160	49
169	1060	534	266	133	4260	2130	49
168	1050	528	263	132	4210	2110	49
167	1040	522	260	130	4160	2080	49
166	1030	516	257	129	4120	2060	49
165	1020	510	255	127	4070	2040	49
164	1000	505	252	126	4030	2020	49
163	994	499	249	125	3980	2000	49
162	984	494	247	123	3940	1970	49
161	974	489	244	122	3900	1950	49
160	963	484	241	121	3860	1930	49
159	954	479	239	120	3820	1910	49
158	944	474	237	118	3780	1900	49
157	935	469	234	117	3750	1880	49
156	925	465	232	116	3710	1860	50
155	916	460	230	115	3670	1840	49
154	907	456	227	114	3640	1820	50
153	899	451	225	113	3600	1800	49
152	890	447	223	112	3570	1790	50
151	882	443	221	111	3530	1770	49
150	873	439	219	110	3500	1750	50
149	865	435	217	109	3470	1740	49
148	857	431	215	108	3440	1720	50
147	850	427	213	107	3400	1710	49
146	842	423	211	106	3370	1690	50
145	834	419	209	105	3340	1680	49
144	827	415	207	104	3310	1660	50
143	820	412	205	103	3290	1650	49
142	813	408	204	102	3260	1630	50
141	806	405	202	101	3230	1620	49

（续）

速度数据	输出脉冲频率						占空比（%）
	范围0 360Hz~5kHz	范围1 180Hz~5kHz	范围2 90Hz~5kHz	范围3 45Hz~5kHz	范围4 1440Hz~5kHz	范围5 720Hz~5kHz	
140	799	401	200	100	3200	1600	50
139	792	398	198	99.4	3170	1590	49
138	785	395	197	98.5	3150	1580	50
137	779	391	195	97.7	3120	1560	49
136	772	388	194	96.9	3100	1550	50
135	766	385	192	96.1	3070	1540	49
134	760	382	190	95.3	3040	1530	50
133	754	379	189	94.5	3020	1510	49
132	748	376	187	93.8	3000	1500	50
131	742	373	186	93.0	2970	1490	49
130	736	370	184	92.3	2950	1480	50
129	730	367	183	91.6	2930	1470	49
128	724	364	182	90.9	2900	1450	50
127	719	361	180	90.2	2880	1440	49
126	713	358	179	89.5	2860	1430	50
125	708	356	177	88.8	2840	1420	49
124	703	353	176	88.1	2820	1410	50
123	697	350	175	87.5	2800	1400	49
122	692	348	173	86.8	2770	1390	50
121	687	345	172	86.2	2750	1380	49
120	682	343	171	85.6	2730	1370	50
119	677	340	170	85.0	2710	1360	49
118	672	338	168	84.3	2690	1350	50
117	668	335	167	83.7	2680	1340	49
116	663	333	166	83.1	2660	1330	50
115	658	331	165	82.6	2640	1320	49
114	654	328	164	82.0	2620	1310	50
113	649	326	163	81.4	2600	1300	49
112	645	324	162	80.9	2580	1290	50
111	640	322	160	80.3	2570	1290	49
110	636	319	159	79.8	2550	1280	50
109	631	317	158	79.2	2530	1270	49
108	627	315	157	78.7	2510	1260	50
107	623	313	156	78.2	2500	1250	49
106	619	311	155	77.6	2480	1240	50
105	615	309	154	77.1	2460	1230	49
104	611	307	153	76.6	2450	1230	50
103	607	305	152	76.1	2430	1220	49

（续）

速度数据	输出脉冲频率						占空比（%）
	范围 0 360Hz~5kHz	范围 1 180Hz~5kHz	范围 2 90Hz~5kHz	范围 3 45Hz~5kHz	范围 4 1440Hz~5kHz	范围 5 720Hz~5kHz	
102	603	303	151	75.6	2420	1210	50
101	599	301	150	75.1	2400	1200	49
100	595	299	149	74.7	2390	1200	50
99	592	297	148	74.2	2370	1190	49
98	588	295	147	73.7	2360	1180	50
97	584	293	146	73.3	2340	1170	49
96	580	292	145	72.8	2330	1170	50
95	577	290	145	72.4	2310	1160	49
94	573	288	144	71.9	2300	1150	50
93	570	286	143	71.5	2280	1140	49
92	566	285	142	71.1	2270	1140	50
91	563	283	141	70.6	2260	1130	49
90	560	281	140	70.2	2240	1120	50
89	556	279	139	69.8	2230	1120	49
88	553	278	139	69.4	2220	1110	50
87	550	276	138	69.0	2200	1110	49
86	547	275	137	68.6	2190	1110	50
85	543	273	136	68.2	2180	1090	49
84	540	271	135	67.8	2160	1080	50
83	537	270	135	67.4	2150	1080	49
82	534	268	134	67.0	2140	1070	50
81	531	267	133	66.6	2130	1070	49
80	528	265	132	66.2	2120	1060	50
79	525	264	132	65.9	2100	1050	49
78	522	262	131	65.5	2090	1050	50
77	519	261	130	65.1	2080	1040	49
76	516	259	129	64.8	2070	1040	50
75	514	258	129	64.4	2060	1030	49
74	511	257	128	64.1	2050	1030	50
73	508	255	127	63.7	2040	1020	49
72	505	254	127	63.4	2020	1010	50
71	502	252	126	63.0	2010	1010	49
70	500	251	125	62.7	2000	1000	50
69	497	250	125	62.4	1990	998	49
68	494	248	124	62.0	1980	993	50
67	492	247	123	61.7	1970	987	49
66	489	246	123	61.4	1960	982	50
65	487	245	122	61.1	1950	977	49

（续）

速度数据	输出脉冲频率						占空比（%）
	范围 0 360Hz ~ 5kHz	范围 1 180Hz ~ 5kHz	范围 2 90Hz ~ 5kHz	范围 3 45Hz ~ 5kHz	范围 4 1440Hz ~ 5kHz	范围 5 720Hz ~ 5kHz	
64	484	243	121	60.7	1940	972	50
63	482	242	121	60.4	1930	967	49
62	479	241	120	60.1	1920	962	50
61	477	240	119	59.8	1910	957	49
60	474	238	119	59.5	1900	952	50
59	472	237	118	59.2	1890	948	49
58	470	236	118	58.9	1880	943	50
57	467	235	117	58.6	1870	938	50
56	465	234	117	58.3	1860	933	50
55	463	232	116	58.0	1850	929	50
54	460	231	115	57.8	1840	924	50
53	458	230	115	57.5	1840	920	50
52	456	229	114	57.2	1830	915	50
51	454	228	114	56.9	1820	911	50
50	451	227	113	56.6	1810	906	50
49	449	226	113	56.4	1800	902	50
48	447	225	112	56.1	1790	898	50
47	445	224	112	55.8	1780	893	50
46	443	223	111	55.6	1780	889	50
45	441	221	110	55.3	1770	885	50
44	439	220	110	55.0	1760	881	50
43	437	219	109	54.8	1750	877	50
42	435	218	109	54.5	1740	873	50
41	433	217	108	54.3	1730	869	50
40	431	216	108	54.0	1730	865	50
39	429	215	107	53.8	1720	861	50
38	427	214	107	53.5	1710	857	50
37	425	213	106	53.3	1700	853	50
36	423	212	106	53.0	1690	849	50
35	421	211	105	52.8	1690	845	50
34	419	211	105	52.6	1680	841	50
33	417	210	105	52.3	1670	838	50
32	415	209	104	52.1	1660	834	50
31	414	208	104	51.9	1660	830	50
30	412	207	103	51.6	1650	827	50
29	410	206	103	51.4	1640	823	50
28	408	205	102	51.2	1640	819	50
27	406	204	102	51.0	1630	816	50

（续）

速度数据	输出脉冲频率						占空比（%）
	范围 0 360Hz~5kHz	范围 1 180Hz~5kHz	范围 2 90Hz~5kHz	范围 3 45Hz~5kHz	范围 4 1440Hz~5kHz	范围 5 720Hz~5kHz	
26	405	203	101	50.8	1620	812	50
25	403	202	101	50.5	1610	809	50
24	401	201	101	50.3	1610	805	50
23	399	201	100	50.1	1600	802	50
22	398	200	99.7	49.9	1590	798	50
21	396	199	99.2	49.7	1590	795	50
20	394	198	98.8	49.5	1580	792	50
19	393	197	98.4	49.3	1570	788	50
18	391	196	98.0	49.1	1570	785	50
17	389	195	97.6	48.8	1560	782	50
16	388	195	97.2	48.6	1550	778	50
15	386	194	96.8	48.4	1550	775	50
14	385	193	96.4	48.2	1540	772	50
13	383	192	96.0	48.0	1530	769	50
12	381	192	95.6	47.9	1530	766	50
11	380	191	95.2	47.7	1520	763	50
10	378	190	94.8	47.5	1520	760	50
9	377	189	94.4	47.3	1510	757	50
8	375	189	94.1	47.1	1500	753	50
7	374	188	93.7	46.9	1500	750	50
6	372	187	93.3	46.7	1490	747	50
5	371	186	92.9	46.5	1490	745	50
4	369	186	92.6	46.3	1480	742	50
3	368	185	92.2	46.2	1470	739	50
2	367	184	91.8	46.0	1470	736	50
1	365	183	91.5	45.8	1460	733	50

使用时请注意以下几点：

1）在实际输出的脉冲频率中有少量误差（±0.5%）；

2）由于负载条件和其他因素，频率高于 5kHz 的脉冲可能无法使用；

3）当使用的占空比的数值比较小时，脉冲输出可能无法使用。（上表中的数值不包括硬件输出元件部分造成的延迟）

（2）速度数据计算公式

$$在范围 0（360Hz~5kHz）中，速度数据 = 257 - \frac{93458}{频率（Hz）}；$$

$$在范围 1（180Hz~5kHz）中，速度数据 = 257 - \frac{46948}{频率（Hz）}；$$

$$在范围2(90Hz \sim 5kHz)中，速度数据 = 257 - \frac{23419}{频率(Hz)};$$

$$在范围3(45Hz \sim 5kHz)中，速度数据 = 257 - \frac{11723}{频率(Hz)};$$

$$在范围4(1440Hz \sim 5kHz)中，速度数据 = 257 - \frac{374532}{频率(Hz)};$$

$$在范围5(720Hz \sim 5kHz)中，速度数据 = 257 - \frac{1876171}{频率(Hz)}。$$

（3）频率范围的设定

在使用 F164（SPD0）指令时，根据图 3-101 设置 F164（SPD0）指令的输出脉冲数据表的开始数据寄存器 [S]。

（4）脉冲输出控制的 ON 脉冲宽度

图 3-102 所示的数据表的内容为 ON 脉冲宽度固定条件下进行值和相应的脉冲宽度，使用 CPU 版本 2.9 或更新版本的控制器可以设定 ON 脉冲的宽度。

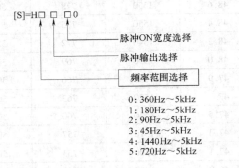

图 3-101　设置 F164（SPD0）
指令的输出脉冲数据表

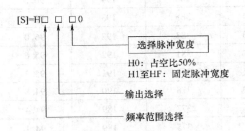

图 3-102　脉冲输出的设定

根据图 3-102 所示的方法设定 F164（SPD0）指令的脉冲数据表的开始数据寄存器 [S]。

ON 脉冲宽度：占空比 50%，（设定值：H0）。固定 ON 脉冲宽度（设定值 1～F）。根据频率范围，输出的 ON 脉冲宽度将不同，如表 3-141 所示。

表 3-141　设定值和对应 ON 脉冲宽度（设定值×L）

设定值	范围 0 360Hz～5kHz （L＝10.7）	范围 1 180Hz～5kHz （L＝21.3）	范围 2 90Hz～5kHz （L＝42.7）	范围 3 45Hz～5kHz （L＝85.3）	范围 4 1440Hz～5kHz （L＝2.67）	范围 5 720Hz～5kHz （L＝5.33）
H0	占空比:50%					
H1	10.7μs	21.3μs	42.7μs	85.3μs	2.67μs	5.33μs
H2	21.4μs	42.6μs	85.4μs	170.6μs	5.34μs	10.66μs
H3	32.1μs	63.9μs	128.1μs	255.9μs	8.01μs	15.99μs
H4	42.8μs	85.2μs	170.8μs	341.2μs	10.68μs	21.32μs
H5	53.5μs	106.5μs	213.5μs	426.5μs	13.35μs	26.65μs
H6	64.2μs	127.8μs	256.2μs	511.8μs	16.02μs	31.99μs

（续）

设定值	范围 0 360Hz ~ 5kHz （L = 10.7）	范围 1 180Hz ~ 5kHz （L = 21.3）	范围 2 90Hz ~ 5kHz （L = 42.7）	范围 3 45Hz ~ 5kHz （L = 85.3）	范围 4 1440Hz ~ 5kHz （L = 2.67）	范围 5 720Hz ~ 5kHz （L = 5.33）
H7	74.9μs	149.1μs	298.9μs	597.1μs	18.69μs	37.31μs
H8	85.6μs	170.4μs	341.6μs	682.4μs	21.36μs	42.64μs
H9	96.3μs	191.7μs	384.3μs	767.7μs	24.03μs	47.97μs
HA	107.0μs	213.0μs	427.0μs	853.0μs	26.70μs	53.30μs
HB	117.7μs	234.3μs	469.7μs	938.3μs	29.37μs	58.63μs
HC	128.4μs	255.6μs	512.4μs	1023.6μs	32.04μs	63.96μs
HD	139.1μs	276.9μs	555.1μs	1108.9μs	34.71μs	69.29μs
HE	149.8μs	298.2μs	597.8μs	1194.2μs	37.38μs	74.62μs
HF	160.5μs	319.5μs	640.5μs	1279.5μs	40.05μs	79.95μs

第 4 章

编程器与编程软件的使用

4.1 编程器的安装及特点

编程器是开发、维护 PLC 控制系统的重要外围设备，可以用来给 PLC 编程、发送命令和监视 PLC 的工作状态等。松下 PLC 采用 FP 系列编程器，也可以通过专用的编程软件为 PLC 编程。

4.1.1 编程器的概述

松下开发的 PLC 编程软件有三种，NPST-GR 是 DOS 环境下使用的软件，FPWIN GR 和 FPSOFT 是 Windows 环境下使用的软件。这三种软件虽然使用的环境不同，但功能和操作步骤大同小异，均支持松下电工生产的所有 PLC 产品，包括 FP0、FP1、FP2、FP3、FP5、FP10、FP-M 和 FP-∑ 等。而 FPII 编程器则是一种常用的手持式编程工具，并且适用于所有的 FP 系列 PLC。

1. FPII 的功能

FPII 的功能有以下几种：

1）程序编辑。如输入程序或修改、插入、删除已经写入 PLC 存储器中的指令。

2）利用 OP 功能进行程序监控或监控已设置并存于 PLC 中的继电器的通/断状态、寄存器的内容和系统寄存器的参数。

3）程序的双向传送。

2. FPII 编程器的连接

用 FP1 系列 PLC 的外设电缆将手持编程器与 FP1 系列 PLC 的 RS-232C 口相连，其中电缆的孔式插头接 PLC 的 RS-232C 口，针式插头接在手持编程器的插座上，如图 4-1 所示，为所需设备。

连接步骤：

1）插接编程器电缆，如图 4-2 所示。

2）打开 PLC 连接口，将编程器通过电缆与 PLC 设备相连，如图 4-3 所示。

3）连接好的编程器及 PLC 设备，如图 4-4 所示。

4.1.2 FPII 编程器的使用

FPII 编程器主要由显示器和键盘组成。显示器用来显示编程用的各种指令、符号及故障

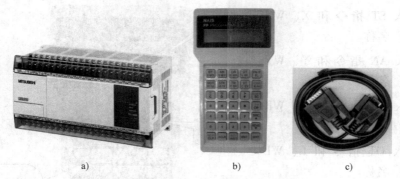

图 4-1　PLC、编程器和电缆

a）PLC　b）编程器　c）编程器电缆

图 4-2　插接编程器电缆　　　　　　　　图 4-3　编程器与 PLC 连接

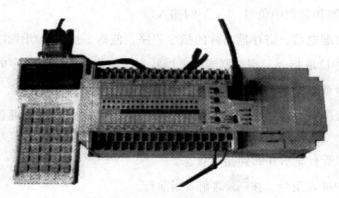

图 4-4　连接好的系统

提示信息等。编程器的键盘有数字键、指令键、编辑键和功能键。

每个指令键与一条指令相对应，键上印有相应指令的符号，按下该键即输入了相应的指令。编辑键用来对程序进行删除、插入、修改等编辑工作。功能键用来改变键盘功能，实现某些控制。数字键如同相应的计算机装置一样，用于输入所需的数据。FPII 编程器的面板如图 4-5 所示。

FPII 编程器的操作面板功能介绍如下：

ST：输入 ST 指令和 X、WX（输入继电器）名称。

AN：输入 AN 指令和 Y、WY（输出继电器）名称。

OR：输入 OR 指令和 R、WR（内部继电器）名称。

OT：输入 OT 指令和 L、WL（连接继电器）名称。

FN/P：输入扩展功能指令和 FL（文件寄存器）名称。

NOT：输入 NOT 指令和 DT（数据寄存器）、Ld（连接寄存器）名称。

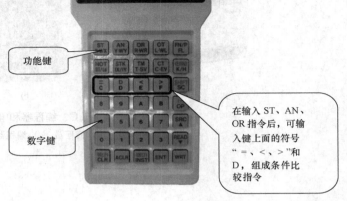

图 4-5　FPII 编程器外观

STK：输入 STK（逻辑组）指令和 IX、IY（索引寄存器）名称。

TM：输入 TM 指令和 T（定时器触点）、SV（T/C 设定值寄存器）名称。

CT：输入 CT 指令和 C（计数器触点）、EV（T/C 当前值寄存器）名称。

K/H：输入常数字符时，用于二进制、十进制、十六进制的转换。

SC：输入非键盘指令。

OP：OP 功能键和常数中负号 "−" 的输入。

SRC：查找带有继电器、寄存器名称的指令程序，使指令按地址顺序向上滚动。

READ：从 PLC 中读取指令、寄存器或继电器状态，使指令按地址顺序向下滚动。

WRT：输入指令或参数后，将指令、寄存器值或继电器状态写入 PLC。

CLR：清除当前行显示，如果在 SC 或 OP 功能下使用该键，显示非键盘指令或 OP 功能键。

ACLR：清除屏幕所有显示并回到初始状态。

INST：在程序中插入指令，按 **SC** 键删除当前行。

ENT：输入高级指令、CT、TM 指令的操作数后使用，用于输入所选择的 OP 功能。

注意：

1）有些键不止一种功能，该键输入何值取决于操作的步骤。如 **AN** 键在输入指令码时，按此键输入的是 AN；输入操作数时，第一次按输入 Y，第二次按输入 WY。其他的一些类似键使用方法相同。

2）如果使用键码上括号内的指令（黄色）时，需要先按 **SC** 键。

3）按下一个键时蜂鸣器响一次，如果响两次或不停地响，则表明了操作或运行错误，这时按 ACLR 键或 CLR 键可停止报警，并删除错误指令或解除错误运行状态。

指令按输入方法可分为键盘指令、非键盘指令和扩展功能指令三类。键盘指令是指键盘上已有的指令，直接按键即可输入。非键盘指令是指键盘上没有，需要用指令代码方可输入的指令。扩展功能指令（高级指令）是键盘上没有，需要用"F"功能键才能输入的指令。

1. 指令的输入

（1）输入指令

1）输入键盘指令

【例 4-1】　输入 OR/X0。

按键顺序为：OR 、 NOT 、 X 、 0 、 WRT

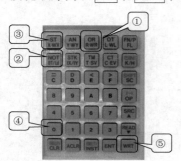

【例 4-2】　输入 ANS。

按键顺序为：AN 、 STK 、 WRT

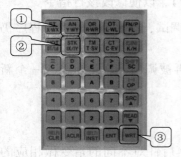

2）输入非键盘指令

【例 4-3】　输入 ED。

利用非键盘指令表查找功能码后，知 ED 的功能码是 10，按键的顺序为：

SC 、 1 、 0 、 SC 、 WRT

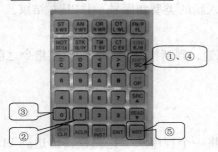

利用 键查找功能码。按下 键，出现非键盘指令表。连续按 键直到显示器上出现 "10 = ED"（表示 ED 的功能码是 10），按 可令指令表上移，按 1、0 及 WRT 键。

3）输入高级指令

【例 4-4】 输入 F0 MV，WR0，DT0。

按键输入顺序为： FN 、 0 、 ENT 、 WR 、 0 、 ENT 、 DT 、 0 、 WRT

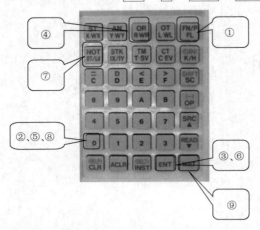

2. 清除命令

清除命令分为三种：

1）利用 键清除屏幕当前行显示（即 LCD 上的第二行），以便修改该行指令。

2）利用 键将当前屏幕显示全部清除，以便进行程序调试、监控等操作，但程序仍保留在内存中，仍可重新调出。

3）利用 OP-0 功能将程序从内存中清除，即程序不能再被调出，这是在输入一个新程序之前必须进行的工作。

3. 指令修改、插入、删除

（1）修改指令

先将待修改的指令移到当前行（显示屏的第二行），然后针对不同的指令做相应的修改。用 键将指令清除后，输入正确指令，并以 键结束。

如果只改变继电器（线圈或触点）号（如 X0 改为 X1），就输入新的序号，并以 结束。

如果要改变继电器（线圈或触点）类型，就需输入新的类型和序号，并以 结束。

（2）插入指令

将插入指令地址移到当前行，输入新指令后按 键，则新指令将插入到当前指令之前。

（3）删除指令

将待删除指令移到当前行，按 、 键。

4. 程序传送（OP-91 和 OP-92）

手持编程器与 PLC 之间传送程序（OP-91）用于将一个程序从手持编程器传送到 PLC，

或从 PLC 传送到手持编程器，也可校验存储在手持编程器和 PLC 中的程序和系统寄存器值。

首先，依次按 、 、 、 、 键，若要将程序从 PLC 传送到编程器，则按 0 键；若要将程序从编程器传送到 PLC，则按 1 键；若要校验存于编程器和 PLC 中的程序，则按 2 键。最后，按 键开始传送，传送过程中可以看到 LCD 右下方的 "＊" 号持续闪动。传送完毕，编程器返回初始状态。

【例 4-5】　输入程序并修改

程序语句如下：

0	ST	X0	8	TMX	5
1	AN	X2		K	30
2	ST/	X1	11	ST	T5
3	AN	X3	12	F0（MV）	
4	ORS			DT0	
5	AN/	X5		WR0	
6	OT	Y0	17	OT	Y1
7	ST	Y0	18	ED	

该段程序的功能：如果 X0、X2 同时为 "ON"，或者 X1 为 "OFF"、X3 为 "ON"，则当 X5 为 "OFF" 时，Y0 为 "ON"，其指示灯亮。Y0 为 "ON"，3s 后，Y1 为 "ON"，其指示灯亮。与此同时，DT0 内容被传送到 WR0 中。

（1）程序的输入操作

当不知道 ED 的指令代码时，则依次按 、 键。再按若干下 键，屏幕显示

E = CSTP	F = STOP
10 = ED	11 = CNDE

这时依次按 、 、 键即可。

（2）程序的检查操作

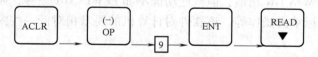

若无错自动回到 "全清" 状态；若有错，继续按 键，则连续显示地址及错误信息。

（3）程序的改错

操作步骤为：将要修改的程序调到当前行，按 键，键入正确的指令后，按 键即可。

（4）删除指令

删除一条指令。把要删除的指令移到当前行，按 、 键即可。

删除一段程序，操作步骤为

4.2　编程软件的安装及使用

　　编程软件有 3 种，分别是 NPST-GR 软件、FPWIN GR 软件、FPSOFT 软件，在本节中以常见的并且功能相对完善的 FPWIN GR 软件为例，讲述编程软件的使用。

4.2.1　编程软件的概述

1. NPST-GR 软件

　　该软件对计算机的要求比较低，只要内存容量大于等于 8MB 即可。因 NPST-GR 开发得比较早，对近几年生产的 FP0、FP2 系列 PLC 不支持。NPST-GR 采用典型的 DOS 界面，菜单界面、编程界面、监控界面等都是单一的、相互独立的，各种功能窗口之间的转换、各种功能切换和指令的输入均采用键盘操作。对于软件菜单功能的选择，在菜单中通过 "↑"、"↓"、"→" 和 "←" 键在左面的主菜单和右面的子菜单中进行选择，并由回车键确定。

2. FPWIN GR 软件

　　该软件对计算机的要求相对要高一些，其操作系统为中文 Windows 95/98/2000/NT（Ver4.0 以上），硬盘可用空间要在 15MB 以上。FPWIN GR 软件采用的是典型的 Windows 界面，菜单界面、编程界面、监控界面等可同时以窗口形式重叠或平铺显示，甚至可以把两个不同的程序在一个屏幕上同时显示，通过 "Ctrl + Tab" 或 "Ctrl + F6" 键可以在各个窗口之间进行移动、切换。各种功能切换和指令的输入既可沿用 NPST-GR 软件的方法，用键盘上的按键操作，也可用鼠标单击图标操作。其他功能也更趋合理，使用更加方便，特别是在软件的【帮助】菜单中增加了软件操作方法、指令列表、特殊内部继电器和数据寄存器一览表等。

3. FPSOFT 软件

　　FPSOFT 软件是早期开发的，它的出现开创了 Windows 环境 PLC 编程软件的先河。但由于它开发得较早，虽大部分功能与 FPWIN GR 相似，但有些功能不如 FPWIN GR 完善，如各种功能切换和指令的输入只能采用鼠标单击操作等。该软件对计算机的要求相对低一些内存容量在 16MB 以上即可。

4.2.2　编程软件的硬、软件安装

1. 编程软件的硬件安装

　　下面以 FP1C24 为例，结合图 4-6，介绍松下 FP1 系列 PLC 的面板结构。

（1）RS-232 接口

　　利用该接口能与计算机通信编程，也可连接智能操作板、条码阅读器和串行打印机等外围设备（只有 C24，C40，C56 和 C72 的 C 型机配有）。

（2）运行监视指示灯（有 4 个）

　　"RUN" 灯亮，表示运行程序，而闪烁表示执行强制输入/输出命令。

　　"PROG" 灯亮，表示控制单元终止执行程序。

　　"ERR" 灯亮，表示发生自诊断错误。

　　"ALARM" 灯亮，表示检测到异常情况或 "WatchDog" 产生定时故障。

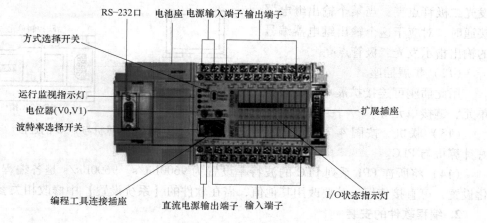

图 4-6　FP1C24 面板

（3）备份电池座

用于控制单元断电时保存信息，使用寿命一般为 3 ~ 6 年。

（4）电源端子

给 PLC 提供电源，有交流电和直流电两种，分别提供交流 100 ~ 240V 和直流 24V 电源。

（5）存储器（EPROM）和主存储器（EEPROM）插座

该插座用于连接 EPROM 和 EEPROM 两种存储器。

（6）方式选择开关（有 3 个）

"RUN" 工作方式：当选择此方式时，控制单元运行程序。

"REMOTE" 工作方式：当选择此方式时，可使用编程工具改变可编程序控制器的工作方式为 "RUN" 或 "PROG"。

"PROG" 工作方式：选择此方式时，可以编辑程序。若在 "RUN" 工作方式下编辑程序，则按出错处理，可编程序控制器鸣响报警。

（7）输入/输出端子

输入信号电压范围为直流 12 ~ 24V。输入/输出端子板为两头带螺钉可拆卸的板。带 "." 标记的端子不能作为输入/输出端子使用。

（8）编程工具连接插座（RS-422 接口）

此插座用于外接电缆连接编程工具，如 FP 编程器或个人计算机。

（9）波特率选择开关

此开关用于可编程序控制器与外部设备进行通信时设定波特率用，可根据连到 RS-422 接口的外部设备，在 19 200bit/s 和 9600bit/s 之间进行选择。

（10）电位器（V0，V1）

FP1C24 机型有两个电位器，分别对应特殊数据存储器 DT9040 ~ DT9041，而 FP1C40 有 4 个，通过螺钉旋具可调节电位器的大小。

（11）I/O 状态指示灯

指示输入/输出的通断状态，当某个输入触点闭合时，对应于这个触点编号的输入指示发光二极管点亮；当某个输出继电器接通时，对应于这个输出继电器编号的输出指示发光二极管点亮。

（12）扩展插座

用此插座可连接扩展单元、智能单元、链接单元等。

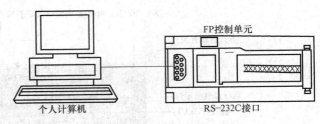

图 4-7　计算机与 PLC 的连接

（13）联机。按图 4-7 所示连接好计算机与 PLC。

（14）将所连 FP1 系列 PLC 的波特率设置为 9600bit/s。9600bit/s 是各编程软件的初始化设置，可直接使用。若要改用其他值，需在软件的【系统设置】中修改相关参数。

2. 编程软件的安装

PLC 编程软件 FPWIN-GR 的安装很简单，只要运行厂家提供的 PLC 安装光盘文件中的"Setup. exe"，并输入"序列号"，然后按部就班地操作就可完成安装。

4.2.3　编程软件的使用

1. 启动程序

启动软件的快捷方法是直接单击桌面上的"FPWIN. GR"快捷图标。首先出现如图 4-8 所示画面，如果已有编好的 PLC 程序，则可选择【打开已有文件】，如果事先已下载到 PLC 中，选择【由 PLC 上载】可在联机后将 PLC 中的程序上传，一般都是没有程序，所以大多数情况下都选择【创建新文件】。

2. 选择 PLC 机型

在选择【创建新文件】后，软件要求选择 PLC 机型。注意手中所拥有的 PLC 型号，应根据所在装置的 PLC 机型进行对号选择，否则可能不能用。图 4-9 显示

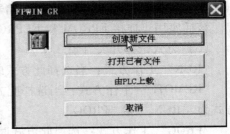

图 4-8　打开编程软件时出现的画面

的是 FPWIN-GR 2.12 版本软件所支持的全部 PLC 机型，从图中可见，FP-M 机型排在第一行。

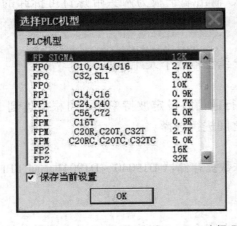 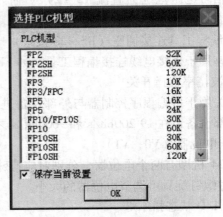

图 4-9　选择 PLC 机型对话框

3. PLC 工作环境简介

进入 PLC 的工作环境，可见软件的操作界面如图 4-10 所示。

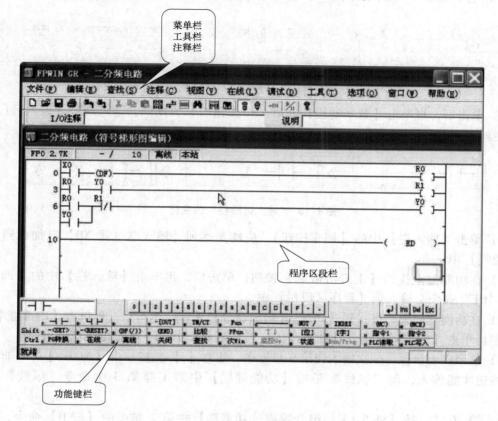

图 4-10　PLC 工作界面

下面简单介绍 PLC 几个主要栏目的名称和作用。

菜单栏：罗列了 PLC 编程软件各菜单命令。

工具栏：提供了常见命令的快捷操作方式。

注释栏：显示光标所在位置的设备或指令所附带的注释。

功能键栏：利用鼠标或按功能键，可选择所需的指令或功能。

程序区段栏：如果程序显示区内呈灰色，这表明需要进行程序转换，可按功能键中的

【　PG转换　】，或者按【Ctrl + F1】组合键。

4. 输入第 1 个 PLC 程序：二分频电路

（1）输入程序

在选择 PLC 机型进入 PLC 编程环境后，注意光标停在程序显示区段的最左上角，参见图 4-11 中的 PLC 梯形图程序，按如下步骤输入第一个梯形图程序。

	⊣⊢	⊣↗⊢	|		-[OUT]	TM/CT	Fun		NOT /	INDEX		(MC)	(MCE)
Shift	-<SET>	-<RESET>	(DF(/))		(END)	比较	PFun	↑↓	[位]	[字]		指令1	指令2
Ctrl	PG转换	初始加载・与			关闭	查找	次Win	监控Go	状态	Run/Prog		PLC读取	PLC写入

图 4-11　功能键栏

1）将光标停在【功能键栏】的第 1 个按钮处，会出现该按钮【初始加载·与】的提示，单击它。如图 4-12 所示。

图 4-12　功能键下一级界面

2）单击后，再单击【数字键栏】的第 1 个按钮 "0"，期间，注意观察【输入区段栏】会发生如图 4-13 所示的变化。

图 4-13　"输入区段栏" 的变化

3）单击【输入栏】中的【回车按钮】，应能观察到【输入继电器 X0】已加载到【程序区段栏】中。

4）在功能键中找到【上升沿微分】按钮，单击后，再单击【输入栏】中的【回车按钮】，"DF" 命令会输入到【程序区段栏】中。

5）在功能键中第一排找到【OUT】【输出命令】按钮，单击后，再单击【内部继电器】R0，然后单击【输入栏】中的【回车按钮】后，图 4-13 中第一行梯形图应能出现。

6）仿照以上步骤，依次输入完第 9 步程序。注意【　】要按一个【NOT／】（"非"命令）按钮才能输入，而 "纵线" 是按【功能键栏】中第 1 排第 3 个命令 "纵线" 按钮添加。

7）第 10 步，按【Shift + E】组合键或【功能键】栏第 2 排中的【END】命令，出现结束行："----（ED）-----"，到此 PLC 程序全部输入完。

8）程序转换：程序区段栏内呈灰色，这表明需要进行程序转换，可按功能键中的按钮，或者按【Ctrl + F1】组合键，完成程序转换。

9）保存：单击【文件】菜单中的【保存】命令，以 "二分频电路" 文件名保存刚才输入的程序，注意松下 PLC 程序的文件名格式是 "*.fp"。

在编写程序实现指令输入的过程中，一般有如下几种操作方式：

① 用鼠标单击 "功能键栏" 实现指令输入；

② 用功能键 "F1" ～ "F12" 实现指令输入；

③ 用功能键 "F1" ～ "F12" 与 "Shift" 的组合实现指令输入；

④ 用功能键 "F1" ～ "F12" 与 "Ctrl" 的组合实现 "在线" 等常用功能。

其中，各个按钮左下角的数字表示所对应的功能键号。第 1 段、第 2 段中分布的是主要指令的快捷键。第 1 段的操作只需按功能键即为有效。第 2 段的操作需同时按【Shift + 功能键】有效。第 3 段中分布的是功能的快捷键，需同时按【Ctrl + 功能键】操作才有效。

在初次使用 PLC 的过程中，要注意练习常见指令、菜单、功能键的作用和使用方法。

（2）PLC 和计算机联机工作

1）输入好 "二分频电路" PLC 程序并保存之。

2）用编程电缆将 PLC 装置和计算机通过编程接口连接好。

3）接通 PLC 的电源。

4）练习下载：单击工具栏中的下载按钮，将 PLC 程序下载，注意观察 PLC 程序是否已从计算机中下载到 PLC 装置中。

5）练习上传：单击上传按钮，将 PLC 程序从 PLC 装置中上传至计算机中。在下载或上传过程中，如果能看到提示的进度条，说明 PLC 和计算机能正常联机工作。

4.3　编程环境的设置

在软件【选项】菜单中，有 3 个设置命令，将影响到 PLC 的编程、通信和环境等。

4.3.1　PLC 系统寄存器设置

本功能用于对写入 PLC 系统寄存器的项目进行设置。在"离线"状态下，对画面中当前显示的寄存器各项目内容进行修改；在"在线"状态下，同时也将各项目写入 PLC 内部的系统寄存器。激活系统寄存器设置对话框的操作如下：

【选项】→【设置 PLC 系统寄存器】出现如图 4-14 所示激活的系统寄存器对话框。

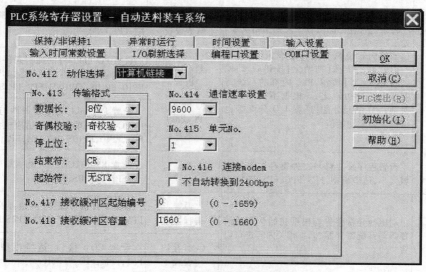

图 4-14　PLC 系统寄存器设置

在图 4-14 所示对话框中，有关按钮的说明作用如下所述。

【OK】：使系统寄存器的变更生效。

在处于"在线"状态时，按【OK】后画面将会显示如图 4-15 所示对话框。

在图 4-15 中，如果选择【是（Y）】，则在写入 PLC 后关闭系统寄存器设置对话框。如果选择【否（N）】，则不写入 PLC 而关闭系统寄存器设置对话框（要注意，

图 4-15　写入 PLC 对话框

虽然未被写入 PLC，但是所变更的内容有效）。如果选择【取消】，则既不写入 PLC 也不关闭系统寄存器设置对话框。

【取消】：按图 4-14 中的【取消】，将使系统寄存器的变更无效。

【PLC 读出（R）】：仅在处于"在线"状态时有效。从 PLC 中读取系统寄存器的设置并且在画面中显示。

【初始化】：将系统寄存器的内容恢复到初始设置。处于"在线"状态时，PLC 内部的系统寄存器的内容也恢复到初始设置值。（在"在线"状态下按【初始化】按钮后，即使随后按【取消】按钮，PLC 内部的系统寄存器也已被初始化。根据不同的 PLC 机型，I/O 单元分配、远程 I/O 分配等也可以恢复到初始值。）

注意，随着 PLC 机型的不同，所显示的对话框内容会有所差别。表 4-1 列出了 PLC 系统寄存器设置中的部分功能，关于各项目的详细内容及设置方法，参阅松下各型 PLC 的使用手册。

表 4-1　PLC 系统寄存器设置中的部分功能命令表

功能名称	功能内容	功能名称	功能内容
PLC 读出	仅在处于"在线"状态时有效，从 PLC 中读取系统寄存器的设置并且在画面中显示	输入设置	设置 FPI，FPM 的高速计数器的动作模式脉冲捕捉"输入·中断输入"等。适应机型：FPI，FPM
初始化	将系统寄存器的内容恢复到初始设置。处于"在线"状态时，PLC 内部的系统寄存器的内容也恢复到初始设置值。（在"在线"状态下按【初始化】按钮后，即使随后按【取消】按钮，PLC 内部的系统寄存器也已被初始化）。根据不同的 PLC 机型，I/O 单元分配，远程 I/O 分配等也可以恢复到初始值	输入时间常数设置	设置 FPI，FPM 的输入时间常数。适应机型：FPI，FPM
		PC-link0 设置	设置 PC-link(0) 的通信条件与 PC-link 切换标志等，适应机型：FP∑，FP3，FPC，FP5，FP10，FP10S，FP10SH，FP2，FP2SH
		PC-link1 设置	设置 PC-link1 的通信条件与 MEWENT-H 的 PC-link 处理容量等，适应机型：FP3，FPC，FP5，FP10，FP10S，FP10SH，FP2，FP2SH
内存分配	设置程序及注释与文件寄存器等的区域大小，适应机型：FP3，FPC，FP5，FP2	接口设置	设置 RS-232C 接口，RS-422 接口，适应机型：FP10，FP10S，FP10SH
初始化开关设置	对电池异常警告与根据初始化开关清零等与系统寄存器 No.4 相关内容进行设置	设置编程接口	设置编程接口，适应机型：FP∑，FP0，FP1，FPM，FP3，FPC，FP5，FP2，FP2SH
		COM 接口设置	设置 COM 接口，适应机型：FP∑，FP0，FP1，FPM，FP2，FP2SH
保持/非保持	设置定时器与计数器的分界。PLC 内部存储区的保持区等。适应机型：所有机型	远程 I/O 设置	设置远程 I/O 控制的子站连接确认等待以及刷新扫描同步等。适应机型：FP3，FPC，FP5，FP10，FP10S，FP10SH，FP2，FP2SH
异常时运行	设置在运行中发生异常时的 PLC 对应处理，适应机型；所有机型	I/O 存取控制	设置 FP10SH 的 I/O 存取操作的控制方法。适应机型：FP10SH，FP2SH
高速计数器	设置 FP∑，FP0 的高速计数器动作模式，适应机型，FP∑，FP0	中断输入	设置 FP∑，FP0 的脉冲捕捉输入与中断输入，适应机型：FP∑，FP0

4.3.2　通信设置

本功能主要设置与 PLC 通信时的计算机通信条件。激活"通信设置"对话框的操作是【选项】→【通信设置】。激活后，出现如图 4-16 所示默认的"通信设置"对话框。

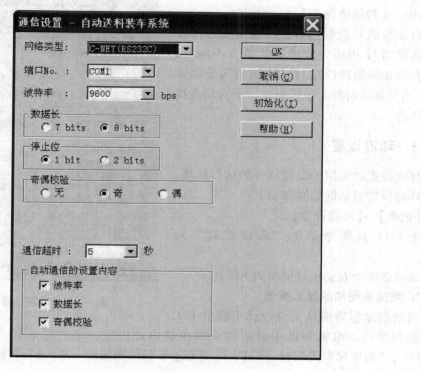

图 4-16　"通信设置"对话框

1. 网络类型

在本软件中可以设置 3 种类型的通信：利用 C-NET（RS-232C）、利用以太网、利用调制解调器通信。

默认设置为 C-NET（RS-232C），在一般情况下即使不进行设置，软件也能自动地搜索与 PLC 相符合的条件。

当选择以太网通信时，软件将自动弹出另一个对话框，注意此时的通信使用 TCP/IP 通信协议，软件能够自动获取自身一侧的 IP 地址，但需要正确设置通信另一方的 IP 地址、站号、端口号等。特别是使用 ET-LAN 单元时，需要参考并充分理解【ET-LAN 单元操作指南】，在此基础上将计算机的设置与 PLC 一侧的设置保持一致。

在使用调制解调器与远距离的 PLC 进行通信时，要注意从 Windows 的开始菜单中选择使用【Modem 连接】。

2. 设置与 PLC 通信的条件

通过以下各项目可对机器的实际环境进行设置。

通信接口：在 COM1 ～ COM5 中选择（初始值为 COM1）。

波特率：在 1200 ～ 115200bit/s 中选择（初始值为 9600bit/s）。

数据长：选择利用 7bit 或 8bit 传送一个字节（初始值为 8bit）。

停止位：选择 1bit 或 2bit（初始值为 1bit）。

奇偶校验：选择无校验、奇校验或偶校验（初始值为奇校验）。

超时：设置与 PLC 的通信超时时间 (0～60s)（初始值为 5s）。

自动通信的设置内容：根据情况选择设置。选择当与 PLC 之间的通信条件不同时，所需查找相符条件的项目（初始值为全部选中）。当全部项目都未被选中时，不自动查找通信条件。

4.3.3 环境设置

环境设置功能用于设置软件的运行环境。激活环境设置对话框的操作如下：

【选项】→【环境设置】。

图 4-17 是所激活的"环境设置"对话框。

该对话框中有关项目说明如下所述。

1. 编辑画面初始显示类型

当新创建程序或从文件中读出或由 PLC

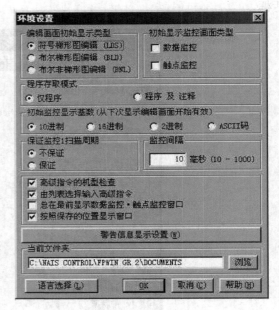

图 4-17 "环境设置"对话框

中上载程序时，编辑画面中最初的编辑模式由此决定。该栏目中有"符号梯形图编辑（LDS）"、"布尔梯形图编辑（BLD）"、"布尔非梯形图编辑（BNL）"3 种编辑模式可选择，一般默认模式是第 1 项。

2. 初始显示监控画面类型

新创建程序或从文件中读出或由 PLC 中上载程序时，最初开始需要显示的数据监控窗口或触点监控窗口，一般默认模式没有。

3. 程序存取模式

此功能用于上载/下载或清除程序时，是仅以程序为操作对象还是同时对程序和注释进行操作。

4. 初始监控显示基数

设置监控开始时的初始显示基数，一般默认值是十进制。

5. 保证监控 1 个扫描周期

每次扫描监控设置为【保证】以后，对 PLC 的梯形图进行数据、触点等监控时，在监控过程中可监控的触点限制在 80 点以内、可监控的寄存器限制在 16 字以内。这种设置可以确保读入信息的同步性，同时响应速度也比较快。

如果每次扫描监控设置为【不保证】，则对 PLC 进行梯形图监控、数据监控、触点监控时，对可以监控的点数没有限制。响应速度随需要读入点数的多少而变化。监控点数越多，响应速度越慢。

6. 监控间隔

用于设置对 PLC 进行监控的时间间隔。在监控过程中，如果需要提高键盘响应及屏幕滚动的速度，可将此处的监控间隔的数值增大。

7. 由列表选择输入高级指令

可以选择在输入 FUN 指令、PFUN 指令时，是否显示如图 4-18 所示的"高级指令列表"对话框。

8. 高级指令的机型检查

选择在输入 FUN 指令、PFUN 指令时，是否对输入的指令编号进行检查，以保证只能输入可在该机型中使用的指令。建议选择，以免所用机型使用了不能执行的高级指令。

9. 总在最前显示数据监控、触点监控窗口

可以选择是否将监控窗口始终显示在所有窗口之前。

图 4-18　"高级指令列表"对话框

10. 按照保存的位置显示窗口

选择利用【记忆窗口位置】功能所保存的窗口位置是否有效。

11. 警告信息显示设置

单击该按钮后，出现图 4-19，可以对某些信息的显示与否进行设置。

在图 4-19 中选项的含义如下：

（1）显示程序核对错误

在切换到"在线"状态时，如果能够明确判断出程序之间存在的差异，则无论是否选中本项目，都会显示警告信息。如果在此处单击选中该标志，则在进入"在线"时，会显示"程序不一致"警告信息。

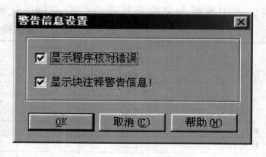

图 4-19　警告信息设置

（2）显示"块注释"警告信息

在"在线"状态下修改程序时，如果程序块的起始地址被改变，则可能导致"块注释"不能显示。如果在此处单击选中该标志，则在发生上述情况时，能够显示"块注释"警告信息。

12. 当前文件夹

在打开文件时，需要从已经确定的文件夹中打开，在本栏中设置最初被打开的文件夹，可以按【浏览】按钮、选择并登录文件夹，在空栏的情况下，此项为安装本软件时的文件夹。

4.4　基本操作

基本操作是程序设计的基础，如下所示：

4.4.1　指令输入

1. 指令按输入方法可分为键盘指令、非键盘指令和扩展功能指令 3 类。

（1）键盘指令

键盘指令是指键盘上已有的指令，直接按键即可输入。

【例 4-6】　键盘指令输入，用编程器输入指令：ST X0。

按键操作及屏幕显示如下：

按键及顺序　　　　　　　　　屏幕显示

ST X WX	0 ST
ST X WX	0 ST X
0	0 ST X0
WRT	0 ST X0

（2）非键盘指令

这类指令是指键盘上没有，需用指令代码方可输入的指令。表 4-2 是部分非键盘指令表，表中有指令名称及其指令代码，指令代码需用【SC】键调出。

表 4-2　部分非键盘指令表（用【SC】键调出）

指令名称	逻辑符	功能码	说　　明
上升沿微分	DF	0	当输入条件为 ON 时，使输出触点保持一个扫描周期为 ON
空操作	NOP	1	空运行
保持	KP	2	使触点触发并保持
移位寄存器	SR	3	寄存器内容左移一位
主控继电器	MC	4	当输入条件 ON 时，执行 MC 到 MCE 之间的指令
跳转	JP	6	当输入条件 ON 时，跳转执行到同一编号 LBL 的指令处
跳转标记	LBL	7	执行 JP 或 LOOP 指令时，标记跳转的目标起始地址
循环跳转	LOOP	8	当输入条件 ON，且指定字节内容 ≠0 时，跳转执行到同一符号 LBL 的指令处
压入堆栈	PSHS	9	存储运算结果
读出堆栈	RDS	A	读出由 PSHS 指令存储的运算结果
弹出堆栈	POPS	B	读出由 PSHS 指令存储的运算结果，并调整堆栈指针
步进开始	SSTP	C	标记步进"n"开始
步进转入（脉冲型）	NSTP	D	结束当前状态，转移到步进"n"
步进清除	CSTP	E	清除步进"n"
步进结束	STPE	F	步进区域的结束处
结束	ED	10	主程序结束
条件结束	CNDE	11	当输入条件为 ON 时，结束当前程序，开始下一扫描周期
调用子程序	CALL	12	调用指定的子程序
子程序入口	SUB	13	标记子程序的起始位置
子程序返回	RET	14	由子程序返回原来主程序
中断控制	ICTL	15	执行中断的控制指令
中断入口	INT	16	标记中断程序的起始位置
中断返回	IRET	17	由中断处理程序返回原来主程序
断点	BRK	18	在测试运行方式期间，中止操作
置位	SET	19	当输入条件为 ON 时，令输出 ON 并将其保持
复位	RST	1A	当输入条件为 ON 时，令输出 OFF 并将其保持
步进输入（扫描型）	NSTL	1B	当触发器为 ON 时，结束当前指令的操作，开始步进过程

非键盘指令的输入步骤分为以下两种。

1）当已知指令代码时，输入指令的步骤如下：

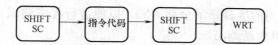

2）当不知道指令代码需借助 (HELP)/CLR 键调出非键盘指令表。其输入指令的步骤如下：

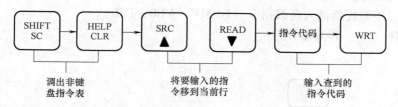

【例 4-7】　用编程器输入非键盘指令 ED。

方法 1：利用非键盘指令表查找到功能码后输入

查表 4-2 得知 ED 指令的功能代码是 10，则输入该指令的操作方法如下：

SHIFT SC → 10 → SHIFT SC → WRT

方法 2：利用 "HELP" 键查找到功能码后输入

按【SHIFT】、【HELP】键出现非键盘指令表，连续按【▼】或【▲】直至 LCD 显示屏上出现 "10 = ED"（表明 ED 指令的功能码是 10），按【1】、【0】、【WRT】键，可输入该指令，具体操作方法如下：

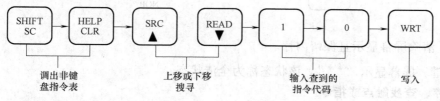

（3）高级功能指令（扩展功能指令）

这类指令也是键盘上没有的，需借助于 FN/P FL 键（又称【F】键）方可输入，一条完整的指令包括有【F】、功能号、助记符和若干操作数，其中除助记符可自动生成之外，其他都需一步一步地输入。每输入完一个内容后，用 ENT 键将其存入程序缓冲器中，只有到输入完最后一个操作数后，才用 WRT 键将其指令存入 PLC。高级功能指令根据指令中是否有操作数而需要不同的输入步骤。

1）有操作数的高级功能指令，输入操作步骤如下：

2）无操作数的高级功能指令，输入操作步骤如下：

清除命令可以分为 3 类：

① 利用 CLR 键清除屏幕当前行显示（即 LCD 上第 2 行），以便对该行指令进行修改。

② 利用 ACLR 键将当前屏幕显示全部清除，以便进行程序调试、监控等操作，但程序仍保留在内存中，即仍可重新调出。

③ 利用 OP-0 功能将程序从内存中清除，即程序不能再被调出，这是在输入一个新程序之前必须进行的工作。

【例 4-8】 用编程器输入高级指令〔F0 MV，WR0，DT0〕。

按键及顺序　　　　　屏幕显示

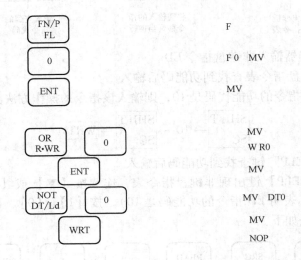

【例 4-9】 清除屏幕显示且保留内存。

按 ACLR 键，屏幕显示"＊＊＊"，该状态称为全清状态。

2. 调出程序、查找触点或指令

（1）直接访问一个已知地址

假设访问内存中第 9 步的地址，其操作步骤如下：

按键及顺序　　　　　屏幕显示

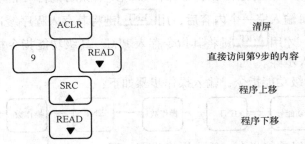

（2）查找 I/O 触点或寄存器

查找 X1 触点的键盘操作：

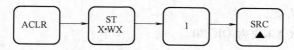

查找 R0 内部寄存器的键盘操作：

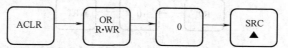

查找时，若没有要找的触点或寄存器，则返回"全清"状态。若有要找的触点或寄存器，继续按搜寻键【▲】，由低到高显示该触点的地址号，查找完毕后回到"全清"状态。如果要编辑已找到地址处的指令，按下【READ】键，则指令显示在当前行地址的后面。

（3）查找某一条指令的地址

例如查找 KP 指令的键盘操作如下：

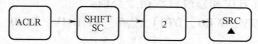

因为 KP 指令的功能代码为 2，按照上面操作后屏幕显示第一个有该条指令的地址。按搜寻键【▲】，依次查找有该条指令的地址，查找完毕后回到"全清"状态。如果编辑已找到地址处的指令，按【READ】键，则指令显示在当前行地址的后面。

3. 程序检查，指令修改、插入

（1）检查程序

检查程序的操作如下：

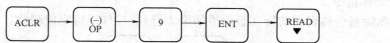

进行如上操作后，若没有错误，则回到"全清"状态；若有错误，按【READ】键，则继续显示地址及错误信息。

（2）修改指令

先将待修改的指令移到当前行，然后针对键盘指令：

1）修改键盘指令。修改键盘指令的方法有以下 3 种：

① 用【CLR】键将指令清除后，输入正确指令，并用【WRT】键结束。

按键操作如下：

② 如果只改变继电器触点号（如将 X0 改成 X1），那么可以只输入新的序号，并以【WRT】键结束。

【例 4-10】 将 OR X0 改为 OR X1。

按键操作如下：

③如果只改变继电器触点类型（如将 X0 改成 R0），那么需要输入新的类型、新的序

号，并用【WRT】键结束。

【例 4-11】　将 OR X0 改为 OR R0。

按键操作如下：

2）修改非键盘指令。清屏后重新输入指令，并用【WRT】键结束。

【例 4-12】　将 RDS 指令改成 POPS 指令。

查看表 4-2，可知 POPS 指令的功能码是"B"，所以按键操作如下：

3）修改扩展指令，其方法和修改键盘指令类似。

【例 4-13】　将 [F0 MV，WR0，DT0] 改成 [F1 DMV，WR0，DT0]。

操作步骤如下：

（3）插入指令

将插入指令地址移到当前行，输入新指令后按 ⌈(DELT) INST⌋ 键，则新指令将插入到当前指令之前。

（4）删除指令

将待删除指令移到当前行（显示屏的第 2 行），按如下键完成删除。

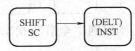

总之，对于 FP 编程器的操作，首先要掌握程序的输入。输入时要根据不同类型的指令做相应的处理，对于键盘指令，只需对照面板输入即可；对于非键盘指令，就要先查出功能码，然后利用【SC】键输入；对于扩展指令（高级指令），只要利用【FN】调出即可。此外还需注意的是在指令输入期间，【ENT】键的作用。当输入一个新程序之前，记得千万要先利用 OP-0 将旧程序从内存中清除，输入指令结束后必须按【WRT】，才能将指令送入内存。程序输入完毕，经常会因为输入错误或程序设计等方面的原因，要对输入的程序做出编辑修改、插入、删除等操作，它们可以分别通过【ACLR】、【INST】、【DELT】等键来完成，这些修改编辑的方法，运用一段时间后，就能够熟练掌握。

在允许的情况下，应尽量采用编程软件通过计算机编写梯形图程序，再用和 PLC 主机联机的方法来完成工作，能不用编程器就不用，FPII 编程器只有在实际工程环境不适合使用计算机时才用。这种场合虽然少，但也存在，因此对于 PLC 的工程技术人员，掌握 FPII 编程器的使用是一个基本的要求。当使用 FPII 编程器编程时，由于是通过编程器面板上的 35 个键输入程序，程序输入的方式是通过指令而不是梯形图程序来输入的，要记住大量的指令、助记符、操作数，这是一个很大的工作量，也容易出现错误。所以，较好的方法是，首先在计算机上编写梯形图程序，再利用编程软件将梯形图程序转换成指令表形式，将指令表程序打印出来，带到工作现场，一边看着打印出来的程序，一边用编程器输入，可以减少很多的工作量。

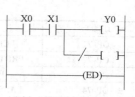

图 4-20　梯形图程序

【例 4-14】　用编程器输入一个如图 4-20 所示的 PLC 程序。

首先将该程序用编程软件转换成如图 4-21 所示左边的指令表程序，再按图 4-21 所示右边的按键操作依次输入。完成操作后，可用介绍的 OP 功能进行监控和修改。

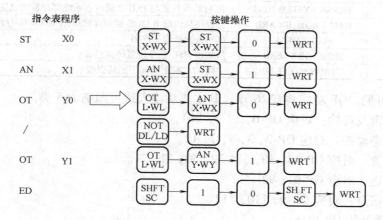

图 4-21　按键操作

4.4.2　OP 功能

为了知道所设计的程序是否符合要求，或者为了分析程序，要对继电器、寄存器等进行监控或者修改寄存器的内容，这就需要使用 OP 功能。OP 功能可以实现系统的设置、内存的监控、程序的部分编辑、程序的自诊断等各种操作功能。表 4-3 为 OP 功能一览表。

表 4-3　OP 功能一览表

功能号	显示信息	功　能　说　明
OP-0	PROGRAM ALL CLR	清除程序区和保持区
OP-1	NOP ALL DELETE	删除程序中所有的 NOP 指令
OP-2,3,8	WORD DATA	监视及设置单字寄存器
OP-7	PLURALPOINT	监视位寄存器(1~4 点)
OP-9	TOTALCHECK	程序整体检查，有错误显示提示信息
OP-10,11	(PROG)FORCES/R (RUN)FORCES/R	强制位寄存器 ON/OFF
OP-12	DOUBLE WORD DATA	监视及设置双字寄存器值
OP-14	PLC EDIT MODE	设置 PLC 为运行编辑方式(即可在"运行"方式下编辑程序)
OP-20	Link UNIT NO.	指定链接单元号，当进行远程编程时，执行此功能
OP-21	ROUTE NO	指定链接路径号，当进行远程编程时，执行此功能
OP-30,31,32	PLC MODE	在"遥控"方式下，设置 PLC 的工作方式("PROG"方式或"RUN"方式)
OP-50	SYSTEM REG	监视及设置系统寄存器数据
OP-51	SYSTEM REG INIT	系统寄存器初始化
OP-52	I/O LAYOUT ENTRY	分配 I/O 表
OP-70	LANGUAGE SELECT	选择显示语言(0 英语:1 日语:2 德语:3 意大利语:4 法语:5 西班牙语)

（续）

功能号	显示信息	功 能 说 明
OP-71	LCD CONTRAST	调节 LCD 的对比度
OP-72	PROT OPN-1,CLS-0	设置 PLC 口令记录的开/关状态(设口令功能)
OP-73	PASSWORD	记录或取消口令
OP-74	PASSWORDINITIAL	强制取消口令
OP-90	ROM,ICCARD > RAM	将一个程序从存储单元/RO/MIC 存储卡传送到内部 RAM
OP-91	TRANSFERPROGRAM	在 FPII 编程器与 PLC 之间传送程序
OP-92	TRANS. SYSTEM REG	在 FPII 编程器与 PLC 之间传送系统寄存器的设置值
OP-99	RAM > ROM,ICCARD	将程序从内部 RAM 传送到存储单元/ROM/IC 存储卡
OP-110	SELF CHECK	显示自诊断错误代码
OP-111	MESSAGE CLEAR	清除由 MSG 指令设置的信息显示
OP-112	ERROR 的 CLEAR	关闭 PLC 控制单元上的错误指示灯

从表 4-3 可见，OP 功能共有 26 项，其主要功能大致可归纳为 5 类。

① 程序编辑及自检：对应 OP-0，1，9，110。

② PLC 状态监控：对应 OP-2，3，8，7，12。

③ 系统设置：对应 OP-14，30，31，32，50，51，71。

④ 程序传送：对应 OP-91，92。

⑤ 自诊断信息：对应 OP-9，110，112。

下面介绍常见的 OP 功能。

1. 清除程序区（OP-0）

在输入一个程序之前，要利用此功能清除程序区。方法如表 4-4 所示。

表 4-4　清除程序区

按键顺序	屏幕显示	按键操作说明
ACLR	* *	清屏但程序未真正从 RAM 中清除
ACLR → 0 → ENT	OP-1 PROGRAM ALL CLR	提示此功能是将程序全部清除
SHIFT SC → ACLR	* *	确认选择删除(DELT)功能,程序被清除

2. 删除 NOP 指令（OP-1）

使用方法与 OP-0 类似，程序在修改的过程中会产生一些 NOP 指令，这些 NOP 指令的存在，将使程序变长，延长扫描周期，因此需要将其删除，具体方法如表 4-5 所示。

表 4-5　删除 NOP 指令

按键顺序	屏幕显示	按键操作说明
ACLR	* *	清屏但程序未真正从 RAM 中清除
ACLR → 1 → ENT	OP-0 NOP ALL DELETE	删除所有 NOP 指令
SHIFT SC → ACLR	* *	确认选择删除(DELT)功能,程序被清除

3. 程序传送

程序传送使用 OP-90，OP-91 功能。

（1）编程器与 PLC 之间传送程序

用 OP-91 功能，将一个程序从手持编程器传送到 PLC，或从 PLC 传送到手持编程器，也可校验存储在手持编程器和 PLC 中的程序。

注意，在【ENT】键后，若要将程序从 PLC 传送到 FP 手持编程器中，则要按【0】；若要将程序从 FP 手持编程器传到 PLC，则需要按【1】；若要校验存于 FP 手持编程器和 PLC 两者中的程序，则需要按【2】。最后，当按下【WRT】键时才开始传送，传送过程中，可以看到 LCD 右下方的＊号持续闪动，传送完毕，手持编程器回到初始状态。具体操作流程如下：

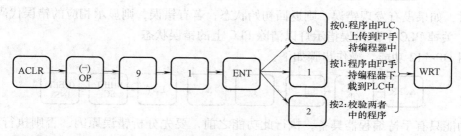

（2）编程器与 PLC 之间传送系统寄存器值

使用 OP-92 功能。将系统寄存器从手持编程器传送到 PLC，或从 PLC 传送到手持编程器，也可校验存储在手持式编程器和 PLC 中系统寄存器的值。操作步骤如下：

注意，在【ENT】键后，若要将系统寄存器的值从 PLC 传送到 FP 手持编程器中，则要按【0】；若要将系统寄存器的值从 FP 手持编程器传到 PLC，则需要按【1】；若要校验存于 FP 手持编程器和 PLC 两者中的系统寄存器值，则需要按【2】。最后，当按下【WRT】键时才开始传送，传送过程中，可以看到 LCD 右下方的“＊”持续闪动，传送完毕，手持编程器回到初始状态。具体操作流程如下：

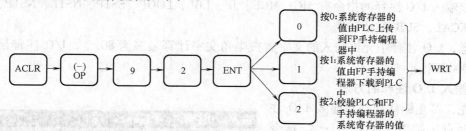

注意，如果把程序或系统寄存器的值通过手持编程器从一个 PLC 传送到另一个 PLC 中，要保证两个 PLC 属于同一类型。

4. 自诊断信息

（1）在 PROG 方式下检查程序是否有句法或重复输出等错误

使用 OP-9 功能。操作步骤如下：

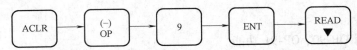

此时手持编程器从程序首地址开始检查程序，如果没有发现错误，返回初始状态；如果发现错误，LCD 将显示错误所在地址及错误信息。

如继续按【▼】键，则接下去查出的错误地址将出现在下一行，前面的错误信息移到 LCD 第一行，不再有错误出现时，则返回初始状态。

（2）在 RUN 方式下检查程序运行情况

使用 OP-110 功能。操作步骤如下：

此时，如果没有发现错误，则返回初始状态；若有错误，则显示相应的错误代码。

（3）关掉 PLC 上的错误指示灯以清除 PLC 上的错误状态

使用 OP-112 功能，操作步骤如下：

此功能只有手持编程器具备，执行此功能之前，要先分析错误原因，否则执行此功能，指示灯又会重新亮。

4.5　添加注释操作

程序添加了注释可以提高其可读性，其操作如下。

4.5.1　添加 I/O 注释

在编辑画面中，向当前所显示的"触点·线圈·操作数·"指令（部分）中输入注释。这种注释被称为 I/O 注释。

1. 输入 I/O 注释的指令

可以输入 I/O 注释的指令有 MC、MCE、JP、LBL、LOOP、SSTP、NSTL、NSTP、CSTP、CALL、FCAL、SUB 和 INT 等。

注意，I/O 注释中允许输入的文字数按半角文字计算最多为 80 个，I/O 注释最多可以登录 100000 个。

2. 输入 I/O 注释的方法

首先，将光标移动到要输入 I/O 注释的"触点·线圈·操作数·"指令上，可以使用下面 3 种方法添加注释。

1）利用菜单栏操作：利用菜单栏时，请选择【注释】栏中的【I/O 注释】。

2）利用鼠标操作：在【注释】栏中的【I/O 注释】栏内输入。

图 4-22　输入 I/O 注释

3）利用键盘操作：按住【Ctrl + I】键。

使用上述任一种方法操作后，画面将显示出如图 4-22 所示对话框。

3. 输入 I/O 注释的内容

在图 4-22 对话框的输入 I/O 注释框中，对选定的输入/输出设备输入注释。

4.【Enter】或【登录】

在输入完 I/O 注释后，在图 4-22 中，按【Enter】键或单击【登录】按钮后，I/O 注释将被输入，图 4-22 所示对话框被关闭。

5. I/O 注释"一并"编辑

在图 4-22 中，单击【一并】按钮后，画面将显示如图 4-23 所示的【I/O 注释一并编辑】对话框，如果要添加的注释多，使用这种方法可省很多事。

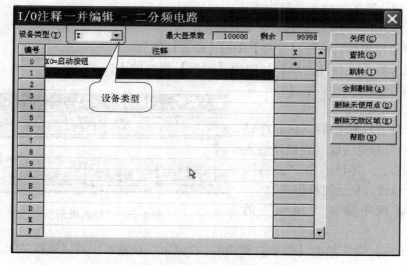

图 4-23　"I/O 注释一并编辑"对话框

在图 4-23 对话框中，如果要改变设备类型，可修改上述对话框左上角设备类型栏中的内容。此对话框中各列的内容如下所述。

【编号】列：显示"触点·线圈"的编号或控制指令的编号。

【注释】列：输入 I/O 注释的内容。

【X】列：在本例中，因为设备类型为 X，所以显示"X"，而程序当前被使用的设备以"＊"表示。

添加注释时，要在焦点位于注释列的状态下输入注释。在焦点不在注释列的情况下，需要双击想要进行输入的注释栏，或者利用【Tab】键将焦点移动到注释列。本对话框中其他按钮功能如下所述。

【关闭】：关闭本对话框。

【查找】：单击此按钮后，可以进行 I/O 注释查找。

【跳转】：跳转到指定设备的注释栏。

【全删除】：删除全部的 I/O 注释。

【删除未使用点】：删除程序中当前未被使用的设备注释。

【删除无效领域】：在由程序容量大的 PLC 向容量小的 PLC 进行机型转换以后，在当前的 PLC 机型中有可能残留超出可以使用范围领域的 I/O 注释。在不需要的情况下，选择此按钮，删除被登录到无效领域的 I/O 注释。

在使用时要注意，在"在线"编辑中，即使"输入·修改"注释，也不会将其传输到 PLC 主机内，必须利用程序下载才能将注释传输到 PLC 主机内。

4.5.2　添加输出注释

在编辑画面中，向当前所显示的输出中输入注释，这种注释被称为"说明"。在"说明"中允许输入的文字数按半角文字计算为最多 80 个，"说明"最多可以登录 5 000 个。

1）将光标移动到要输入"说明"的指令。如果选择的指令不对，将在软件的状态栏中显示"当前光标位置不能输入注释"提示。

2）输入"说明"的方法：有以下 3 种操作。

① 利用菜单栏操作：选择【注释】中的【输入说明】。

② 利用鼠标操作：在【注释】栏中的【说明】栏内输入。

③ 利用键盘操作：按住【Ctrl + R】键。

按上述 3 种方法操作后，画面将显示如图 4-24 所示的对话框（在已经输入"说明"的情况下，将显示出"说明"，编辑画面将自动转入显示注释模式）。

图 4-24　"输入说明"对话框

④ 在对话框中输入"说明"的内容。

⑤ 按【Enter】键或单击【登录】按钮后，"说明"被输入，对话框被关闭。

4.5.3　添加"块注释"

可以在编辑画面的各程序块的开头输入注释，这种注释被称为"块注释"。

"块注释"中允许输入的文字数，按半角文字计算为每行最多 80 个。

"块注释"在一处最多可以登录 132 行，在一个程序中最多可以登录 5 000 行。在隐藏注释模式时，"块注释"以 4 行为单位显示最开始的 2 行内容。

"块注释"在布尔非梯形图编辑模式中不能显示。

图 4-25 是一个引用"块注释"的程序，可以看出这样的程序可读性很强。

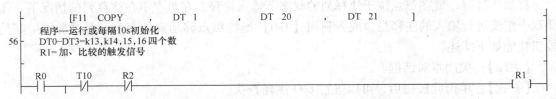

图 4-25　引入"块注释"后的 PLC 程序

添加"块注释"的步骤和方法如下：

首先将光标移动到要输入"块注释"的程序块的开头（如果不将光标移至程序块的开

头，就无法输入"块注释"），利用下面 2 种方法得到"块注释"对话框。

1）利用菜单栏，选择【注释】中的【输入块注释】。

2）利用键盘操作，按住
【Ctrl + B】键。

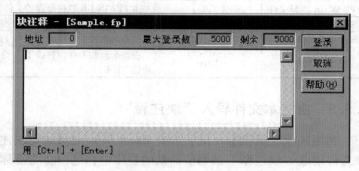

操作后显示的对话框如图
4-26 所示。

在图 4-26 的光标闪烁处，
输入"块注释"的内容。如果
需要换行时，记住一定要同时
按【Ctrl + Enter】组合键。而
不要按【Enter】键，因为按
【Enter】键或者单击【登录】

图 4-26　"块注释"对话框

按钮后，表示"块注释"被输入，对话框将被关闭。

4.5.4　由文件读取 I/O 注释

此功能不读取程序、PLC 机型、说明、"块注释"等，而是从文件中只读出 I/O 注释。读取时，单击菜单栏选择【注释】中的【读取 I/O 注释】，将显示如图 4-27 所示对话框。

图 4-27 所示对话框中的有关按
钮命令说明如下：

在【搜索】框中，可以选择保
存文件的驱动器或者文件夹。

在【文件类型】中，可以从表
4-6 注释文件类型表中选择文件类
型，选择文件名称并单击便可以
读取。

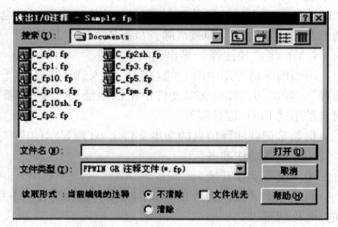

在【读取形式】中，可以选择
需要的读取形式。如果选择了【不
清除】但没有选中【文件优先】，
则在当前活动程序中的注释与文件
中保存的注释重叠时，当前活动程

图 4-27　"读出 I/O 注释"对话框

序中的注释优先保留；如果选择了【不清除】同时又选择了【文件优先】后，则表示在当前活动程序中的注释与文件中保存的注释相重叠时，文件中保存的注释优先覆盖到程序中；如果选择【清除】，则当前活动的程序中的注释将全部清除，读入文件中所保存的注释。

【打开】按钮：可以打开所选择的注释文件，但要注意，在当前活动的程序中，需要追加特殊 R、特殊 DT 的注释时，要读出附加文件【C_ *.fp】。例如，当需要追加 FP3 的特殊 R、特殊 DT 的注释时，要读取【C_ FP3.fp】。此时，以不清除当前正在编辑的注释方式读取该文件。

表 4-6   注释文件类型说明

注释文件名	扩展名	注释文件的生成
FPWIN GR 注释文件	（*.fp）	由 FPWIN GR 软件保存的文件
NPST-GR 注释文件	（*.scm）	由 MS-DOS 版软件 NPST-GR 保存的文件
CSV（逗号分隔文件）	（*.CSV）	设备名称和 I/O 注释以逗号分隔的文件（由"I/O 注释-导出功能"生成）
文本文件	（*.txt）	设备名称和 I/O 注释以 TAB 分隔的文件（本文件可以用"I/O 注释-导出功能"生成）

4.5.5   由文本文件导入"块注释"

利用其他应用程序（记事本或 Excel 等）记录的"块注释"，保存为文件［*.txt］，从该文件读取"块注释"到当前活动的程序中，这一功能被称为导入"块注释"。利用这一功能可以很快地加入注释，对于程序很大且又有相同内容的程序，此功能较为有用。

启动导入"块注释"时，利用菜单栏选择【注释】中的【导入 I/O 注释】，然后选择所要导入的文件（假设为 1.txt）就可以。例如如下注释内容将自动导入另一个 PLC 程序中：

10   设备动作准备

20   设备动作开始

注意可以在同一地址内记述多行"块注释"，但每一地址最多可以到 132 行，每一行的文字数按半角文字计算最多可达 80 个；如果被导入的 PLC 程序地址少于要导入文件 1.txt 中的地址，则高的地址将不被导入。另外，当程序中已经存在"块注释"时，一旦导入，则原有的"块注释"即被清除，只有导入的"块注释"有效。

4.5.6 将"块注释"导出到文本文件

将当前活动程序中的"块注释"写入到文本文件［*.txt］，这一功能被称为导出"块注释"。导出的注释在文本文件中是以地址 +"块注释"的形式记录的，在地址与注释之间自动用【Tab】键分隔开。

例如某记载注释信息的文本文件 1.txt 所显示的内容如下：

10   设备动作准备

20   设备动作开始

启动导出"块注释"时，利用菜单栏选择【注释】中的【导出注释】，指定所要导出的文件名称就可以。

4.5.7 显示"块注释"列表

本功能可以用列表的形式显示程序中的"块注释"，使用户更方便地掌握程序的整体流程。通过菜单栏，选择【注释】中的【块注释列表】，可以显示如图 4-28 所示对话框。

在图 4-28 中，首先，在【列表类型】下拉式列表中，通过如下命令可以选择一览表显示的类型。

【显示所有行】：显示所有的"块注释"。

【一行显示】：仅显示各"块注释"开始的第 1 行。

图 4-28 所示对话框中其他按钮的功能如下所述。

【跳转】：将编辑画面中的光标跳转到"块注释列表"对话框中光标所处注释的地址。双击此"块注释列表"对话框中的注释，也能进行同样的操作。

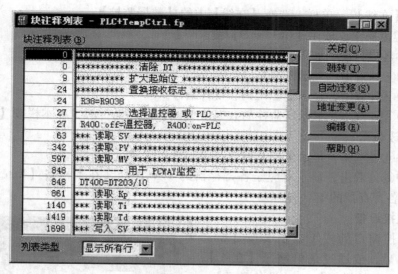

图 4-28 "块注释"列表

【自动移位】：显示隐藏的"块注释"时使用本功能，只有当"块注释"在程序块开始的地址时才能显示。由于某种原因，"块注释"的地址不是程序块的开始地址时，会无法显示"块注释"。在这种情况下，可以利用本功能重新显示未出现的"块注释"。

【地址变更】：可以将"块注释列表"对话框中的光标所处的"块注释"的地址，变更到其他程序块的开始地址。

【编辑】：可以编辑"块注释列表"对话框中的光标所处的"块注释"的内容。

4.6 程序监控操作

程序监控，可以更好地查看程序的执行过程，分为如下 3 种监控方式：

4.6.1 数据监控

数据监控功能可以监控触点、线圈、寄存器中存储的数值，此外也可以修改数据。

1. 启动数据监控

启动数据监控的方法有以下两种，启动数据监控后显示的画面如图 4-29 所示。

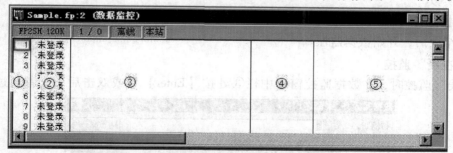

图 4-29 数据监控窗口

1）利用【在线】菜单栏，选择【在线】中的【数据监控】。

2）利用键盘操作，按住【Ctrl + D】键。

图 4-29 中各栏目说明如下：

① 在图中①处双击，显示行编号；

② 在图中②处双击，显示设备代码、设备编号；

③ 在图中③处双击，显示所监控的数据值（"在线"监控时，在本栏按【Enter】键或双击，可以修改数据）；

④ 在图中④处双击，显示监控基数以及字（Word）数；

⑤ 在图中⑤处双击，显示对应于各寄存器的 I/O 注释（在本栏按【Enter】键或双击后，可以输入各寄存器的 I/O 注释。）

2. 设置监控设备

在数据监控窗口的栏①或栏②按【Enter】键或双击后，或通过菜单选择【在线】→【数据·触点监控设置】→【设备登录】，画面将显示如图 4-30 所示"监控设备"对话框。

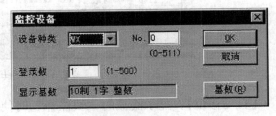

图 4-30　"监控设备"对话框

按照以下说明对图 4-30 中各项目进行登录。

【设备种类】：可在此下拉列表框中选择要监控的设备种类。

【No.】：在此框中输入数据登录的起始编号。

【登录数】：在连续登录寄存器的情况下，输入登录数。

【基数】：单击该按钮后，将显示"监控显示基数"的对话框，如图 4-31 所示。

最后单击【OK】，便登录成功。

3. 设置监控显示基数

在数据监控窗口的栏④处按【Enter】键或双击后，也可以显示出如图

图 4-31　"监控显示基数"对话框

4-31 所示的"监控显示基数"对话框。只有在以十进制指定为 2 字（Word）时，才可以指定整数或实数。

4. 数据监控

登录结束后，开始数据监控。

5. "在线"监控

"在线"监控时，在数据监控窗口中栏③处按【Enter】键或双击后，或者通过菜单栏

图 4-32　"数据写入"对话框

选择【在线】中【数据·触点监控设置】中的【数据写入】，画面将显示图 4-32 所示对话框。

在图 4-32 中输入需要写入的数据值，然后按【Enter】键或单击【OK】便对数据进行了修改。

6. 输入 I/O 注释

在数据监控窗口中的栏⑤处按【Enter】键或双击后，可以输入 I/O 注释。有关详细内容可参阅前文 4.4.1 注释的章节。

4.6.2　触点监控

触点监控功能不仅可以监控"触点·线圈"的 ON/OFF 状态，此外也可以修改 ON/OFF 状态，在本功能中还可以输入 I/O 注释。

1. 启动触点监控

启动触点监控的方法有以下 2 种：

1）利用【在线】菜单栏，选择【在线】中的【触点监控】。

2）利用键盘操作时，按住【Ctrl + M】键。

启动触点监控后显示的窗口画面如图 4-33 所示。

图 4-33 中各栏目说明如下：

1）在图中①处双击，显示行编号；

2）在图中②处双击，显示触点代码、触点编号；

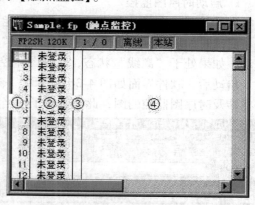

图 4-33　"触点监控"窗口

3）在图中③处双击，显示 ON/OFF 状态（"在线"监控时，在本栏按【Enter】键或双击，可以改变触点的 ON/OFF 状态）；

4）在图中④处双击，显示对应于各触点的 I/O 注释（在本栏按【Enter】键或双击后，也可以输入各触点的 I/O 注释）。

2. 设置监控触点

在触点监控窗口的栏①或栏②处按【Enter】键或双击后，画面将显示如图 4-34 所示对话框。

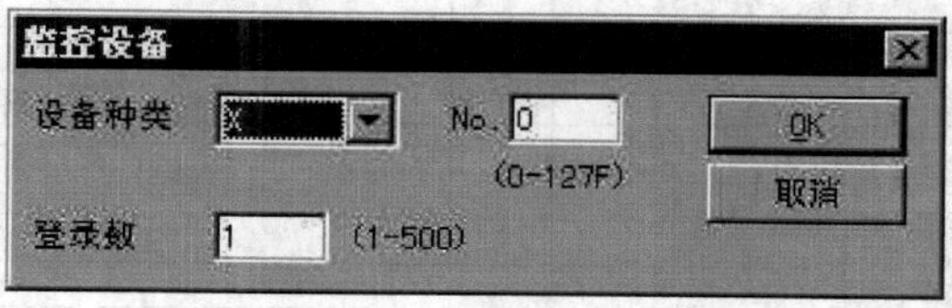

在图 4-34 中按以下说明对各项目进行登录后，单击【OK】就可以对触点进行监控。

图 4-34　"监控设备"对话框

【设备种类】：在此框中可选择要监控的触点。

【No.】：输入登录触点的起始编号。

【登录数】：在登录连续触点的情况下，用于输入登录数。

3. "在线"监控

进行"在线"监控时，在触点监控窗口中的栏③处按【Enter】键或双击后，或者通过菜单栏选择【在线】中【数据·触点监控设置】中的【数据写入】，画面将显示如图 4-35

所示对话框，指定需要写入的数据（ON/OFF）后，按【Enter】键或单击【OK】。

图 4-35　数据写入

4. 输入 I/O 注释

在触点监控窗口中的栏④处按【Enter】键或单击后，可以输入 I/O 注释，详细内容可参阅前文第 4.4.1 节 I/O 注释。

4.6.3　时序图监控

时序图监控是一种对与计算机相连的 PLC 中触点或数据值，按一定时间间隔读取并且以图形方式表示的功能。通过触点 ON/OFF 状态或数据设备变化值的图形显示，可以进行非常细致的时序调试。

1. 启动时序图监控

进行如下操作可以启动时序图监控功能：【在线】中的【时序图监控】。

启动时如果当前活动窗口中的程序为"在线"状态，则时序图监控也以"在线"状态启动；如果处于"离线"状态，时序图监控也在"离线"下启动。

启动后，软件界面如图 4-36 所示（一般在时序图窗口中背景是黑底，为了印刷清晰，有些涉及时序图监控的图，此处进行了适当处理，特此说明）。

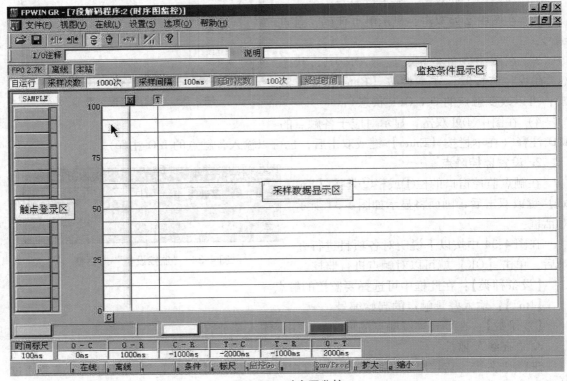

图 4-36　时序图监控

在时序图监控启动以后，因为时序图占用了画面，画面将不再显示通常的梯形图程序。如果需要返回梯形图监控画面时，选择【文件】菜单中的【关闭时序图】关闭本窗口。

2. 时序图监控的步骤

时序图监控一般有监控前的各种设置准备、开始监控并观察时序图监控结果、保存监控（采样）结果 3 个步骤。

（1）监控前的设置准备

在开始进行时序图监控之前，必须首先设置监控对象、标尺等项目。

1）登录监控设备：显示监控设备登录时，有以下 2 种方法：

利用【设置】菜单，选择【设备登录】中的【触点登录】或【数据登录】。

利用鼠标直接单击如图 4-37 所示的触点登录区、数据登录区登录。

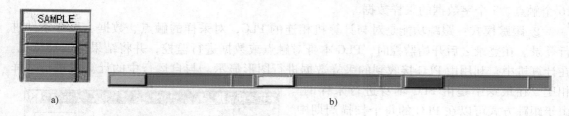

a) b)

图 4-37 登录监控设备
a) 触点登录区 b) 数据登录区

选择触点登录后，将显示"触点登录用"对话框，如图 4-38 所示。

选择数据登录后，将显示"数据登录用"对话框，如图 4-39 所示。

可在图 4-38 或图 4-39 两个对话框中设置设备种类和设备编号，登录进行采样的触点或数据。设置登录数据之后，编号将自动依次增加 1，所设置数量的部分被登录。例如，登录 X0，而设置登录数为 5，则 X0 ~ X4 被自动设置登录。

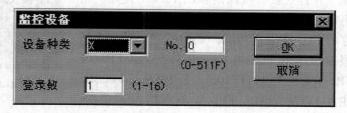

图 4-38 "触点登录用"对话框

2）设置采样条件：在【设置】菜单中选择【采样条件】，将显示如图 4-40 所示默认的画面。

图 4-39 "数据登录用"对话框

图 4-40 设置采样条件（自运行模式）

可在图4-40所示对话框中设置与采样执行相关的各种设置。

在【模式】下拉式选择框中，时序图监控有自运行和跟踪两种模式，可依据PLC机型并根据如下所述模式的特点进行选择。

① 自运行模式：自运行功能是在任意的时刻直接从与计算机相连的PLC中读取数据、实时地以图形方式显示的功能。所有PLC机型都支持本项功能。

【采样次数】：设置从PLC中获取数据的次数（10～1000次）。

【采样间隔】：设置从PLC中获取数据的时间间隔（10～30000ms）。

【自运行中绘制图形】：选中此项后，在执行自运行过程中实时显示图形。如果不选中此项，在执行自运行过程只进行采样，在结束时绘制图形。边采样边绘制图形，需要占用一定的时间，因此不进行图形显示可以相对确保采样的实时性。此模式可以同时以图形显示16个触点、3个字数据的采样数据。

② 跟踪模式：跟踪功能是对与计算机相连的PLC，对采样的触点、数据、采样条件进行登录。在登录之后开始监控时，PLC本身对触点或数据进行监控，并将结果返回计算机。在计算机中，利用由PLC接收到的采样数据进行图形显示。与自运行中的计算机进行采样相比，在跟踪中是由PLC本身进行采样的。由于跟踪方式可以在PLC的每个扫描周期中采样，因此，本功能可以进行更详细的调试。可以同时以图形显示16个触点、3个字数据的采样数据。但是本功能只能在支持跟踪功能、并且安装有跟踪内存的PLC中使用。对不支持跟踪功能的PLC、或没有安装跟踪内存的PLC使用本功能，则会返回错误。支持跟踪功能的PLC有以下几种型号：FP3/C、FP2-32K、FP10/FP10S、FP10SH、FP2SH。注意FP-M、FP0、FP1/M不支持跟踪功能，

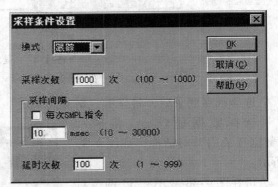

图4-41　设置采样条件（跟踪模式）

执行时序图监控时只能以自运行方式进行。在"采样条件设置"对话框中的【模式】中选择"跟踪"模式后，画面显示如图4-41所示。

在图4-41中，各有关项目的说明如下所述。

【采样次数】：设置从PLC中获取数据的次数（10～1000次）。

【采样间隔】：设置从PLC中获取数据的时间间隔（10～30000ms）。其中如果选中【每次SMPL指令】后，在执行PLC程序中SMPL指令的时刻，进行所登录设备的采样。例如，在程序开头写有：

ST R9010　　　[F155 SMPL]

因为R9010为常闭内部继电器，则程序的每个扫描周期都进行采样。

在程序中存在若干SMPL指令的情况下，即使在同一扫描周期内，也会在每次执行到SMPL指令时进行采样。根据在程序中所处位置的不同，可以监控调试那些即使在一个扫描周期也有可能发生变化的设备。

【延迟次数】：设置从触发器触发开始的采样次数。允许设置的范围应小于采样次数的值（如果采样次数为100，则延迟次数的允许设置范围为1～99）。注意，采样间隔是取得

数据至少所需要的时间间隔,并不是实际显示图形的间隔。

3)设置标尺:图形显示的间隔需要通过时间标尺设置。本设置可同时对采样数据显示区中的纵轴及横轴进行设置。单击【设置】中的【标尺设置】,可显示如图 4-42 所示的"标尺设置"对话框。

图 4-42 所示对话框中各项含义说明如下:

【数据标尺】(纵轴):触点的信息只有 ON/OFF,但是在显示数据的情况下需要设置标尺(上限值和下限值),允许设置的范围是 – 32768 ~ + 32767,当采样数据超出此处设定的数值时,将不显示图形。

【辅助线 1】:可以在图形中绘制辅助线。

【辅助线 2】:在选择框中单击选中标记后输入数值。

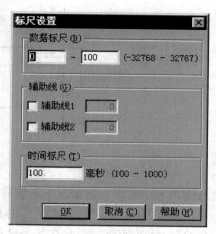

图 4-42 "标尺设置"对话框

【时间标尺】(横轴):时间标尺是将采样数据实际显示为图形的间隔设置,这一数值设置应为采样间隔的整倍数(1 ~ 10 倍),如果不是整数倍,则会出现错误并且无法设置。例:

如果采样间隔为 10ms,则允许设置范围为 10 ~ 100ms。

如果采样间隔为 100ms,则允许设置范围为 100 ~ 1000ms。

4)选择显示设备:本项目选择用于实际进行图形显示的设备,其具体操作如下:从【视图】菜单的【表示对象】中,选择【触点】、【数据】、【触点 + 数据】中的某一项,默认选项为【触点 + 数据】。

设置显示形式有 SAMPLE 与 LATCH 两种形式,在时序图中支持两种表示形式。【SAMPLE(采样)形式】:SAMPLE(采样)形式是对按照【采样间隔】所采集的数据、以【时间标尺】所设置的间隔不断进行检查,将该时刻的数据原样显示。

【LATCH(锁定)形式】:LATCH(锁定)形式是对按照【采样间隔】所采集的数据、以【时间标尺】所设置的间隔不断进行检查,用图形显示出在这一段时间内的数据是否发生了变化。

注意以上表示形式的设置只对触点显示有效,该设置与数据显示无关。此外,在采样间隔与时间标尺被设置为相同数值的情况下,无论采用其中何种形式,其图形显示的结果都相同。详细说明参见下例和图示说明。

例:采样间隔为 100ms,时间标尺为 200ms 时,实际监控如图 4-43 所示。

在图 4-43 中,实际的采样以 100ms 间隔进行。因为时间标尺为 200ms,所以图形所显示的数据为↓时刻所得到的数据。在 SAMPLE(采样)形式中,确认↓时刻的 ON/OFF 状态,并将该结果原样显示。而在 LATCH(锁定)形式中,确认在↓的间隔内采样数据是否发生了变化,如果发生了变化,则显示出与当前状态相反的结果。如果是 ON 状态,则变为 OFF,OFF 状态则变为 ON 的图形,因此所显示的内容不是实际的 ON/OFF 状态。具体说明可确认图 4-43 中①～③时刻的数据。

在 SAMPLE(采样)形式,①时刻的实际数据为 OFF,因此显示 OFF 状态,而②,③时刻的值为 ON,因此始终显示 ON 的状态。虽然在②,③之间曾经出现过 OFF 状态,但是

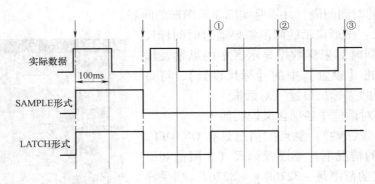

图 4-43　采样监控图例

在 SAMPLE（采样）的情况下不能将这个数据作为结果反映在图形中。

在 LATCH（锁定）形式中，在①与②之间有一个 OFF→ON 的变化，在②与③之间也有一个 ON→OFF 变化，因此在各个显示点上 ON/OFF 状态被反转。由此可见，①～③的表示结果，在 SAMPLE（采样）形式与 LATCH（锁定）形式下不同。而在此之前的数据，SAMPLE（采样）形式与 LATCH（锁定）形式的显示结果相同。

（2）监控操作

在正确进行监控设备登录及各种设置之后，应开始实际监控。不管是自运行还是跟踪的监控，首先要保证 PLC 与计算机处于正常的在线状态。开始监控操作时，可以选择下面 3 种之中的一种。

①【在线】中的【执行采样监控】。

②用鼠标单击工具栏中的 █ 按钮。

③按功能键栏中的 █ 监控Go █（F7 键）开始执行。

停止监控时，通过相同的菜单或相同的按钮操作，这些操作动作在自运行及跟踪中是基本相同的。显示图形的颜色中触点设备为蓝色、数据设备登录区的颜色（黄、白、绿）分别对应于各个图形的颜色。

1）开始/停止自运行监控：在监控开始以后，当采样次数达到采样间隔设置中所设定的次数后，就会停止自运行监控。例如，在采样间隔为 100ms，采样次数为 100 次的情况下，监控开始 10s 后，自动停止监控。如果在任意时刻选择停止，也将在该时刻结束采样，显示图形结果。

停止监控后，所设定的采样间隔和实际采样的平均间隔将作为信息被显示。这一信息将被保持到执行下一次自运行或修改各种设置之前，因此可以随时通过【视图】菜单中的【自运行】再次确认。

在图 4-44 中，虽然所设定的采样间隔为 100ms，但是计算机读取数据的实际时间平均为 110ms。当两者相差较大时，说明在所使用的计算机环境中按照设置的采样间隔进行采样比较困难，因此要修改设置采样间隔。

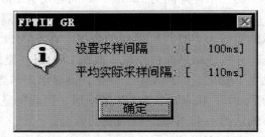

图 4-44　采样间隔与实际采样偏差

2）开始/停止跟踪监控：跟踪只有在 PLC 为 RUN 模式时才能进行采样。当 PLC 为 PROG 模式时，即使开始跟踪也不会进行实际的采样。在 PLC 进入 RUN 模式开始跟踪时，可以从第一个扫描周期开始进行采样。

在跟踪中的停止概念与自运行中的存在一定差别。例如，采样间隔为 100ms 时，即使采样次数已达到 100 次，在停止监控之前，也仍然会继续进行采样。当采样进入第 101 次时，将清除第 1 次采样的数据，第 102 次采样会清除第 2 次的采样数据。虽然在停止监控之前，能够始终进行采样，但是能够作为数据被保持的部分只是由【采样次数】所设次数的部分数据。停止跟踪监控的方法有以下 3 种：

① 在任意时刻停止监控。与自运行的情况相同，利用  按钮开始或停止监控；从停止的时刻开始，按采样次数返回采集数据并以图形显示。

② 在任意时刻通过引发触发器停止监控。开始监控时同样利用 按钮操作，但是通过【在线】菜单中的【引发触发器】执行停止动作。在通常的停止情况下，在停止时刻终止采样。但是在利用引发触发器而停止的情况下，按照【延迟次数】所设置的次数，在触发器引发后进行一定次数的采样后再停止。例如，如果采样次数为 1000 次，延迟次数为 100 次，则显示引发触发器之前的 900 次采样数据和引发触发器之后的 100 次采样数据。

③ 在程序中引发触发器停止监控。在 PLC 的程序中有 F156 采样触发器指令（STRG 指令），只要在进行采样的过程中执行此条指令，就可以认为在该时刻引发触发器，而进行延迟次数的采样后停止监控。例如，跟踪中的开始/停止监控的动作及显示的图形依次如下：开始监控后，将显

正在执行跟踪……

图 4-45　正在跟踪提示框

示如图 4-45 所示图形画面。在该图形显示区中显示正在跟踪的信息（在此期间 PLC 正在进行采样）。

可利用 按钮停止、【引发触发器】或者 F156 指令 3 种方法停止监控。停止监控后，将显示如图 4-46 所示的对话框。

在图 4-46 中如果选择【是】，显示如图 4-47 所示图形，将从 PLC 中读出采样数据。

图 4-46　读取跟踪数据确认对话框

图 4-47　"采样跟踪读取"提示框

3）测定后调整时间标尺：可以在测定数据之后，修改时间标尺，调整画面内所显示的数据。当测定结果如图 4-48 所示情况时，在【视图】菜单的【时间标尺】中选择【缩小】，或者选择 按钮，图形将变为图 4-49 所示形式。

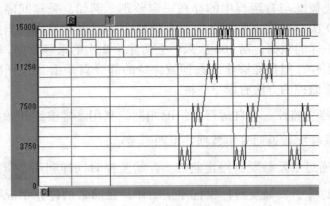

图 4-48　时序图监控图形

当选择【视图】菜单的【时间标尺】中的【放大】，或选择 图标。会进行放大操作时，返回到缩小前的图形效果。

4）移动光标的作用和方法：测定结束后，可以利用两条光标线（C 光标及 R 光标）中的某一条，显示该线上触点的 ON/OFF 或测量的数据。

① 利用鼠标操作 C 光标、R 光标的方法：可用鼠标拖动被显示的【C】及【R】的按钮并移动显示。当一幅画面无法容纳画面内容时，当光标移动到画面末端时，画面会自动滚屏。

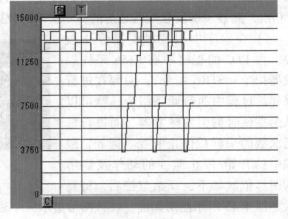

图 4-49　调整标尺后时序图显示效果

② 利用键盘操作 C 光标、R 光标的方法：可以利用【Tab】键改变 C 光标及 R 光标为被激活的光标。

用【左光标键（←）】和【右光标键（→）】，可以按照时间标尺所设定的时间幅度逐次向左右移动光标。用【Shift + 左光标键（←）】和【Shift + 右光标键（→）】，可以按照时间标尺所设定的时间幅度 ×8 倍逐次向左右移动光标。

用【Ctrl + Home】键，可以将光标跳转到最开始的数据处。

用【Ctrl + End】键，可以将光标跳转到最末尾的数据处。

利用光标可测定采样数据的时间幅度。测定结束后，可以利用 C 光标及 R 光标测量时间间隔。如图 4-50 所示，C-R 之间的时间间隔为 2000ms。

注意，在时序图中还有一条 T 光标线。

T 光标的作用为：在自运行情况下表示实时采样时间，在跟踪情况下表示停止或发生触发的时间点。

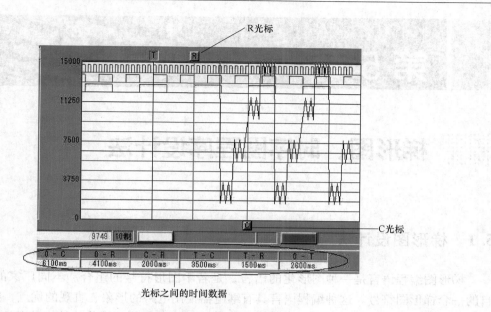

图 4-50　调整 C 光标和 R 光标

（3）保存监控结果（采样数据）

监控结束后，可以有以下两种方式保存采样数据。

1）将采样数据保存到 [. stc] 文件。可以将在时序图中测定的数据（图形）作为数据保存到扩展名为 . stc 的文件中。可以用任意的文件名进行保存，另外，与时序图相关的各种设置内容（监控设备，采样条件等）也会被保存到保存程序时所生成的 [*. fp] 文件中。

2）导出采样数据到 [. txt] 文本文件。可以用文本文件 [*. txt] 的形式保存采样数据。这个文件可以通过 Excel 等打开，并且进行图形化显示及打印输出。

图 4-51 是利用时序图监控功能监控顺序控制程序执行的时序图结果。

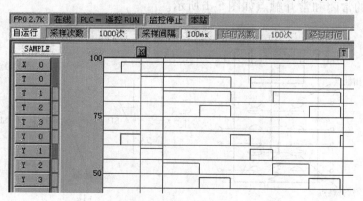

图 4-51　顺序控制程序的时序图监控结果

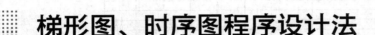

第 5 章

梯形图、时序图程序设计法

5.1 梯形图设计法

梯形图编程语言是一种图形化的语言，是若干图形符号的组合。不同厂家的 PLC 有各自的一套梯形图符号。这种编程语言具有继电器控制电路的形象、直观的优点，熟悉继电器控制技术的人员很容易掌握。因此，各种机型的 PLC 都把梯形图作为第一编程语言。

5.1.1 梯形图的基础概述

梯形图语言实际就是图形，它来源于继电器控制电路图，在继电器控制电路图中，有 5 种基本图形就可以组成很复杂的控制线路。

1）常开按钮。该按钮的触点平常的工作状态是断开状态。当用手按动时，触点闭合，为连接状态；当手离开按钮时，触点断开，恢复断开状态。

2）常闭按钮。该按钮的触点平常的工作状态是连接状态。当用手按动时，触点断开，为断开状态；当手离开按钮时，触点闭合，恢复连接状态。

按钮及按钮的常闭和常开触点如图 5-1 所示。

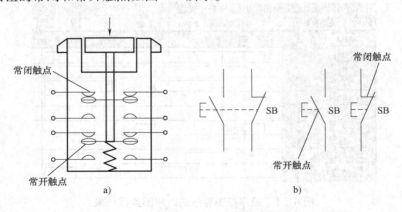

图 5-1　按钮和按钮的常闭和常开触点

3）常开触点。该触点平常的工作状态是断开状态。当继电器线圈通电时，触点闭合，为连接状态；当继电器线圈断电时，触点断开，恢复断开状态。

4）常闭触点。该触点平常的工作状态是连接状态。当继电器线圈通电时，触点断开，为断开状态；当继电器线圈断电时，触点闭合，恢复连接状态。

　　5）继电器线圈。继电器线圈只有连接该线圈的所有触点都闭合时，线圈通电，由线圈和动铁（衔铁）组成的电磁铁吸引闭合，带动常开触点闭合，常闭触点断开。继电器示意图和图形符号如图 5-2 所示。

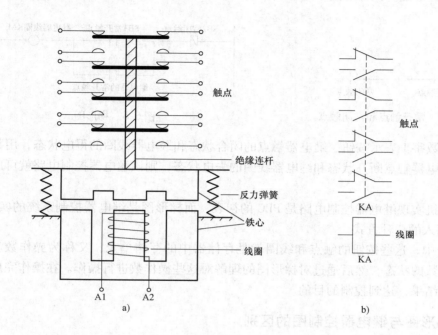

图 5-2　继电器示意图和图形符号

a）继电器示意图　b）继电器图形符号

　　根据以上基本图形，可以画出最简单的继电器控制电路，该电路又叫自保持电路，是机床电气控制中常见的电路，该电路如图 5-3 所示。

　　该电路的初始条件是，控制电路电源加电，常开触点在断开状态，常闭触点在闭合状态。

　　当按钮 SB1 的常开触点闭合时，继电器线圈 KM 得电，其常开触点闭合。

　　当按钮 SB1 的常开触点断开时，由于继电器的常开触点闭合，继电器线圈 KM 仍然得电。

　　当按钮 SB2 的常闭触点断开时，继电器线圈 KM 失电，其常开触点断开。

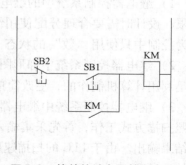

图 5-3　简单的继电器控制电路

　　由以上电路可知，继电器线圈 KM 左侧的触点组合是线圈 KM 得电和失电的条件，而继电器线圈 KM 的得电和失电是满足某个条件的结果。对于图 5-3 所示电路的结果：条件表达式为得电条件 =（SB1 的常开触点）OR（继电器的常开触点）AND（SB2 的常闭触点）；失电条件 =（SB2 的常闭触点）；继电器的线圈动作条件 =（得电条件）OR（失电条件），对于继电器控制电路，每个继电器的动作条件都是遵循上述公式的。

　　如果不考虑按钮和继电器的区别，只考虑常开、常闭触点，则按钮和继电器的常开、常闭触点图形就可以统一成如图 5-4 所示的图形。

　　若将继电器线圈更换成圆形图形，则图 5-3 所示的继电器控制图就如图 5-5 所示，这个图形就称为梯形图。该梯形图中的触点和线圈还是按钮和继电器的概念。

图 5-4　常开触点和常闭触点　　　　　　　　　　图 5-5　梯形图

　　若是用数字 1 表示按钮、继电器触点的闭合状态和继电器线圈的得电状态，用数字 0 表示按钮、继电器触点断开状态和继电器线圈的失电状态，则该继电器控制电路就可以用计算机实现。

　　用计算机实现继电器控制电路是 PLC 的初衷，而梯形图是继电器控制系统的实现方法，成为 PLC 输入的一种方式。

　　在 PLC 中，这些按钮的触点和线圈就是存储器中的存储单元，又称为操作数。PLC 首先采集操作数的状态，然后通过对梯形图的理解对这些操作数进行操作。在操作完成后，通过输出操作结果，达到控制的目的。

5.1.2　梯形图与继电器控制图的区别

　　梯形图与继电器控制图的电路形式和符号基本相同，相同电路的输入和输出信号也基本相同，但是它们实现的控制方式是不同的。

　　1）继电器控制系统中的继电器触点在 PLC 中是存储器中的"数"，继电器的触点数量有限，设计时需要合理分配使用继电器的触点，而 PLC 中存储器的"数"可以反复使用，因为控制中只使用"数"的状态"1"或"0"。

　　2）继电器控制系统中梯形图即为电线连接图，施工费力，更改困难，而 PLC 中的梯形图是利用计算机制作的，更改简单，调试方便。

　　3）继电器控制系统中继电器是按照触点的动作顺序和时间延迟，逐个动作，而 PLC 是按照扫描方式工作，首先采集输入信号，然后对所有梯形图进行计算。当计算完成后，将计算结果输出。由于 PLC 的扫描速度快，输入信号的改变引起输出信号的变化是在一瞬间完成的。

　　4）梯形图左右两侧的线对继电器控制系统来说是系统中继电器的电源线，而在 PLC 中这两根线已经失去了意义，只是为了维持梯形图的形状。

　　5）梯形图按行从上至下编写，每一行从左向右顺序编写，在继电器控制系统中，控制电路的动作顺序与梯形图编写的顺序无关，而 PLC 中对梯形图的执行顺序与梯形图编写的顺序一致，因为 PLC 视梯形图为程序。

　　6）梯形图的最右侧必须连接输出元素，在继电器控制系统中，梯形图的最右侧是各种继电器的线圈，而在 PLC 中，在梯形图最右侧可以是表示线圈的存储器"数"，还可以是计数器、定时器、数据传输、译码器等 PLC 中的输出元素或指令。

7）PLC 中的梯形图上的触点可以串联和并联，输出元素在 PLC 中只允许并联，不允许串联。而在继电器控制系统中，继电器线圈是可以串联使用的（只要所加电压合适）。

8）在 PLC 中的梯形图结束标志是 END。

5.1.3　梯形图指令和时序输出指令

梯形图指令和时序输出指令是使用频率最高的指令，是梯形图不可缺少的部分。对于梯形图指令，必须了解它们的几个共同点：

1）梯形图指令支持上升沿微分（@）条件、下降沿微分（%）条件及立即刷新（!）条件，以及复合条件上升沿时 1 周期逻辑开始且每次刷新指定条件（如! @LD）和下降沿时 1 周期逻辑开始且每次刷新指定条件（如! %LD）；

2）梯形图指令的执行结果不影响标志位；

3）梯形图指令最多只有一个操作数（AND/AND　NOT 和 OR/OR　NOT 没有操作数）；

4）梯形图指令的操作区域是一样的，均可以取自：CIO、WR、HR、AR、T/C、TR 和 IR。

1. 读（LD）/读非（LD　NOT）

（1）读（LD）

梯形图符号如图 5-6 所示。

指令功能：表示逻辑起始，读取指定触点的 ON/OFF 内容。

（2）读非（LD　NOT）

梯形图符号如图 5-7 所示。

图 5-6　LD 指令梯形图符号　　　　　　　　图 5-7　LD NOT 指令梯形图符号

指令功能：表示逻辑起始，将指定触点的 ON/OFF 内容取反后读入。

LD、LD　NOT 指令用于母线开始的第一个触点，或者电路块的第一个触点。如图 5-8a 所示，点画线框就是 LD 与 LD　NOT 指令，其中左边的两条指令 LD①和 LD　NOT④都是用于母线开始的第一个触点；另外两条指令 LD②和 LD③则用于各自所属电路块的第一个触点。它们对应的语句如图 5-8b 所示。

2. 与（AND）/与非（AND　NOT）

（1）与（AND）

梯形图符号如图 5-9 所示。

指令功能：取指定触点的 ON/OFF 内容与前面的输入条件之间的逻辑积。

（2）与非（AND　NOT）

梯形图符号如图 5-10 所示。

指令功能：对指定触点的 ON/OFF 内容取反，取与前面的输入条件之间的逻辑积。

如图 5-11 所示，三个条件都满足，W0.00 才能得电，否则不得电。

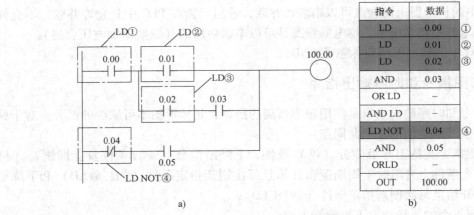

图 5-8 LD、LD NOT 指令的应用

a）梯形图 b）语句表

图 5-9 AND 指令梯形图符号   图 5-10 AND NOT 指令梯形图符号

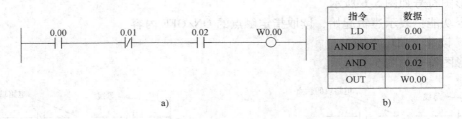

图 5-11 三个条件串联的梯形图及语句表

a）梯形图 b）语句表

也就是 0.00 为 "1"、0.01 为 "0"、0.02 为 "1" 时，W0.00 才得电。因此，W0.00 的得电条件用逻辑条件表达式表示为

$$W0.00\text{的得电条件} = 0.00 \cdot \overline{0.01} \cdot 0.02$$

AND 和 AND NOT 指令用于串联的触点，不能直接连接在母线上，也不能用于电路块的开头。如图 5-12a 所示，点画线框是 AND 与 AND NOT 指令，其中指令 AND①（b 段）前有 LD 指令（a 段），指令 AND②（d 段）前有 LD 指令（c 段），AND NOT③（f 段）前有 LD 指令（e 段）。它们对应的语句如图 5-12b 所示。

3. 或（OR）/或非（OR NOT）

（1）或（OR）

梯形图符号如图 5-13 所示。

指令功能：取指定触点的 ON/OFF 内容与前面的输入条件之间的逻辑和。

（2）或非（OR NOT）

梯形图符号如图 5-14 所示。

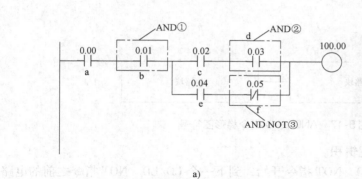

图 5-12　AND 和 AND　NOT 指令的应用

a）梯形图　b）语句表

指令功能：对指定触点的 ON/OFF 内容取反，取与前面的输入条件之间的逻辑和。OR 和 OR　NOT 指令用于并联连接的触点，从（连接于母线或电路块的开头的）LD/LD　NOT 指令开始，构成与到本指令之前为止的电路之间进行 OR 运算（逻辑和运算）的触点。

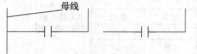

图 5-13　OR 指令梯形图符号

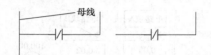

图 5-14　OR　NOT 指令梯形图符号

当两个或多个条件是放置在相互独立的指令行时，并且这些指令并联相接，则它们之间的关系就是"或"的关系。如图 5-15 所示，只要三个条件中的任何一个条件为"ON"，W0.00 就得电。因此，W0.00 的得电条件用逻辑条件表达式表示为

$$W0.00的得电条件 = 0.00 + \overline{0.01} + 0.02$$

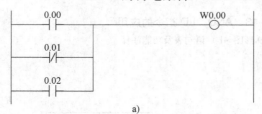

图 5-15　三个条件并联的梯形图及语句表

a）梯形图　b）语句表

4. AND 和 OR 指令的组合使用

在更加复杂的梯形图中对 AND 和 OR 指令进行结合时，情况会复杂一些，例如图 5-16 所示的梯形图。W0.00 的得电条件用逻辑表达式表示为

$$W0.00的得电条件 = ((0.00 \cdot \overline{0.01}) + 0.02) \cdot 0.03 \cdot \overline{0.04}$$

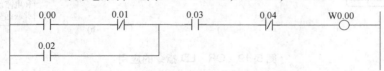

图 5-16　AND 和 OR 指令组合应用的梯形图

5. 块与（AND LD）

梯形图符号如图 5-17 所示。

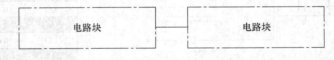

图 5-17 AND LD 指令梯形图符号

指令功能：取电路块间的逻辑积。

所谓电路块是指，从 LD/LD NOT 指令开始，到下一个 LD/LD NOT 指令之前的电路。如图 5-18a 的两个虚线框就是电路块 A 和电路块 B；对应的指令表如图 5-18b 所示，第一个 LD 是电路块 A 的开始，第二个 LD 是电路块 B 的开始。

指令 AND LD 的作用就是把电路块 A 和电路块 B 串联起来。

图 5-18 表示两个电路块的串联，如果要串联 3 个以上的电路块时，可以采取顺次连接的形式，即先通过本指令串联 2 个电路块后，再通过本指令串联下一个电路块。

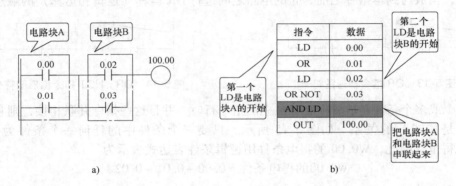

图 5-18 AND LD 指令的应用

a）梯形图 b）语句表及功能注释

6. 块或（OR LD）

梯形图符号如图 5-19 所示。

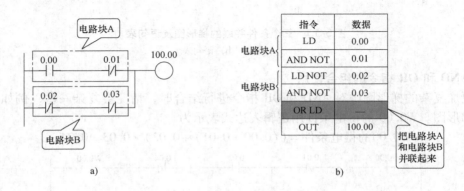

图 5-19 OR LD 指令的应用

a）梯形图 b）语句表及功能注释

指令功能：取电路块间的逻辑和。

如图 5-19a 的两个点画线框就是电路块 A 和电路块 B；对应的指令表如图 5-19b 所示，第一个 LD 是电路块 A 的开始，第一个 LD　NOT 是电路块 B 的开始。

指令 OR　LD 的作用就是把电路块 A 和电路块 B 并联起来。

图 5-19 是两个电路块的并联，如果要并联 3 个以上的电路块时，可以采取顺次连接的形式，即先通过本指令并联 2 个电路块后，再通过本指令并联下一个电路块。

以上介绍的是 6 条使用频率最高的梯形图指令，利用它们就可以组成复杂的梯形图。下面再介绍两条指令：OUT 和 END。

7. 输出（OUT）/输出非（OUT　NOT）

梯形图符号如图 5-20 所示。

OUT 指令功能：将逻辑运算处理结果（输入条件）输出到指定触点；OUT　NOT 指令功能：将逻辑运算处理结果（输入条件）取反后输出到指定触点。

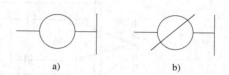

图 5-20　OUT 和 OUT　NOT 指令的梯形图符号
a）OUT 指令梯形图　b）OUT　NOT 指令梯形图

OUT、OUT　NOT 指令支持每次刷新。无每次刷新指定时，将输入条件（功率流）的内容写入 I/O 存储器的指定位。每次刷新指定时（! OUT/! OUT　NOT），将输入条件（功率流）的内容同时写入 I/O 存储器的指定位和 CPU 单元内置的实际输出触点。

如图 5-21 所示，当 0.00 为 "OFF" 时，OUT 指令将该条件输出到指定的点 100.00，则 100.00 也为 "OFF"，不得电；当 0.00 为 "ON" 时，100.00 也为 "ON"，得电。相反地，当 0.00 为 "OFF" 时，OUT　NOT 指令将该条件取反后，再输出到指定的点 100.12，则 100.12 也为 "ON"，得电；当 0.00 为 "ON" 时，100.12 为 "OFF"，失电。

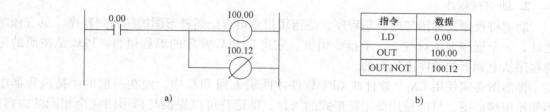

指令	数据
LD	0.00
OUT	100.00
OUT NOT	100.12

图 5-21　OUT 和 OUT　NOT 指令的应用
a）梯形图　b）语句表

8. 结束（END）

梯形图符号如图 5-22 所示。

指令功能：表示一个程序的结束。

对于一个程序，通过本指令的执行，结束该程序的执行。因此，END 指令后的其他指令不被执行。在一个程序的最后，必须

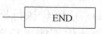

图 5-22　END 指令
梯形图符号

输入该 END 指令。无 END 指令时，将出现程序错误。用 CX-P 软件编辑梯形图时，不必特别输入 END 指令，因为该软件自动为每个程序段添加上 END 指令。

5.1.4 梯形图程序设计

1. 梯形图的构成要素

梯形图由左右母线、连接线、触点、输出线圈和应用指令组成。如图 5-23 所示。

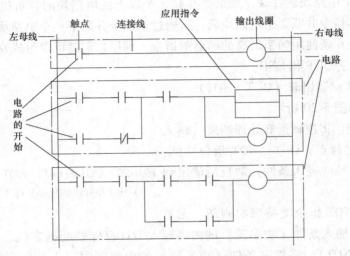

图 5-23 梯形图的构成要素

程序由多个电路构成。所谓电路是指切断母线时可以分割的单位（在助记符中，由 LD/LD NOT 指令 ~ LD/LD NOT 指令之前的输出系指令，输出系指令是指该指令执行后能够更改 PLC 存储单元的内容。）。电路由以 LD/LD NOT 指令为前端的电路块构成。在梯形图里电路也叫梯级，在 CX-P 梯形图编辑器里一个梯级占用一条。图 5-23 中的三个点画线框就是三个电路。

2. 助记符程序

助记符程序又称语句或语句程序，是指用指令语言记述梯形图的一系列程序。具有程序地址，一个程序地址对应于一个指令语言。它也是 PLC 常用的编程语言。PLC 是按照助记符程序从上到下的顺序来执行的。

梯形图必须使用 CX-P 软件或 CPT 软件才能输入到 PLC 中，而在一般的手持编程器中不能使用梯形图，只能使用助记符形式的语言。助记符可以提供与梯形图完全相同的内容，而且能够直接输入到 PLC 的存储器中。实验中，梯形图转换成助记符是很容易的。如何转换，会在后面学习。如图 5-24 所示的梯形图和助记符程序是同一个程序。

3. 梯形图程序的基本思维方式

1）用 PLC 执行梯形图程序时，信号（功率流）的流向为由左到右。对于希望由右到左执行的动作不能进行程序化。请注意，这和一般控制继电器构成的电路的动作不同。

例如由 PLC 执行如图 5-25 所示的梯形图程序时，括弧内的二极管作为插入的电路动作时，不能转入触点 D 来驱动线圈 R2，实际上按照右侧所示的助记符的顺序执行。实现不存在二极管的电路动作时，需要改写电路。此外，如图 5-26 所示，转入触点 E 的电路不能在梯形图中表现，电路动作不能直接程序化，需要进行改写。

2）输入/输出继电器、内部辅助继电器、定时器等触点的使用次数没有限制。但是，

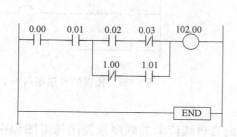

程序地址	指令	数据
0	LD	0.00
1	AND	0.01
2	LD	0.02
3	AND NOT	0.03
4	LD NOT	1.00
5	AND	1.01
6	OR LD	
7	AND LD	
8	OUT	102.00
9	END	

a)   b)

图 5-24   梯形图与助记符程序

a)梯形图   b)助记符程序

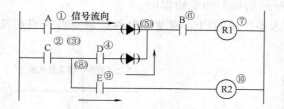

图 5-25   梯形图信号流示意图

与节约触点使用次数的复杂电路相比，结构简单的电路在维护等方面是一种最佳的设计方法。

3）在串联和并联电路中，构成串联的触点数和构成并联的触点数没有限制。

4）能够并联连接两个以上输出线圈或输出系指令。如图 5-27 所示，图5-27a 并联两个输出线圈，图5-27b 并联一个输出线圈和一个输出系指令。

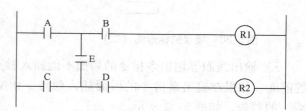

图 5-26   不能程序化的梯形图

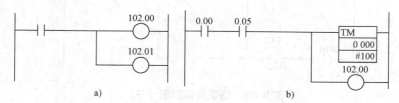

a)   b)

图 5-27   并联输出梯形图

5）能够将输出线圈作为触点使用。如图 5-28 所示，输出线圈 102.00，箭头所指的是它作常开触点用的符号及地址，线圈 102.00 得电，则它的常开触点为"ON"，常闭触点为"OFF"。

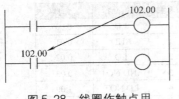

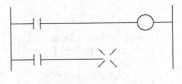

图 5-28　线圈作触点用　　　　　　　　　　图 5-29　错误的梯形图（一）

4. 梯形图程序构成上的限制

1）必须按照从左母线的信号（功率流）向右母线流动的顺序来关闭梯形图程序。没有关闭时为"电路出错"（但是可以运行）。如图 5-29 所示，第二个梯级没有关闭于右母线。"电路出错"时，CX-P 梯形图程序编辑器会在该梯级的左母线上以加粗的"红线条"作为警告。

2）不能直接通过左母线来连接输出线圈、定时器、计数器等输出系指令。直接连接左母线时，由 CX-P 进行的程序检查中会出现"电路出错"（但是可以运行，此时的 OUT 指令和 MOV 指令不动作）。如图 5-30 所示的梯形图是错误的。

若要始终为 ON 输入时，请插入不使用的内部辅助继电器的触点或条件标志的 ON（始终 ON 触点）。如图 5-31 所示。

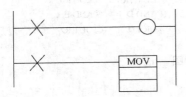

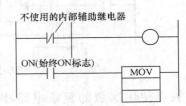

图 5-30　错误的梯形图（二）　　　　　　　图 5-31　正确的梯形图

3）输出线圈等输出系指令的后面不能插入触点。触点必须插到输出线圈等输出系指令的前面。如果在输出系指令的后面插入触点，由 CX-P 进行的程序检查中会出现"配置出错"的警告。如图 5-32 所示。

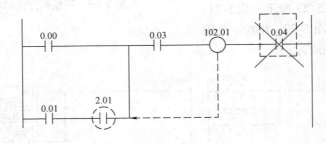

图 5-32　错误的梯形图（三）

4）不能重复使用输出线圈的继电器编号。一个周期中由于梯形图程序按照从高位电路到低位电路的顺序来执行，因此双重使用时，低位的电路动作结果会将高位电路的动作结果覆盖掉，最终输出的是低位电路的动作结果，高位电路的动作结果无效。有重复线圈输出时，CX-P 在编译时会警告，但可以运行。如图 5-33 所示的梯形图是错误的。

图 5-33　错误的梯形图（四）　　　　图 5-34　错误的梯形图（五）

5）输入继电器在输出线圈（OUT）中不能使用。如图 5-34 所示的梯形图是错误的。

6）请务必在分配到任务的各程序的最后插入 END 指令。

运行没有 END 指令的程序时，作为"无 END 指令"出现"程序出错"。CPU 单元前的"ERR/ALM"LED 灯亮，不执行程序。在 CX-P 梯形图程序编辑器中，不必特别加入 END 指令，CX-P 会自动为每个程序段加入 END 指令。

程序中有多个 END 指令时，仅执行最初的 END 指令为止的程序。试运行时，每个时序电路分段插入 END 指令。确认程序后，如果删除当中的 END 指令，则可以较顺利地进行试运行。如图 5-35 所示是 END 指令在梯形图中的作用。

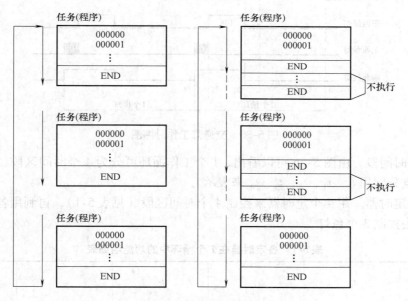

图 5-35　END 指令的作用

5.2　时序图设计法

当控制对象是开关量且按照固定顺序进行控制的系统，可用时序图设计法来设计程序。下面通过一个例子来介绍这种设计方法。

【例 5-1】　一个十字路口交通灯的控制装置，其控制要求是：

1）南北方向：绿灯亮 20s，黄灯闪烁 5s，红灯先亮 10s 再闪烁 5s，然后循环；闪烁频率为 1Hz。

2）东西方向：红灯先亮 20 s 再闪烁 5 s，绿灯亮 10 s，黄灯闪烁 5 s，然后循环；闪烁频率为 1 Hz。

3）系统启/停控制：用 1 个切换开关完成。当系统启动后按照上述要求循环工作；当系统停止后，全部灯都熄灭。

下面介绍用时序图编程的思路：

1）分析 PLC 的 I/O 信号。同一方向的 3 个色灯可以并联控制，故两个方向共需 6 个输出控制点；启/停切换开关信号要输入 PLC，需要占用一个输入点。

2）画出时序图。为了弄清各灯亮、灭的时间关系，根据控制要求，画出各方向 3 个色灯的工作时序图，如图 5-36 所示。

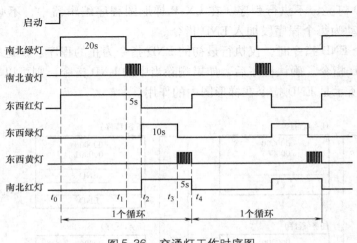

图 5-36　交通灯工作时序图

3）确定时间段。由图 5-36 可以看出，1 个工作循环可分为 4 个时间区段，这 4 个时间区段的分界点分别用 t_0、t_1、t_2、t_3、t_4 来表示。

4）使用定时器。用 4 个定时器来控制 4 个时间区段（见表 5-1），再利用各定时器之间的时序关系去控制 3 个色灯。

表 5-1　各定时器在 1 个循环中的功能明细表

分界点 定时器	t_0	t_1	t_2	t_3	t_4
T0 （定时 20 s）	开始定时，南北绿灯、东西红灯开始亮	定时到输出 ON，南北绿灯灭；南北黄灯和东西红灯均闪烁	ON	ON	开始下一个循环的定时
T1 （定时 25 s）	开始定时	继续定时	定时到输出 ON。南北黄灯和东西红灯均灭；东西绿灯、南北红灯均亮	ON	开始下一个循环的定时

（续）

分界点 定时器	t_0	t_1	t_2	t_3	t_4
T2 （定时 35s）	开始定时	继续定时	继续定时	定时到输出ON，东西绿灯灭；东西黄灯、南北红灯闪烁	开始下一个循环的定时
T3 （定时 40s）	开始定时	继续定时	继续定时	继续定时	定时到输出ON，东西黄灯、南北红灯灭；南北绿灯、东西红灯亮

5）PLC 选型与 I/O 分配。根据控制系统只需要 1 点输入、6 点输出的要求，可以选用 CP1HXA40DR-A 机型，其 I/O 分配情况见表 5-2。

表 5-2　交通灯控制系统的 I/O 分配表

输入	输　　出					
控制开关	南北绿灯	南北黄灯	南北红灯	东西绿灯	东西黄灯	东西红灯
0.00	100.00	100.01	100.02	100.03	100.04	100.05

6）设计程序。由图 5-36 可见，南北绿灯的亮：灭状态正好与 t_0 的状态相反；南北黄灯的闪烁条件是 t_0 为 ON 而 t_1 为 OFF；南北红灯亮：灭条件是 t_1 为 ON 而 t_2 为 OFF 时亮，t_2 为 ON 而 t_3 为 OFF 时闪烁。闪烁用 P_ 1s 来实现。

东西红灯在 t_0 为 OFF 时亮，在 t_0 为 ON 而 t_1 为 OFF 时闪烁；东西绿灯在 t_1 为 ON 而 t_2 为 OFF 时亮；东西黄灯在 t_2 为 ON 而 t_3 为 OFF 时闪烁。当定时器 T3 定时到时，应该使所有定时器均复位，然后开始下一次循环的定时。根据时序图设计交通灯控制梯形图，如图5-37所示。

7）存在的问题与思考。本控制系统没有考虑时间的显示问题，如果要求用 LED 显示时间，则需要使用晶体管输出模块。另外，考虑黄灯、红灯的闪烁问题，现在 1 个循环要求以 1Hz 闪烁 5s，循环周期为 40s，即 5 次闪烁 40s，按运行 10h/天计就要闪烁 4500 次，65 天就达到继电器的寿命 30 万次。所以，应该改用晶闸管输出模块，并尽可能地降低闪烁频率。

下面将时序图设计法步骤归纳如下：

1）分析控制要求，确定 I/O 信号，合理选择 PLC 机型。

2）明确各输入和输出信号之间的时序关系，画出工作时序图。

3）将时序图划分为若干时间段，并确定时间段的时间长短。找出时间段间的分界点，确定分界点处各输出信号状态的转换关系和转换条件。

4）确定所需定时器的个数、分配编号，确定定时器的设定值，确定各定时器的功能明细。

5）进行 I/O 分配。

6）根据定时器的明细表、时序图和 I/O 分配，设计出梯形图程序。

以上的设计步骤与前面所说的 PLC 设计流程的 6 个步骤不相矛盾，而是属于这 6 个步骤中某些环节的具体体现。

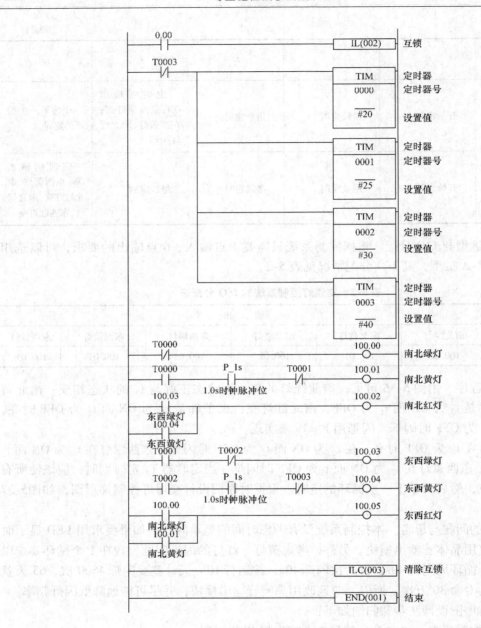

图 5-37 交通灯控制梯形图

第 6 章

PLC的应用设计

6.1 PLC 控制系统的设计原则

设计、应用 PLC 控制系统，应主要遵循以下几个原则：

1）保证能满足控制对象的工艺要求，能按照工艺流程准确而且可靠地工作。

2）系统构成应力求简单、实用，系统易操作、调整，检修方便。

3）设计合理、经济，能发挥 PLC 控制的优点。

6.1.1 选用 PLC 控制系统的依据

现如今的控制系统主要有继电器——接触器控制系统、PLC 控制系统和微机控制系统 3 种控制方式。在实际应用场合中，究竟应选取哪一种更合适，应从技术上的可行性、经济上的合理性等各方面进行比较认证，但可以肯定，随着 PLC 技术的进步，PLC 的应用范围不断扩大，我国经济的不断发展和工业化、自动化程度的逐步提高，PLC 的应用将会越来越多。是否选用 PLC 作控制系统，应主要依据以下几点：

1）输入、输出量以开关量为主，也可以有少量模拟量。

2）I/O 点数较多（当总数大于 10 以上时就应该考虑选用 PLC）。

3）控制对象工艺流程比较复杂，逻辑设计部分用继电器控制难度较大。

4）生产线有较大的工艺变化或控制系统扩充的可能性较大。

5）现场处于工业环境，而又要求控制系统具有较高的工作可靠性。

6）系统的调试比较方便，能在现场进行。

6.1.2 PLC 控制系统的设计步骤

PLC 控制系统的设计方法与传统的继电器——接触器控制系统的设计相比较，组件的选择代替了原来的器件选择，程序设计代替了原来的逻辑电路设计。一个 PLC 控制系统的设计步骤大体如图 6-1 所示。

1. 工艺分析

首先必须对控制对象进行调查，搞清楚控制对象的工艺过程、工作特点，明确划分控制的各个阶段、各阶段的特点以及相互间的转换条件，画出完整的功能表图和控制流程图。

2. 机型选择

选择 PLC 机型时应考虑到功能选择、I/O 点数确定和内存估计、工业现场几项内容。

（1）功能选择

一般的小型控制系统，小型 PLC 已能适用，但具体到实际问题时，选择时应考虑到 I/O 扩展模块、A-D 和 D-A 模块指令功能、中断能力和与外设通信功能。选择机型时切忌出现"大材小用"和"小马拉大车"的现象。

（2）I/O 点数确定

根据控制系统所需要的开关量、模拟量的 I/O 点数，选择 PLC 的 I/O 点数和种类。选择时一方面要尽可能地降低费用，另一方面要在满足现有控制要求的情况下，在可能的条件下，考虑适当地留有余地，供系统以后增加功能时备用，即要考虑控制系统的"可持续发展"问题。

（3）内存估计

用户程序所需的内存容量主要与系统的 I/O 点数、控制要求和编程者的编程水平有关。在大多数情况下，PLC 本身的内存容量已足够，但在某些复杂的控制系统中，需要考虑到内存容量的问题。

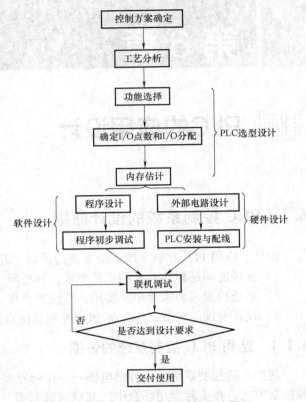

图 6-1　PLC 控制系统设计步骤流程图

（4）工业现场调查

可编程序控制器是专为工业环境应用而设计的，具有可靠性高、抗干扰能力强的特点，一般不需要采取特别的措施，就可直接用于工业环境中。但由于工业控制现场环境条件大多比较恶劣，各种干扰强，其工作环境有时就很难预料。因此，对 PLC 所工作的工业现场就要进行工业现场调查，当可编程序控制器不能满足要求时，还要对可编程序控制器采取适当的防护措施，一般来说，工业现场调查包括以下几项内容：

1）环境温度和环境湿度；

2）可编程序控制器机架的振动和冲击情况；

3）环境内的电磁干扰情况；

4）工作环境内有无腐蚀气体和过量粉尘；

5）供电电源情况。

不同品牌、不同型号的 PLC，对工作环境的要求各有不同，用户在选择 PLC 机型时，无疑是要注意的。具体到松下电工 FP 系列的 PLC，所规定的工作环境和安装条件如下：

1）环境温度为 0～55℃且不可急剧变化，相对湿度为 30%～85%（RH）之间且无凝结。

2）不能受到直接的光照。

3）不可将 PLC 安装在有金属微粒、过多的浮尘、汽油、油漆、酒精及其他有机溶液、强烈碱性溶液（如氨、烧碱等）、有害气体、易燃气体的场所。

4）不要安装在有较大振动和冲击的地方（PLC 能抗击 3 轴方向、持续 10min，10 ~ 55Hz，±0.75mm 的振动，能抗击 3 轴方向，4 次 98m/s² 的冲击）。

5）也不要安装在其内有高压设备、电源及电缆、无线电及其他任何会产生较大干扰部件的机柜中。

3. 硬件设计

硬件部分的设计包括外部电路的设计，绘制电气控制系统的单装配图和总接线图，设计组件装配图和接线图，以及 PLC 的安装和配线。

PLC 的外围电路包括 I/O 接口电路、电源电路、接地电路、执行电路（如电动机、电磁阀）的主电路和一些不进入 PLC 的控制、保护电路等。控制、保护电路包括为提高控制可靠性的原继电器——接触器控制系统的一些互锁、限位、零压、过载等控制与保护环节，以及一些由非继电器组成的电路（如开启液压泵，冷却液泵的接触器，一些信号指示灯）等。在进行 PLC 控制系统设计时，为了应对特殊情况，从人身安全和设备安全两方面看，应该保留一些至关重要的装置，如事故开关、紧急停机装置等。一般要求这些装置采用非半导体的机电器件组成，对此，很多国家和有关国际组织有明确的规定：应考虑使用独立于 PLC 的紧急停机功能。在操作人员易受机器影响的地方，例如在装卸机器工具时，或者机器自动传动的地方，应考虑使用一个机电式过载器或其他独立于 PLC 的冗余工具，专门用于启动和终止操作。

考虑到安全性的要求，除了设计有自动操作方式和手动操作方式外，还要再设计就地操作方式，这对提高控制系统的可靠性以及灵活性都有益处。所谓就地操作是指在机旁不经过 PLC，直接通过操作盘控制电气设备的操作。它与手动操作的区别是：手动操作虽然也是通过操作盘控制电气设备的操作，但是与 PLC 仍有联系（此时，PLC 起监测作用，不作控制）。就地操作的优点是操作时，只要切换一下转换开关，就可脱离 PLC，而完全不用考虑 PLC 系统软硬件的完整性、正确性和可靠性问题，缺点是增加了操作盘的复杂性。目前，几乎所有的 PLC 控制系统都设计了就地操作的器件、设备、电路等。

硬件设计是决定软件设计方法及思路的前提，具体的硬件设计要求与控制对象所完成的功能有很大关系，同时要考虑安全可靠、高效节能和操作简便等因素，还要和系统设计步骤中的 PLC 外部接线设计结合起来，一般情况下要注意以下几点：

1）PLC 系统布线时应该将动力线与信号线分开，将模拟信号传输线与脉冲信号传输线分开，对于传输距离比较远的信号，要考虑传输线分布参数引起的信号变形和传输延迟以及所引入的干扰。

2）PLC 系统电源上电需要设计一定的顺序。一般情况下，系统中应该是 PLC 先得电，因为所有的控制信号由它先发出，一些故障也是需由它先判断。PLC 得电后，动力部分才能得电。断电的时候动力部分先断电，控制部分才能断电。

4. 程序设计

程序设计的主要任务就是根据控制要求，把工艺流程图转换成梯形图。

程序设计应在熟练掌握 PLC 指令系统的基础上，充分合理地应用 PLC 的指令，最大限度地发挥 PLC 控制的优点。例如对于较简单的工艺流程，可以采用类似继电器电路的设计方法来设计梯形图，复杂一些的可以按照工艺流程的功能表图（控制流程图）以及利用步进指令或移位指令来实现顺序控制等。

在设计控制程序时，要注意将所使用到的"软继电器（内部继电器、定时器、计数器等）"列表，标明其用途（输入、输出继电器已单独编入 I/O 配置表中，也可以将其余软继电器列在一起），作为系统设计的资料之一，便于程序设计、调试和系统运行维护、检修时查阅。

5. 程序初调

程序编制好后，可使用编程工具将程序输入 PLC 主机中，然后模拟输入信号和控制对象（用开关板或电灯泡，PLC 上的输出指示灯），进行程序功能的调试。

6. 联机调试

软硬件的设计、装配、调试工作基本完成之后，就可以进行联机调试了。在调试之前，还需要对 PLC 整个控制系统进行一次全面的检查，检查内容主要有外观检查、电源检查（地线是否符合要求）、输入/输出配线（可否用输入端指示或 I/O 监视功能检查，输出端可否用 ON/OFF 功能进行检查）、连接电缆是否连接正确并锁紧、程序是否已输入主机中。

在调试中出现的问题，应根据查找到的软硬件问题对症下药，属软件方面的问题，要修改 PLC 程序。属硬件方面的问题，要修正外部电路配置和设计，排除线路故障。待找到的问题解决后，再联机调试，调试成功的 PLC 控制系统要尽可能地试运行较长一段时间，才可投入正常使用。

6.2　PLC 编程原则

编写 PLC 程序应该遵循以下基本原则：

1）梯形图每一行都是从左母线开始，线圈接在最右边，触点不能放在线圈的右边。

在继电器控制系统中，热继电器的触点可以加在线圈的右边，而 PLC 的梯形图是不允许的，参见图 6-2。

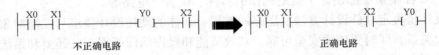

图 6-2　线圈必须接在最右边

2）线圈不能直接和左母线相连。如果需要，可以加上一个没有使用的内部继电器的常闭触点或者特殊内部继电器 R9010（常闭继电器）来连接，参见图 6-3。

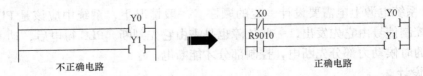

图 6-3　线圈不能直接和左母线相连

3）外部输入/输出继电器、内部继电器、定时器、计数器等器件的触点可多次重复使用（见图 6-4）。同一编号的线圈在一个程序中不能使用两次，否则会引起"双线圈输出错误"（见图 6-5）。

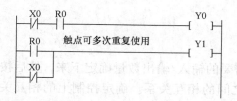
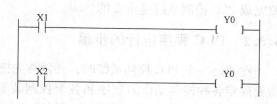

图 6-4　触点可多次重复使用图　　　　　图 6-5　双线圈输出错误

4）梯形图程序必须符合顺序执行的原则，即从左到右、从上到下执行，如图 6-6 所示的桥式电路不能直接编程，图 6-7 是将"混联"桥式电路化简后可用的电路。

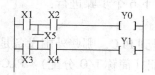
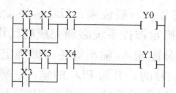

图 6-6　桥式电路不能直接编程　　　　　图 6-7　化简后的桥式电路

5）梯形图程序中串联触点使用的次数无限制，两个或两个以上的线圈可以并联但不能串联，参见图 6-8 和图 6-9。

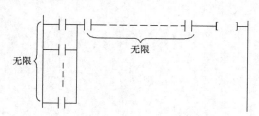
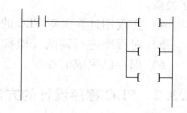

图 6-8　串联触点可以无限制使用　　　　　图 6-9　线圈可以并联输出

6）梯形图程序最好应遵循"头重脚轻、左重右轻"的原则，这样的梯形图美观、整洁、符合结构化程序设计的要求，图 6-10 是将一个层级电路化简为多支路电路的程序。

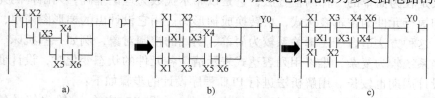

图 6-10　化层级电路成多支路电路

a）层级电路　b）层级电路化简　c）层级电路化简（最优）

6.3　PLC 程序设计方法

程序设计是整个系统设计的关键环节，设计一个 PLC 控制系统，大量的工作时间将花在程序设计上，熟悉 PLC 程序设计的过程和步骤，常见程序设计方法，对快速、优质、高效完成 PLC 控制系统是重要的。

6.3.1　PLC 程序设计的步骤

在建立一个 PLC 控制系统时，必须首先把系统需要的输入/输出数量确定下来，然后按需要确定各种控制动作的顺序和各个控制装置彼此之间的相互关系。确定控制上的相互关系，分配 PLC 的输入/输出点、内部辅助继电器、定时器、计数器之后，就可以设计 PLC 程序，画出梯形图。在画梯形图时，要注意每个从左母线开始的逻辑行必须终止于一个继电器线圈或定时器、计数器，与实际的电路图不一样。梯形图画好后，使用编程软件直接把梯形图输入计算机并下载到 PLC 进行模拟调试，修改下载直至符合控制要求，这便是程序设计的整个过程。一般说来，PLC 程序设计的整个过程可分成以下 6 个步骤进行：

1) 确定被控系统必须完成的动作及完成这些动作的顺序。

2) 分配输入/输出设备，即确定哪些外围设备是送信号到 PLC，哪些外围设备是接收来自 PLC 信号的，并将 PLC 的输入、输出口与之对应进行分配（简称 I/O 分配）。PLC 是按编号来区别操作元件的，I/O 分配时对元件的编号使用一定要明确。同一个继电器的线圈（输出点）和它的触点要使用同一编号；每个元件的触点使用时没有数量限制，但每个元件的线圈在同一程序中不能出现多用途。对输入触点，程序不能随意改变其状态。

3) 设计 PLC 程序画出梯形图。梯形图体现了按照正确的顺序所要求的全部功能及其相互关系。

4) 实现用计算机对 PLC 的梯形图直接编程。

5) 对程序进行调试（模拟和现场）。

6) 保存已完成的程序。

6.3.2　PLC 程序设计的方法

PLC 程序设计的方法通常有解析法（逻辑设计法）、翻译法（经验设计法）和顺序功能图设计法（逐步探索法）等。

1. 解析法（逻辑设计法）

解析法是较为简单的一种编程方法，它是以布尔代数为理论基础，列出检测元件、中间记忆元件和执行元件的逻辑表达式，再转换成梯形图。用它设计出的梯形图简单，占用的元件内存少，这种方法适合于逻辑关系较为简单、明确的控制对象，例如一些机床、简单加工装置等。当系统较为复杂，难以用列表达式表示清楚各元件的状态变化时，设计变得复杂难以掌握，设计周期也较长。用解析法进行 PLC 程序设计的步骤如下：

1) 用不同的逻辑变量来表示各输入/输出信号，并设定对应输入/输出信号各种状态时的逻辑值；

2) 根据控制要求，列出状态表或画出时序图；

3) 由状态表或时序图写出相应的逻辑函数，并进行化简；

4) 根据化简后的逻辑函数画出梯形图。

【例 6-1】　解析法举例。

某矿井通风系统共有 4 台通风机，要求在以下几种运行状态下发出不同的信号。

1）3 台及 3 台以上开机时，绿灯常亮；

2）2 台开机时，绿灯以 10Hz 的频率闪烁；

3）1 台开机时，红灯以 10Hz 的频率闪烁；

4）全部停机时，红灯常亮，蜂鸣器尖叫。

（1）I/O 分配

设 4 台通风机的编号为 1#，2#，3#，4#，对应的输入信号为 X0，X1，X2，X3，输出信号为红灯 Y0，绿灯 Y1，蜂鸣器 Y2，作 I/O 分配如表 6-1 所示。

表 6-1　【例 6-1】的 I/O 分配表

输　入				输　出		
通风机 1#	通风机 2#	通风机 3#	通风机 4#	红灯	绿灯	蜂鸣器
X0	X1	X2	X3	Y0	Y1	Y2

（2）作真值表和逻辑表达式，转换成梯形图程序

设定对应输入/输出信号各种状态时的逻辑值如下：通风机开机为"1"，停为"0"；灯亮为"1"，灯灭为"0"；蜂鸣器叫为"1"，不叫为"0"。

1）红灯常亮和蜂鸣器叫的程序设计。

红灯 Y0 常亮、蜂鸣器 Y2 叫的前提是 4 台通风机 X0 ~ X3 都停机，据此可列出逻辑真值表，再根据真值表求出输入/输出逻辑表达式，然后转换成梯形图程序，设计过程可用图 6-11 表示。

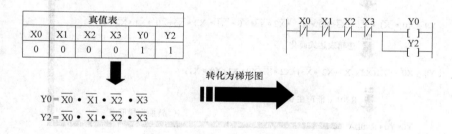

图 6-11　红灯常亮的程序设计

2）绿灯常亮的程序设计。

绿灯 Y1 常亮的条件是 3 台或 3 台以上通风机开机，将所有的组合情况排列出来可得到真值表，再根据真值表转换成逻辑表达式，将化简后的逻辑表达式转换成梯形图，整个设计过程可以用图 6-12 表示。

3）红灯闪烁的程序设计。

红灯闪烁的条件是只要 1 台通风机开机就行，因此有 4 种组合情况。要使红灯以 10Hz 的频率闪烁，可以借助 0.1s 的时钟脉冲继电器 R901A，将真值表化成逻辑表达式，再将化简后的逻辑表达式转换成梯形图，整个设计过程参见图 6-13。

4）绿灯闪烁的程序设计。

当 2 台通风机开机时，要求绿灯闪烁，因此绿灯闪烁的组合情况最复杂，有 6 种。列出其逻辑真值表，再将真值表转化成逻辑表达式并化简，同样欲使绿灯以 10Hz 的频率闪烁，

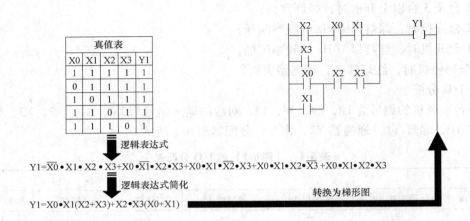

图6-12　绿灯常亮的程序设计

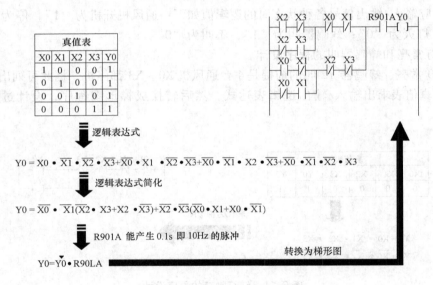

图6-13　红灯闪烁的程序设计

可借助 0.1s 的时钟脉冲继电器 R901A，将化简后的逻辑表达式转换成梯形图，整个绿灯闪烁的程序设计过程参见图 6-14。

（3）整合

以上只是题目 4 中间的小程序，虽然采用逻辑法已经画出各自的 PLC 程序，但还不是完整的 PLC 程序，即使能执行也不能符合本题题意，达不到控制的目的，因此需要将这 4 个小程序整合成一个整体。整合后的 PLC 程序如图 6-15 所示。

2. 翻译法

翻译法是一种依据继电器控制线路原理图，用 PLC 对应符号翻译成梯形图的方法。图 6-16 是电动机起停自保持电路的电气控制梯形图和 PLC 梯形图。

从图中不难看出，二者基本是一致的，只是具体表达上有一定的区别。对于广大熟悉继电器控制技术的电气人员来说，在掌握继电器控制技术的基础上，画出 PLC 梯形图，再进

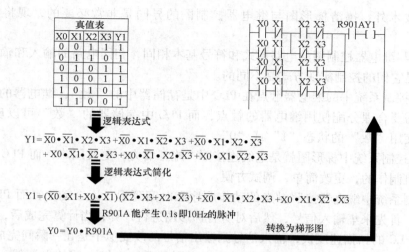

图 6-14　绿灯闪烁的程序设计

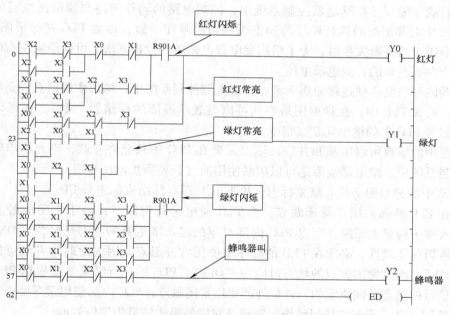

图 6-15　整合后的 PLC 程序梯形图

图 6-16　电气控制图翻译成 PLC 梯形图

一步优化及完善，十分方便快捷、形象直观，翻译法又称为经验设计法，一般多用于机床线路的 PLC 改造。

从上述可知，要使用翻译法编程，由继电器控制图来转换 PLC 梯形图是基础，除要熟悉继电器控制技术外，搞清梯形图与继电器控制图的异同是非常必要的，现将它们比较如下：

1）梯形图与继电器控制图的电路形式和符号基本相同，相同电路的输入和输出信号也基本相同，但是它们的控制实现方式是不同的。

2）继电器控制系统中的继电器触点在 PLC 中是存储器中的"数"，继电器的触点数量有限，设计时需要合理分配使用继电器的触点，而 PLC 中存储器的"数"可以反复使用，因为控制中只使用"数"的状态"1"或"0"。

3）继电器控制系统中梯形图就是电线连接图，施工费力，更改困难，而 PLC 中的梯形图是利用计算机制作的，更改简单，调试方便。

继电器控制系统中继电器按照触点的动作顺序和时间延迟，逐个动作，而 PLC 是按照扫描方式工作，首先采集输入信号，然后对所有梯形图进行计算，当计算完成后，将计算结果输出，由于 PLC 的扫描速度快，输入信号到输出信号的改变似乎是在一瞬间完成的。

梯形图左右两侧的母线对继电器控制系统来说则是系统中继电器的电源线，而在 PLC 中这两根线已经失去了意义，只是为了维持梯形图的形状。梯形图按行从上至下编写，每一行从左向右顺序编写。在继电器控制系统中，控制电路的动作顺序与梯形图编写的顺序无关，而 PLC 中对梯形图的执行顺序与梯形图编写的顺序一致，因为 PLC 视梯形图为程序。在分析梯形图中的逻辑关系时，为了借用继电器电路图的分析方法，可以想象左右两侧母线之间有一个左正右负的直流电源电压。

梯形图的最右侧必须连接输出元素，在继电器控制系统中，梯形图的最右侧是各种继电器的线圈，而在 PLC 中，在梯形图最右侧可以是表示线圈的存储器"数"，还可以是计数器、定时器等 PLC 上的输出元素或指令。

梯形图中的触点可以串联和并联，输出元素在 PLC 中只允许并联，不允许串联，而在继电器控制系统中，继电器线圈是可以串联使用的（只要所加电压合适）。

在 PLC 中的梯形图必须有结束标志，松下电工 PLC 的结束标志是 ED。

如果在 PLC 外部采用了常闭触点，当 PLC 通电运行程序时，由于常闭的触点已经使PLC 的输入端子构成了回路，所以 PLC 内部对应的输入继电器的状态已经为"ON"。为了保证控制逻辑的正确性，必须在 PLC 的程序中使用常开触点，因为此时常开触点的状态也对应为"ON"，而其常闭触点的状态对应为"OFF"，PLC 的执行结果是要根据 PLC 程序和外部输入信号的状态共同决定的，PLC 外部使用常闭触点，PLC 内部使用常开触点，正好符合了"对按钮或开关不施加任何动作，则该点对应的操作结果为使信号通过"。

【例 6-2】 翻译法举例。

电动机自耦减压起动继电器控制原理如图 6-17 所示。

起动时，按下控制按钮 SB0，KM3 接通并自保，触点 KM3 的闭合，使得 KM2，KT 通电，经过一定的延时，KA1 接通，KM3，KM2 断开，KM1 通电，电动机正常运转，从而完成自耦减压起动。当按下停止按钮 SB1 时，KM1 断开，电动机停止运转。图中 L1 为运行指示灯，L2 为停止指示灯，L3 为故障指示灯。当系统发生故障，热保护动作时，FR 闭合，KA2 接通并自保，L3 指示灯接通报警，同时断开 KM1，电动机停止运转。

（1）I/O 分配

根据前面讲述的确定输入/输出点数的原则，确定输入/输出点数并进行 I/O 及其他继电

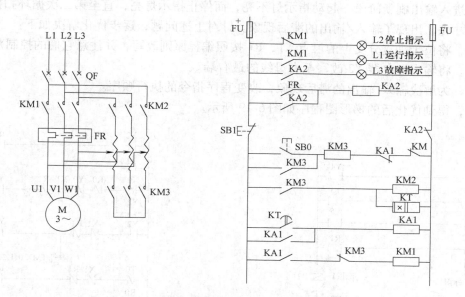

图 6-17　电动机自耦减压起动继电器控制原理图

器的地址分，如表 6-2 所列。

表 6-2　【例 6-2】中的 I/O 分配表

输入分配		输出分配	
起动信号 SB0	X0	线圈 KM1	Y0
停止信号 SB1	X1	线圈 KM2	Y1
热保护继电器 FR	X2	线圈 KM3	Y2
中间继电器 KA1	R0	运行指示灯 L1	Y3
中间继电器 KA2	R1	停止指示灯 L2	Y4
时间继电器 KT	T0	故障报警指示灯 L3	Y5

（2）翻译

用上述确定的 I/O 及其他继电器对图 6-17 电路一对一替换"翻译"，翻译后的电路图如图 6-18 所示。

（3）优化

PLC 梯形图和继电器电路图有着本质的区别。继电器是硬件，只要接通电源，整个系统处于带电状态，继电器的动作顺序同它在电路图上的位置和顺序无关，称为并行工作，而 PLC 是一种软件，串行工作，即 PLC 的 CPU 同一时刻只能处理一条指令。因此通过一对一替换后的梯形图并不一定是合理、正确的梯形图，需进一步优化。按照 PLC 编程原则，图 6-18 梯形图中存在以下问题：

1）触点处于垂直分支上，见图中标识 1 的 X1 和 R1。

2）输出继电器 Y2 后仍有触点，没有处于逻辑行的最右端，见图中标识 2。

3）存在输入/输出后的滞后现象。梯形图中各输出指示灯，第一次进入循环扫描，虽然起动开关已接通，但第一个扫描到的是触点 Y0，由于这时 Y0 为非动作状态，所以扫描过程结束，进入输出刷新阶段，起动指示灯不亮，而停止指示灯亮，直至第二次循环扫描，起动指示灯才亮，出现了输入/输出的滞后现象。针对上述问题，逐步优化解决如下：

首先，将位于垂直分支上的触点 X1，R1 按照编程原则改写，并注意它们的控制范围。

其次，将输出继电器 Y2 改写至右母线的最右端。

再次，为解决输入/输出的滞后现象，改变程序指令的执行顺序。

最后，得到优化后的梯形图程序如图 6-19 所示。

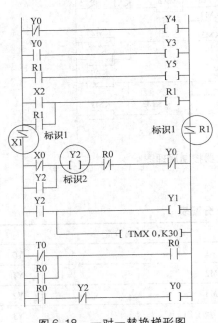

图 6-18　一对一替换梯形图

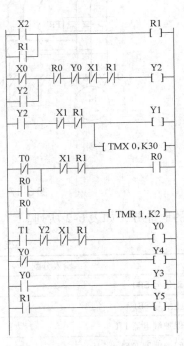

图 6-19　优化后梯形图

一般在转化时，还应分析解决 PLC 和继电器因工作原理不同产生的不良影响。这一点应在实际生产中具体情况具体分析，在图 6-18 中，电动机自耦减压起动控制过程正是利用了继电器通电后，常闭触点断开，常开触点后接通这一特性达到一定的控制目的，但若为 PLC 控制，软继电器没有这一特性，使得系统较易发生短路，可靠性降低，因此在梯形图程序中要进行处理，可用常开触点接通一个短延时定时器，再用定时器的常开触点接通控制对象，以实现常闭和常开动作的时间差，如图 6-19 中的定时器 T1。该 PLC 系统的 I/O 接线如图 6-20 所示。

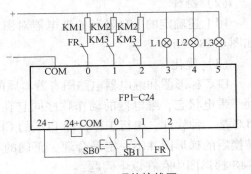

图 6-20　硬件接线图

3. 顺序控制设计法（逐渐探索法）

所谓顺序控制，就是按照生产工艺预先规定的顺序，在各个输入信号的作用下，根据内部状态和时间的顺序，在生产过程中各个执行机构自动、有秩序地进行操作。使用顺序控制设计法时首先要根据系统的工艺过程，画出顺序功能图，然后根据顺序功能图画出梯形图。根据工艺流程画出顺序功能图是顺序控制设计法的关键。

（1）顺序功能图的由来和组成

顺序功能图是描述控制系统的控制过程、功能和特性的一种图形，顺序功能图并不涉及所描述的控制功能的具体技术，它是一种通用的技术语言，可以供进一步设计和不同的专业人员之间进行技术交流。

在法国的 TE 公司研制的 Grafcet 的基础上，1978 年法国公布了用于工业过程文件编制的法国标准 Afcet，第二年公布了功能图（FunctionChart）的国家标准 Grafcet，它提供了所谓的步（Step）和转换（Transition）这两种简单的结构，这样可以将系统划分简单的单元，并定义出这些单元之间的顺序关系。

1994 年 5 月公布的 IEC 可编程序控制器标准 IEC1131-3 中，顺序功能图被确定为可编程序控制器位居首位的编程语言，我国在 1986 年颁布了顺序功能图的国家标准 GB 6988.6—1986。顺序功能图主要由步、有向连线、转换、转换条件和动作（或命令）组成。

1）步。顺序控制设计法最基本的思想是将系统的一个工作周期划分为若干个相连的阶段，这些阶段称为"步（Step）"，并用编程元件（例如内部存储器 R）来代表各步。步是根据输出量的"状态"变化来划分的，在任何一步之内，各输出量的 ON/OFF 状态不变，但是相邻两步输出量的状态是不同的。步的这种划分使代表各步的编程元件的状态与各输出量的状态之间有着极为简单的逻辑关系。

例如图 6-21a 是某组合机床动力头的进给运动，根据控制动力头运动的 3 个电磁阀输出量 0/1 状态的变化，一个工作周期可分为等待起动停在左边时的初始阶段，按下起动按钮后动力头向右快速进给（简称快进）阶段，碰到限位开关 X1 后变为工作进给（简称工进）阶段，碰到 X2 后快速退回（简称快退）4 个阶段，即一个机床动力头工作周期可以分为初始、快进、工进和快退 4 步。用矩形方框表示步，在方框中用数字或者用代表该步的编程元件的地址表示该步的编号，画出描述该机床动力头进给运动的顺序功能图如图 6-21b 所示。

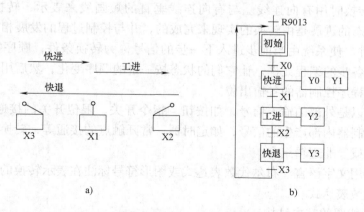

a)　　　　　　　　　　　　b)

图 6-21　某机床动力头进给顺序功能图

a）动力头的进给运动示意图　b）顺序功能图

与系统的初始状态相对应的步称为初始步，初始状态一般是系统等待起动命令的相对静止状态。初始步用双线方框表示，第一个顺序功能图至少应该有一个初始步。

2）与步对应的动作或命令。可以将一个控制系统划分为被控系统和施控系统，例如在数控车床系统中，数控装置是施控系统，而车床是被控系统。对于被控系统，在某一步中要完成某些动作；对于施控系统，在某一步中则要向被控系统发出某些命令。为了叙述方便，下面将命令或动作统称为动作，并用矩形框中的文字或符号表示，该矩形框应与相应步的符号相连。

如果某一步有几个动作，可以用图 6-22 中的两种画法表示，但是并不隐含这些动作之间的任何顺序。

图 6-22   步动作的画法

当系统正处于某一步所在的阶段时，该步处于活动状态，称该步为活动步。当处于活动状态时，相应的动作被执行，处于不活动状态时，相应的非存储型动作被停止执行。

3）有向连线。在顺序功能图中，随着时间的推移和转换条件的实现，步的活动状态将会发生进展，这种进展按有向连线规定的路线和方向进行，在画顺序功能图时，将代表各步的方框按它们成为活动步的先后次序顺序排列，并用有向连线将它们连接起来。步的活动状态通常的进展方向是从上到下，或从左到右，在这两个方向上的有向连线的箭头可以省略。如果不是上述的方向，应在有向连线上用箭头注明进展方向。在可以省略箭头的有向连线上，为了更易于理解也可以加箭头。

如果在画图时有向连线必须中断（例如在复杂的图中，或用几个图来表示一个顺序功能图时），应在有向连线中断之处标明下一步的标号和所在的页数，如步 50，5 页。

4）转换。转换时用有向连线上与有向连线垂直的短画线来表示，转换将相邻两步隔开，步的活动状态的进展是由转换的实现来完成的，并与控制过程的发展相对应。

5）转换条件。使系统由当前步进入下一步的信号称为转换条件，顺序控制设计法用转换条件控制代表各步的编程元件，让它们的状态按一定的顺序变化，然后用代表各步的编程元件去控制可编程序控制器的各输出位。

转换条件可以是外部的输入信号，如按钮、指令开关、限位开关的接通/断开等，也可以是可编程序控制器内部产生的信号，如定时器、常开触点的接通等，转换条件还可能是若干个信号的与、或、非逻辑组合。

转换条件可用文字语言、布尔代数表达式或图形符号标注在表示转换的短线旁边，使用最多的是布尔代数表达式。

（2）顺序功能图的基本结构

1）单向结构。单向结构由一系列相继激活的步组成，每一步的后面仅有一个转换，每一个转换的后面只有一个步，如图 6-23a 所示。

2）选择结构。选择结构的开始称为分支，转换符号只能标在水平连线之下，如图 6-23b所示。如果步 3 是活动步，并且转换条件 h = 1，则发生由步 3→步 4 的进展。如果步 3

是活动步，并且 k = 1，则发生由步 3→步 6 的进展。如果选择条件 k 和 h 同时为 ON 时，将优先选择 h 对应的结构。选择有双向选择和多向选择，一般只允许同时选择一个方向，选择结构的结束称为合并，当满足合并条件时，则退出选择结构，进入步 8。

3）并行结构。并行结构的开始称为分支，当转换的实现导致几个结构同时激活时，这些结构称为并行结构，如图 6-23c 所示。当步 3 是活动的，并且转换条件 e = 1，4 和 6 这两步同时变为活动步，同时步 3 变为不活动步。为了强调转换的同步实现，水平连线用双线表示。并

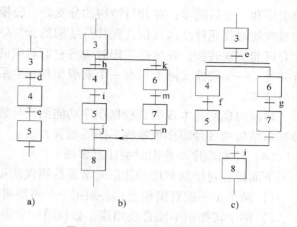

图 6-23　顺序功能图基本结构
a）单向结构　b）选择分支结构　c）并行分支结构

行结构的结束称为合并，在表示同步的水平双线之下，只允许有一个转换符号。当直接在双线下的所有前级步（步 5、步 7）都处于活动状态，并且转换条件 i = 1，才会发生步 5、步 7 到步 8 的进展。

4）子步（MicroStep）。在顺序功能图中，某一步可以包含一系列子步和转换，通常这些结构表示系统的一个完整的子功能，子步的使用使系统的设计者在总体设计时容易抓住系统的主要矛盾，用更加简洁的方式表示系统的整体功能和概貌，而不是一开始就陷入某些细节之中。设计者可以从最简单的对整个系统的全面描述开始，然后画出更详细的顺序功能图。子步中还可以包含更详细的子步，这种设计方法的逻辑性很强，可以减少设计中的错误，缩短总体设计和查错需要的时间，参见图 6-24。

（3）顺序功能图中转换实现的基本规则

1）转换实现的条件。在顺序功能图中，步的活动状态的进展是通过转换的实现来完成的。转换实现必须同时满足两个条件：

① 该转换所有的前级步都是活动步。

② 相应的转换条件得到满足。

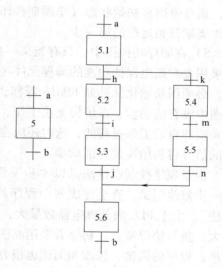

图 6-24　子步

如果转换的前级步或后续步不止一个，转换的实现则称为同步实现，为了强调同步实现，有向连线的水平部分用双线表示。

2）转换实现应完成的操作。转换实现时应完成以下两个操作：

① 使所有由有向连线与相应转换符号相连的后续步都变为活动步。

② 使所有由有向连线与相应转换符号相连的前级步都变为不活动步。

以上规则可以用于任意结构中的转换，其区别如下：在单向结构中，一个转换仅有一个

前级步和一个后续步；在并行结构的分支处，转换有几个后续步，在转换实现时应同时将它们对应的编程元件全部置位，在并行结构的合并处，转换有几个前级步，它们均为活动步时才有可能实现转换，在转换实现时应将它们对应的编程元件全部复位；在选择结构的分支与合并处，一个转换实际上只有一个前级步和一个后续步，但是一个步可能有多个前级步或多个后续步。

转换实现的基本规则是根据顺序功能图设计梯形图的基础，它适用于顺序功能图中的各种基本结构和各种顺序控制梯形图的编程方法。

（4）绘制顺序功能图时的注意事项

下面是针对绘制顺序功能图时常见的错误所提出的注意事项。

1）两个步不能直接相连，必须用一个转换将它们隔开。

2）两个转换也不能直接相连，必须用一个步将它们隔开。

3）顺序功能图中的初始步一般对应于系统等待启动的初始状态，这一步可以没有什么输出处于 ON 状态，因此有的初学者在画顺序功能图时很容易遗漏这一步。初始步是必不可少的，一方面该步与它们的相邻步相比，从总体上说输出变量的状态各不相同，另一方面如果没有该步，无法表示初始状态，系统也无法返回停止状态。

4）自动控制系统应能多次重复执行同一工艺过程，因此在顺序功能图中一般应有由步和有向连线组成的闭环，即在完成一次工艺过程的全部操作之后，应从最后一步返回初始步，系统停留在初始状态（单周期操作），在连续循环工作方式时，将从最后一步返回下一工作周期开始运行的第一步。

5）在顺序功能图中，只有当某一步的前级步是活动步时，该步才有可能变成活动步。如果用没有断电保持功能的编程元件代表各步，进入 RUN 工作方式时，它们均处于 OFF 状态，必须用初始化脉冲如 R9013 等作为转换条件，将初始步预置为活动步，否则因顺序功能图中没有活动步，系统将无法工作。如果系统有自动、手动两种工作方式，顺序功能图是用来描述自动工作过程的，这时还应在系统由手动工作方式进入自动工作方式时，用一个适当的信号将初始步置为活动步。

由于顺序控制设计法是以"步"而论的，即以"步"为核心，一步一步设计下去，一步一步修改调试，直至完成整个程序的设计，所以，顺序控制设计法通常又叫做"逐步探索法"。由于 PLC 内部继电器数量大，其触点在内存允许的情况下可重复使用，具有存储数量大、执行快等特点，初学者采用此法可缩短设计周期，有经验的工程师，也会提高设计的效率，程序的调试，修改和阅读也很方便。因此顺序控制设计法是一种先进的设计方法，对于初学者来说，建议采用"逐步探索法"。

（5）顺序控制设计法举例

【例 6-3】 液体混合控制。

液体混合装置如图 6-25 所示，上限位、下限位和中限位液位传感器被液体淹没时为 1 状态，阀 A、阀 B、阀 C 为电磁阀，线圈通电时打开，线圈断电时关闭。开始时容器是空的，各阀门均关闭，各传感器均为 0 状态。按下启动按钮后，打开阀 A、液体 A 注入容器，中限位开关变为 ON 时，关闭阀 A，打开阀 B，液体 B 流入容器。液面升到上限位开关时，关闭阀 B，电动机 M 开始运行，搅拌液体，60s 后停止搅拌，打开阀 C，放出混合液。当液面降至下限位开关之后再过 5s，容器放空，关闭阀 C，打开阀 A，又开始下一周期的操作。

按下停止按钮，当前工作周期中的操作结束后，才停止操作（返回并停在初始状态）。

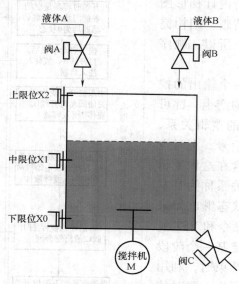

图 6-25　液体混合系统

第 1 步：I/O 分配。

本例 I/O 分配如表 6-3 所示。

表 6-3　【例 6-3】的 I/O 分配表

输　入		输　出	
按钮或传感器信号	输入分配	电动机或阀门	输出分配
下限位	X0	阀 A	Y0
中限位	X1	阀 B	Y1
上限位	X2	阀 C	Y2
启动按钮	X3	搅拌电动机	Y3
停止按钮	X4		

第 2 步：依据题意画顺序功能图。

本题顺序功能图可以分解成 6 步，注意下一步一般要清除上一步动作，在液体注入容器时，下限位 X0 先"ON"，到中限位 X1"ON"时，才开始打开阀门 B，注入液体 B；在放出混合液时，下限位 X0 由"ON"变成"OFF"，5s 后全部放空，根据是否按下停止按钮 X4，决定是否进入下一个工作周期。画出的顺序功能图见图 6-26。

第 3 步：依据顺序功能图编写出 PLC 梯形图程序，如图 6-27 所示。

在设计较为复杂的程序时，为了保证程序逻辑的正确以及程序的易读性，常将一个控制过程分为若干个阶段（过程），在每一个阶段均设立一个状态控制标志，每个状态用一个 PLC 内部继电器 R 表示，这样的继电器称为该状态的特征继电器，简称状态继电器。每个状态与一个转移条件相对应，为了保证状态的转移严格按照预定的顺序逐步展开，不发生错误转移，当系统处于某状态工作的情况下，一旦该状态之后的转移条件满足，即启动下一个状态，同时关断本状态。按照控制系统每个阶段的状态变化去分析设计梯形图程序，可使程序更为逻辑清晰、结构完整、避免遗漏、减少错误，所以，顺序功能图法又叫状态设计法。

在控制过程中，任何一个输出的控制信号（包括中间信号）的产生，都可以归结为一个置位或复位的逻辑关系，各种控制的条件（即输入信号，有时也包括中间信号）都能被包含在这种逻辑关系中，有的将这种逻辑关系称为基本控制逻辑。因此，当使用状态继电器来编程时，常使用 SET 置位命令和 RST 复位命令。用 SET 指令来设定某一个阶段的标志状态，当这一阶段结束时，利用 SET 指令设定下个状态的标志，同时使用 RST 指令复位上一个阶段的状态标志。在程序结束需要循环时，当最后的一个阶段结束时，重新启动需要循环的阶段标志，这样的程序清晰明了，易读易懂。

注意，在编程时应使下一个状态的启动在前，而本状态的关断在后，否则状态转移不能进行。

【例 6-4】 交通灯控制。

十字路口交通灯控制如图 6-28 所示。

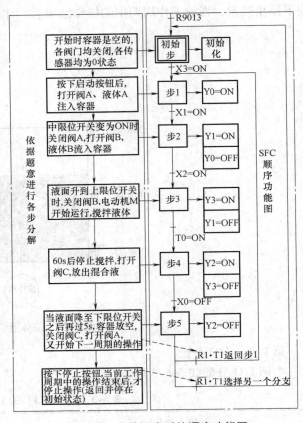

图 6-26　液体混合系统顺序功能图

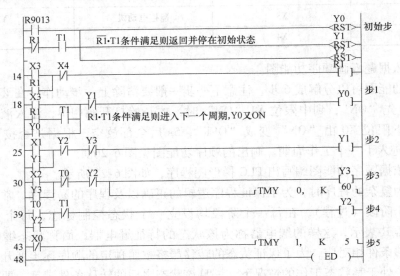

图 6-27　液体混合系统梯形图

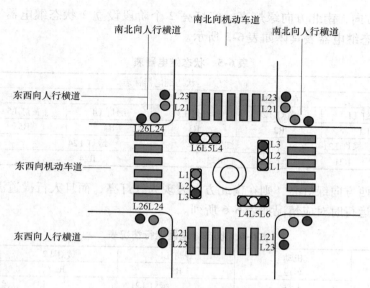

图 6-28　交通灯控制示意图

当合上控制开关 K 后，东西方向机动车道绿灯首先亮 8s 后灭，然后黄灯亮 2s 后灭，接着红灯亮 10s 后灭，再绿灯亮循环，与此同时，东西方向人行道绿灯亮 10s 后，红灯亮 10s，如此不断循环；对应东西方向机动车道绿灯和黄灯亮的时候，南北方向机动车道红灯亮，然后绿灯亮 8s 后灭，黄灯亮 2s 后灭，接着红灯亮 10s 循环，与此同时，南北方向人行道红灯亮 10s 后，绿灯亮 10s，如此不断循环。断开控制开关后，所有的灯都熄灭。

第 1 步：I/O 分配。

输入仅有 1 个控制开关信号，输出较为复杂，其中在机动车道上，东西方向有绿灯、黄灯、红灯各 3 个，南北方向有绿灯、黄灯、红灯各 3 个；在人行横道上，东西方向、南北方向各有红、绿灯各 2 个。将它们 I/O 分配列表如表 6-4 所示。

表 6-4　【例 6-4】的 I/O 分配表

输入	输　　出					
控制开关 K	道路类别	方　　　　向				
		东西方向			南北方向		
X0	机动车道	绿灯 L1	黄灯 L2	红灯 L3	绿灯 L4	黄灯 L5	红灯 L6
		Y1	Y2	Y3	Y4	Y5	Y6
	人行横道	绿灯 L21		红灯 L23	绿灯 L24		红灯 L26
		Y21		Y23	Y24		Y26

第 2 步：设立状态继电器。

为了编程方便，将整个控制过程分为东西方向和南北方向 2 个主分支，每个分支又分机动车道和人行横道 2 个小分支。

在机动车道小分支上设立绿灯亮、黄灯亮、红灯亮 3 个阶段的 3 个状态继电器为 R1，R2，R3，对应东西方向，南北方向绿灯亮、黄灯亮、红灯亮 3 个阶段设立 3 个状态继电器 R4，R5，R6。

在人行横道小分支上设立东西方向绿灯亮、红灯亮 2 个阶段的 2 个状态继电器为 R21，

R23，对应东西方向，南北方向绿灯亮、红灯亮 2 个阶段设立 2 状态继电器 R24，R26。因此各个阶段的状态继电器表具体如表 6-5 所示。

表 6-5　状态继电器表

道路类别	状态继电器标志					
	东西方向			南北方向		
机动车道	绿灯 L1	黄灯 L2	红灯 L3	绿灯 L4	黄灯 L5	红灯 L6
	R1	R2	R3	R4	R5	R6
人行横道	绿灯 L21		红灯 L23	绿灯 L24		红灯 L26
	R21		R23	R24		R26

注意如果东西方向绿灯亮，则在南北方向表现为红灯亮，而且人行横道没有黄灯，因此各状态继电器在运行时对应情况如表 6-6 所列。

表 6-6　状态继电器运行情况表

东西方向	机动车道	绿灯 L1		黄灯 L2		红灯 L3	
		R1		R2		R3	
	人行横道	绿灯 L21				红灯 L23	
		R21				R23	
南北方向	机动车道	红灯 L6		绿灯 L4		黄灯 L5	
		R6		R4		R5	
	人行横道	红灯 L26				绿灯 L24	
		R26				R24	

很显然，这是一个并行分支，进入并行分支的条件是 X0 = ON↑，当 X0 = ON↑ 时，系统同时进入 4 个分支（东西、南北各 2 个分支）。并行分支汇合的条件是 X0 = OFF，当满足汇合条件时，同时退出系统。根据控制要求，每个标志的转移过程如图 6-30 所示。

根据图 6-29，并依据以上各表，画出交通灯控制的状态流程图，如图 6-30 所示。

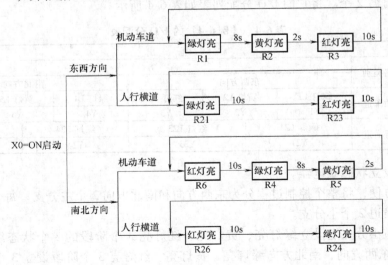

图 6-29　标志转移过程

在图 6-30 状态流程图中，共用到 10 个定时器，结合题意，将它们列成表 6-7。

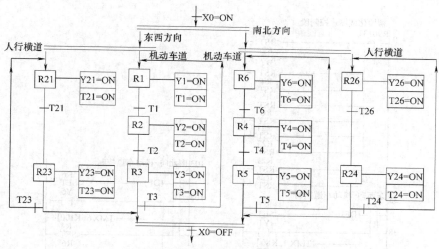

图 6-30　交通灯控制顺序功能图

表 6-7　【例 6-4】所用定时器列表

东西方向			南北方向		
定时器	定时/s	控制对象	定时器	定时/s	控制对象
机动车道	T1　8	绿灯	机动车道	T6　10	红灯
	T2　2	黄灯		T4　8	绿灯
	T3　10	红灯		T5　2	黄灯
人行横道	T21　10	绿灯	人行横道	T24　10	绿灯
	T23　10	红灯		T26　10	红灯

　　现在可以设计出满足该控制要求的 PLC 程序了。设计时需要注意，当某个状态继电器的转移条件成立时，即进入该状态，触发该状态继电器置位，同时将上一个（前级）状态继电器复位。所设计的程序见图 6-31。

　　松下电工公司的 PLC 指令系统中，有一组步进指令，步进指令的结构（如前文）和顺序功能图的基本结构相似。利用步进指令，将控制系统的工作周期分成若干个过程，依据触发条件进入新的过程并关闭旧的过程，用 CSTP 关闭指定的过程，用 STPE 结束整个过程。这样设计出来的程序同样逻辑清晰、结构完整，而且方便快速，便于调试。

　　【例 6-5】　机械手控制。

　　机械手是典型的机电一体化设备，在许多自动化生产线上都采用它来代替手工操作。如图 6-32 所示是一台工件传送机械手的动作示意图，其作用是将工件从 A 位传送到 B 位，动作方式有上升、下降、右移、左移、抓紧和放松。机械手上装有 5 个限位开关（SQ1 ~ SQ5），控制对应工步的结束，传送带上设有一个光电开关（SQ6），检测工件是否到位。假设机械手的原始位置在 B 处，从 B 处到 A 处取到工件后放在 B 处，机械手放松时延迟 2 s，I/O 分配如表 6-8 所示，试设计机械手取物的 PLC 程序。

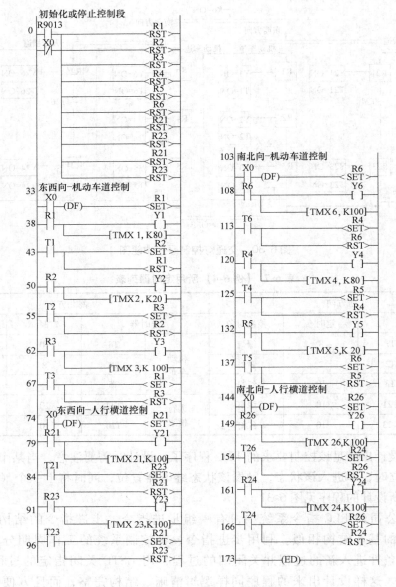

图 6-31　交通灯控制程序

表 6-8　【例 6-5】 I/O 分配表

输 入 分 配		输 出 分 配	
启动信号 SB1	X0	传送带 A 运行	Y0
停止信号 SB2	X1	机械手左移驱动	Y1
抓紧限位开关 SQ1	X2	机械手右移驱动	Y2
左限位开关 SQ2	X3	机械手上升驱动	Y3
右限位开关 SQ3	X4	机械手下降驱动	Y4
上限位开关 SQ4	X5	机械手抓紧驱动	Y5
下限位开关 SQ5	X6	机械手放松驱动	Y6
光电限位开关 SQ6	X7		

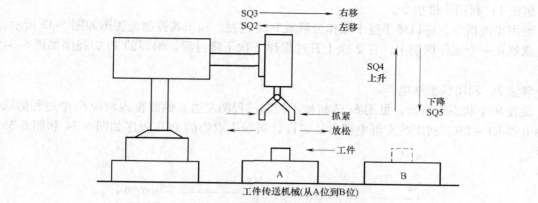

图 6-32　机械手工作情况示意图

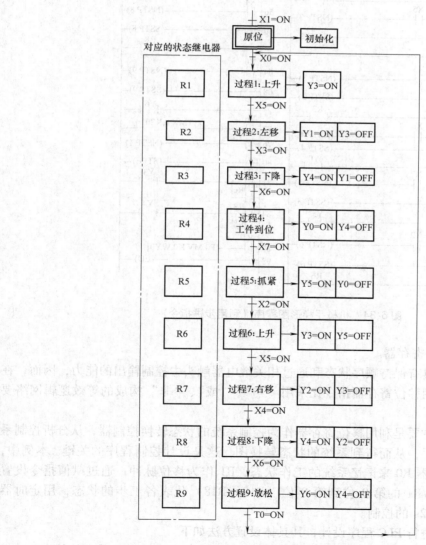

图 6-33　机械手控制流程图

解法 1：利用步进指令。

利用步进指令，将机械手整个操作分解成 9 个过程，画出其控制流程图如图 6-33 所示，并注意到在一个工作周期中，有 2 次上升过程和 2 次下降过程，编写的 PLC 程序如图 6-34 所示。

解法 2：利用状态继电器。

设置 9 个状态继电器，见图 6-33 机械手控制流程图左边点画线框内对应 9 个过程的状态继电器 R1 ~ R9，利用状态继电器方法，设计机械手取物的 PLC 程序如图 6-34 和图 6-35 所示。

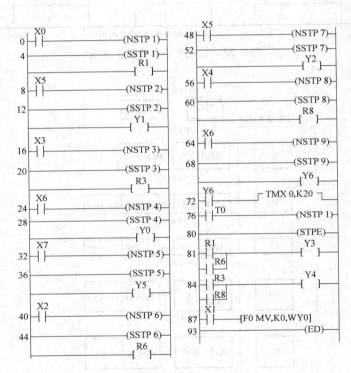

图 6-34 机械手梯形图程序（利用步进指令）

解法 3：利用移位寄存器。

由于移位寄存器具有保持顺序状态和通过相关继电器触头去控制输出的能力，因而，在某些控制问题中，采用移位寄存器指令比采用"与"、"或"、"非"构成的等效逻辑网络要简单得多。

这种设计方法，主要是利用移位寄存器作为控制系统的状态转换控制器，从分析控制系统的输入信号状态入手，从而得到系统的状态转换图，这是设计控制程序的关键。本例中，利用 PLC 的内部继电器 R0 来记忆系统的工作状态，R1 作为移位脉冲，通过赋值指令设置机械手的初始状态，WR1 的第 0 位到第 8 位（R10 ~ R18）代表各工步的状态，用定时器 T0 来实现放物品延时 2s 的控制。

使用移位寄存器进行 PLC 程序设计，其具体设置方法如下。

1）位数设置：移位寄存器的位数应设置成比状态转换表或状态流程图中的状态数多 1

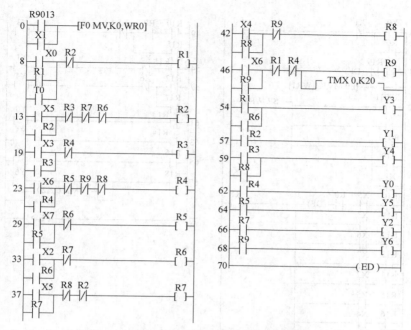

图 6-35　机械手控制梯形图（利用状态继电器）

位（如本例共有 9 个状态，除设置对应的 9 个状态继电器的位数 R10～R18 外，还多了 1
位是 R19），从移位寄存器的首位到倒数第二位，依次分别与状态流程图的各状态对应。移
位寄存器的每一位成为与之对应的状态特征继电器。

2）复位信号：移位寄存器的复位信号由移位寄存器的最末位担任（在本例中为 R19）。

3）移位信号：移位寄存器的移位信号，由所有的有效状态转换信号并联而成。有
效状态转换信号是由某状态继电器的常开触点与该状态之后的状态转换信号串联组成。
在本例中，移位信号是 R1，但 R1 是由 9 个有效状态转换信号并联而成。而这 9 个状
态转换信号则是由 R10～R18 的常开触点及各状态之后的状态转换信号 X5～T0 串
联组成。

4）数据输入信号：每个工作循环中，只能有 1 个状态继电器接通，因此移位寄存器的
数据输入端在一个工作周期中只能有 1 个输入脉冲。这个"1"在移位脉冲作用下依次从首
位向最末位移动。因此，可以用从状态"0"到最后状态的所有状态继电器的常闭触点串
联，作为移位寄存器的数据输入信号，但最简单的是用 R9011 常开继电器作数据输入信号。
利用移位寄存器编写的 PLC 程序见图 6-36。移位寄存器的工作情况如下：

① 当 PLC 启动时，各状态继电器均未启动；

② 当按下启动按钮发出工作循环启动信号后，移位寄存器的首位置"1"；

③ 在移位信号 R1 触发移位后，使首位的数据"1"移动到第二位；

④ 此后，直至一个工作周期的结束，由于数据输入信号 R9011 一直为"0"，因此，一
个工作循环中总是只有一个状态继电器为"1"；

⑤ 当最后一个状态继电器 R19 启动时，移位寄存器末位状态为"1"，使移位寄存器复
位，即让所有状态继电器全部复位；

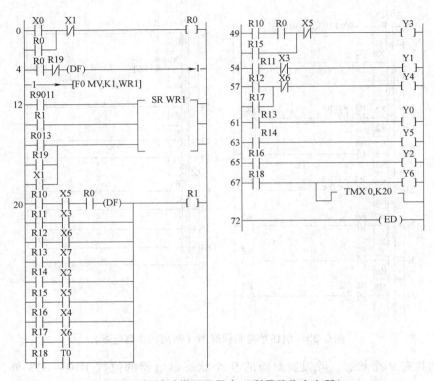

图 6-36　机械手梯形图程序（利用移位寄存器）

⑥ 尔后传送指令又允许移位寄存器首位置 "1"，重新准备下一个工作循环的开始，如此构成一个 PLC 控制系统。

6.4　PLC 程序设计典型电路

一些较大型的程序往往是由一些简单、典型的基本功能程序组成。掌握这些基本功能程序的设计原理和编程技巧，对编写大型的、复杂的应用程序是非常有利的。下面介绍一些常见的 PLC 基本编程电路。

6.4.1　自锁电路

自锁电路（又称启动复位电路）是 PLC 控制电路中的基本环节之一，常用于内部继电器、输出继电器的控制电路。下面介绍 2 个等价的自锁电路。在图 6-37a 中，触点 X0 闭合，R0 接通，即使触点 X0 再断开，R0 也处于保持接通状态，从而达到自保持的目的。触点 X1 接通，R0 断开，失去自保持功能。

在图 6-37b 中，利用 Keep 指令达到自保持的目的，触点 X0 接通，R0 接通并自保持，X1 接通，R0 断开。

自锁电路也称自保持电路，X0 为启动按钮，X1 为复位按钮，所以，有人也把自锁电路称作启动复位电路。

自锁电路可分为复位优先和启动优先两种。图 6-37 所示的电路为复位优先式，即只要

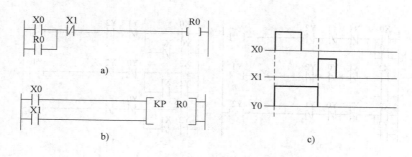

图 6-37 自锁电路

a）用输出继电器编制的自锁电路 b）用 Keep 指令编制的自锁电路 c）时序图

复位按钮 X1 有效，不管启动按钮 X0 状态如何，R0 均不得电。启动优先式电路是只要启动按钮 X0 有效，则不管复位按钮 X1 状态如何，R0 均得电，读者可自行编写该电路。

6.4.2 互锁电路

所谓互锁控制，是指在自锁控制电路之间有互相封锁的控制关系，启动其中的一个自锁控制电路，其他控制电路就不能再启动了，即受到已启动电路的封锁。只有将已启动电路卸荷，其他的控制电路才能被启动。

例如在图 6-38 控制电动机的正反转电路程序中，若先闭合 X0，正转 R0 接通，则反转 R1 不能被接通。反之，若先闭合 X1，反转 R1 接通，则正转 R0 不能被接通。也就是说，两者之中任何一个启动之后都把另一个启动控制回路断开，从而达到互锁，控制电动机不同时正反转的目的。互锁电路在程序编制中的实现，可以通过在一个自锁回路中串联其他输出继电器、保持继电器的常闭触点来实现。

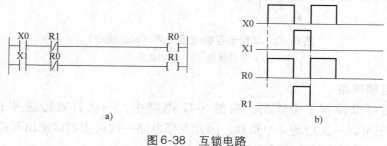

图 6-38 互锁电路

a）互锁电路 b）时序图

1. 复位优先和启动优先互锁电路

互锁电路也分复位优先和启动优先两种，如图 6-39a 是复位优先互锁电路，而图 6-39b 是启动优先互锁电路。

2. 单输出互锁电路

单输出电路是指用一个按钮控制一个输出的电路。图 6-39 中，X1 是停止按钮，X0 控制 Y0 输出，X2 控制 Y1 输出，X3 控制 Y2 输出。可以用输出继电器或 Keep 指令编写单输出互锁电路，图 6-40 是用输出继电器实现的单输出互锁电路。图 6-40 是用 Keep 指令实现

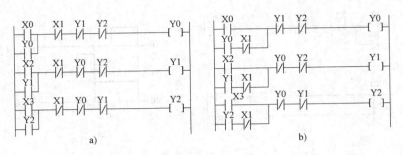

图 6-39　单输出互锁电路（用输出继电器）

a）复位优先　b）启动优先

的单输出互锁电路。

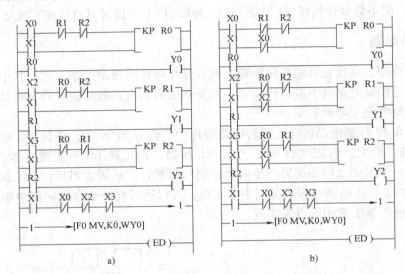

图 6-40　单输出互锁电路（用 Keep 指令）

a）复位优先　b）启动优先

3. 多输出互锁电路

用一个按钮可以控制多个输出，在图 6-41 电路中，一次有效传送 4 位数据（F = 1111），这相当于可以一次启动 4 个负载，因此互锁电路一次可实现多输出互锁。

4. 具有掉电保护的多输出互锁电路

在 PLC 运行时，有可能电源突然中断掉电，当电源重新恢复后，难以维持掉电前的状态。在某些特殊的场合下，为了保持掉电前的状态，以便重新送电后，能保持被控设备的工作连续性，可采用保持继电器编制程序，但仅仅这样还不行，还需要通过系统寄存器 No.7 对所采用的保持继电器进行设置。

在图 6-41 程序中，如果设置 PLC 系统寄存器 No.7 的默认值为"0"，见图 6-42，可以使该程序具有掉电保护功能。当按下启动按钮 X0 后，Y0 ~ Y3 四个负载启动，如果意外关掉电源，在恢复电源后，R0 仍保持接通，四个负载仍处于启动得电状态。如果将系统寄存器 No.7 恢复其默认值"90"，则在意外掉电后，R0 不能继续保持，这时不具备掉电保护功

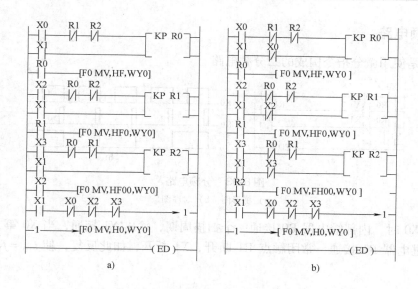

图 6-41　多输出互锁电路（用 Keep 指令）

a）复位优先　b）启动优先

能。表 6-9 是松下公司三种机型的系统寄存器 No. 7 的默认值和保持区设置范围。

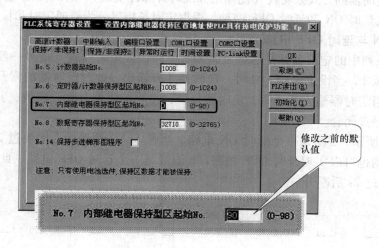

图 6-42　修改系统寄存器 No. 7 使 PLC 具有掉电保护功能

表 6-9　松下 FP 三种机型的系统寄存器 No. 7 的默认值和保持区设置范围

机　型		默认值	设置范围	使 用 举 例
FP1	C14 ~ C16	K10	K0 ~ K16	比如，FP1C14 ~ FP1C16 机型的设置范围是 K0 ~ K16，如果设置系统寄存器 No. 7 的值为 K6，则从 R0 ~ R5F 共有 96 个内部继电器是在非保持区域，而从 R60 ~ R15F 都在保持区域
	C24 ~ C72	K10	K0 ~ K63	
FP0		K10	K0 ~ K63	
FPΣ		K90	K0 ~ K98	

注：对 FPΣ 机型，当未安装电池时，只能备份保持固定区域的数据。（计数器：C1088 ~ C1023，内部继电器：R900 ~ R97F，数据寄存器：DT32710 ~ DT32764）。安装电池选件时，可以全部备份，也可以由系统寄存器设置保持及非保持区

6.4.3　分频电路

图 6-43 是使用微分指令构成的二分频电路。

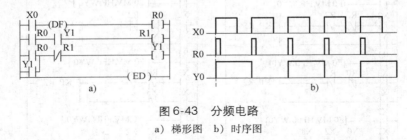

图 6-43　分频电路

a）梯形图　b）时序图

当按下 X0 时，内部继电器 R0 接通一个扫描周期，输出 Y1 接通，当 X0 第二个脉冲到来时，内部继电器 R1 接通，常闭触点 R1 断开，Y1 断开，如此反复，使 $f_{Y0} = f_{X0}/2$，形成二分频电路。

6.4.4　时间控制电路

在控制系统中，如果某道工序对时间有要求，就需要编写时间控制电路。时间控制电路是 PLC 控制系统中经常遇到的问题之一。实现时间控制电路首先就要想到用定时器，除此之外，还可以采用非定时器的方式来实现（比如用标准时钟脉冲实现）。时间控制电路根据延时后的通断方式可分成延时 ON 和延时 OFF 两种，根据定时长短可分为普通定时和长定时两种。

1. 延时 ON 与延时 OFF 电路

松下 FP 系列中的定时器都是通电延时 ON 电路，即定时器输入信号一经接通，定时器的设定值不断减 1，当设定值减为 0 时，定时器才有输出，此时定时器的常开触点闭合，常闭触点打开。当定时器输入断开时，定时器复位，由当前值恢复到设定值，其输出的常开触点断开，常闭触点闭合。

如图 6-44 所示，a 图是一个延时 ON 电路，当按下 X0 按钮后，需要过 2s Y0 才会 ON。但通过程序编制也可以实现延时 OFF 控制，b 图就是一个延时 OFF 电路，此电路在按下 X0 后，Y0 接通，过 2s 后断开。

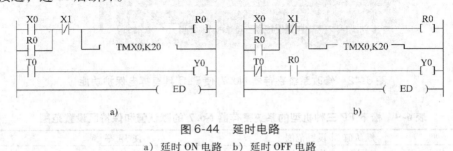

图 6-44　延时电路

a）延时 ON 电路　b）延时 OFF 电路

2. 利用时钟继电器实现的时间控制电路

实现时间控制不仅可以用 TML，TMR，TMX，TMY 4 种定时器，也可以用时钟继电器。FP 系列一共有 7 种标准的时钟继电器。表 6-10 列出了 FP 系列的时钟继电器位地址、名称和功能。

表 6-10　FP 系列的时钟继电器

位地址	名　　称	功　　能
R9018	0.01s 时钟继电器	以 0.01s 为周期重复占空比为 1:1 的通断动作
R9019	0.02s 时钟继电器	以 0.02s 为周期重复占空比为 1:1 的通断动作
R901A	0.1s 时钟继电器	以 0.1s 为周期重复占空比为 1:1 的通断动作
R901B	0.2s 时钟继电器	以 0.2s 为周期重复占空比为 1:1 的通断动作
R901C	1s 时钟继电器	以 1s 为周期重复占空比为 1:1 的通断动作
R901D	2s 时钟继电器	以 2s 为周期重复占空比为 1:1 的通断动作
R901E	1min 时钟继电器	以 1min 为周期重复占空比为 1:1 的通断动作

图 6-45 是使用时钟继电器 R901A 设计的时间控制电路，这个电路可以产生占空比为 1:1、周期为 2s 的周期性方波信号。

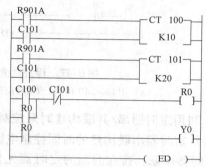

图 6-45　利用时钟继电器设计的时间控制电路

3. 长定时电路

时间控制电路一般用定时器来实现，但 FP 系列中最大的定时单位是 1s（对应 TMY 定时器），可定时的最大时间长度为 32767s（合 9h 多），如果需要控制的时间超过此时间长度，就需要编制这种长定时电路。

图 6-46a 是用定时器和计数器结合来编写，图 6-46b 是用 2 个计数器配合时钟继电器来编写的程序。在 a 图中，定时的长度是 100 × 20 × 0.1s，即 Y0 要 200s 后才会接通。在 b 图中，由于使用 R901E 时钟继电器，定时的长度达 20 × 30min，Y0 要 10h 后才会接通，可见其定时长度已超过了单纯使用定时器的范围。

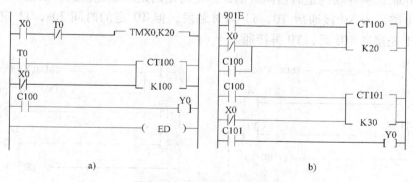

图 6-46　长时间控制电路
a）用定时器和计数器结合编写　b）用 2 个计数器结合时钟继电器编写

要实现超长时间控制时，要注意的编程技巧是用前一个定时器的常开触点（或前一个计数器的常开触点）作为下一个计数器的触发信号，读者可以仔细阅读本图程序。

4. 使用经过值寄存器 EV 进行监控的时间控制电路

对应定时器 T0 ~ T99，PLC 中都有相对应的预置值寄存器 SV0 ~ SV99 和经过值寄存器 EV0 ~ EV99。利用定时器经过值寄存器 EV 中的经过值，可以做到动态时间控制。利用经过值寄存器 EV 设计时间控制电路一般要配合 F60 高级比较指令或基本比较指令。

图 6-47 是利用 EV 设计的动态时间控制电路程序，当 X0 接通后，Y0 运行 10s 后关闭，

同时 Y1 运行 10s 又关闭，Y2 运行 10s 后又重新循环的顺序循环执行。其中，a 图程序是用高级指令 F60 和经过值 EV0 结合编写，b 图程序是用基本比较指令和经过值寄存器 EV0 结合编写。

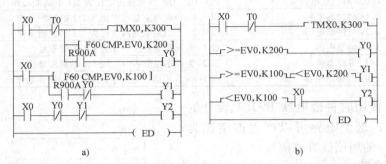

a)   b)

图 6-47 用经过值寄存器 EV 设计的时间控制电路

a）用 F60CMP 和 EV 值结合监控时间 b）用基本比较指令和 EV 值监控时间

5. 利用定时器串/并联构建时间控制电路

（1）定时器串联构建的时间控制电路

定时器串联，排在前面的定时器先接通，它相当于排在后面定时器的一个延时常开触点。当后面一个定时器接通时，所延长的时间是前后定时器定时长度之和。因此利用定时器串联，同样可以达到长时间控制的目的。如图 6-48 所示，a 图是定时器串联的控制电路，Y0 在 X0 接通后 20s 接通，Y1 在 X0 接通后 20s + 30s = 50s 后接通。

（2）定时器并联构建的时间控制电路

定时器并联，所并联的定时器同时触发，定时短的定时器先接通。如图 6-48b 是定时器并联的控制电路，当 X0 接通后 T0，T1 同时触发，但 T0 定的时间 30s，T1 定的时间只有 20s，所以 Y1 先接通 10s 后，Y0 再接通。

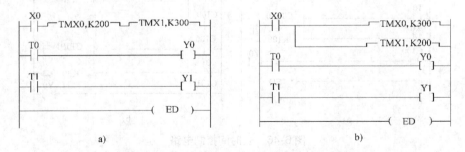

a)   b)

图 6-48 定时器串/并联构建的时间控制电路

a）用定时器串联构建的时间控制电路 b）用定时器并联构建的时间控制电路

6.4.5 计数控制电路

1. 用一个计数器实现多个计数控制

计数控制电路一般都要使用计数器 CT 指令或者 F118 加减计数器指令，当达到目标值时，计数器接通。如果进行数值动态监控，常使用经过值寄存器 EV 并结合 F60 高级比较指令或者基本比较指令达到控制目的。

图 6-49 是使用一个计数器达到了控制 2 个输出的目的，按下计数按钮 X0，当计数达到 10 时，Y0 输出，当计数达到 20 时，Y1 输出，按下复位按钮 X1，计数器复位，使用这种办法可以用一个计数器实现多个计数控制。

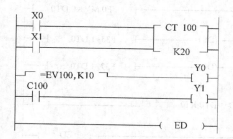

图 6-49　用一个计数器控制 2 个输出

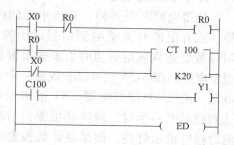

图 6-50　扫描计数电路

2. 扫描计数电路

在某些场合中，需要统计 PLC 的扫描次数。图 6-50 使用计数器 C100 统计 PLC 的扫描次数，当输入 X0 接通，内部继电器 R0 每隔一个扫描周期接通一次，每次接通一个扫描周期，计数器 C100 对扫描次数进行计数，当达到扫描规定次数 20 时，C100 接通，输出继电器 Y1 接通。

3. 计数器串联使用可扩大计数器的计数范围

计数器设置也有一个范围，CT 指令预置范围为 0 ~ 32767，高级指令 F118 的计数范围为 -32768 ~ 32767。当控制系统的计数实际需要大于计数器的允许设置范围后，使用计数器串联可扩大计数器的计数范围。图 6-51 使用三个计数器串联组合，在达到计数值 C100 × C101 × C102 = 3 × 4 × 5 = 60 以后，Y0 接通。使用这种方法，总计数值就不再受限制，一般是串联计数器计数值的乘积。

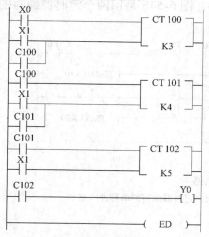

图 6-51　计数器串联扩大计数范围

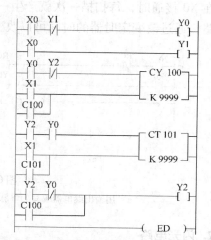

图 6-52　用计数器组成高、低位计数器

4. 用计数器构建高、低位计数器

使用计数器可以构成高、低位计数器。图 6-52 程序中，第 1，2 行用 Y0、Y1 构成一个单脉冲发生器，第一个计数器 CT100 构成计数器的低位计数部分，第二个计数器 CT101 构成计数器的高位计数部分，输出继电器 Y2 用于产生由低位向高位的进位计数脉冲。第一个计数器的最大计数值是 9999，当第 10000 个计数脉冲来临时，Y2 进位脉冲使高位开始计数，

第二个计数器所构成的高位计数器最大计数是 99990000，再加上低位计数器的计数值 9999，所构建的高、低位计数器可实现的最大计数为 99999999。

5. 计数报警电路

报警电路有很多种，有指示时间的定时报警，也有限位开关检测到信号后引发的报警，当计数值达到规定数值时引发的报警称为计数报警电路。图 6-53 就可以看成是一个计数报警电路。假设 Y0 按蜂鸣器、Y1 按指示灯，则当达到规定值一半时，蜂鸣器报警，当达到规定值时报警指示灯亮。但编制计数报警电路并不一定非要使用计数器，使用加 1、减 1 高级指令，同样可以完成计数报警电路。图 6-53 就是一个这样的报警电路程序，本程序假设一个展厅只能容纳 10 人，当超过 10 人就报警。

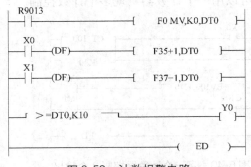

图 6-53　计数报警电路

在展厅进出口各装一个传感器 X0、X1，当有人进入展厅时，X0 检测到实现加 1 运算，当有人出来时 X1 检测到实现减 1 运算，在展厅内人数达到 10 以上就接通 Y0 报警。

6.4.6　其他电路

1. 单脉冲电路

单脉冲往往是信号发生变化时产生的，其宽度就是 PLC 扫描一遍用户程序所需的时间，即一个扫描周期。在实际应用中，常用单脉冲电路来控制系统的启动、复位、计数器的清零和计数等。如图 6-54a 是用输出继电器编写的单脉冲电路，其实它就是前程序的前二行，该程序在 X0 接通时，每扫描一次就产生一个单脉冲 R0。图 6-54b 是用两个定时器编写的单脉冲电路，通过改变定时器的时间可以改变脉冲的宽度。

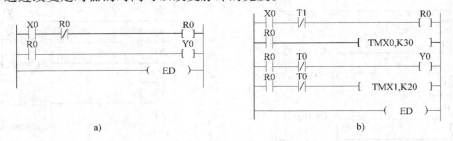

a)　　　　　　　　　　　　　　　　b)

图 6-54　单脉冲电路

a）用输出继电器编写的单脉冲电路　b）用两个定时器编写的单脉冲电路

2. 闪光电路

闪光电路是一种实用控制电路，既可以控制灯光的闪烁频率，也可以控制灯光的通断时间比，同样的电路也可控制其他负载，如电铃、蜂鸣器等。实现闪光控制的方法很多，常用的方法是用两个定时器或两个计数器来实现。图 6-55 是用两个定时器编写的闪光电路。

3. 振荡电路

振荡电路可以产生按特定的通/断间隔的时序脉冲，常用做脉冲信号源、周期性方波信号等，也可用来代替传统的闪光报警电路。图 6-56 是用两个定时器编写的振荡电路。

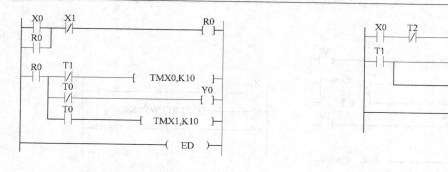

图 6-55 闪光电路

图 6-56 振荡电路

4. 手动/自动工作方式切换

在图 6-57 所示梯形图中，X0 表示手动、自动方式选择开关。当闭合时，转移条件成立，程序将跳过手动程序，直接执行自动程序然后执行共同程序，结果 Y1 接通；若选择开关断开，则执行手动程序后跳过自动程序去执行共同程序，结果 Y0 接通。这种用一个按钮进行手动、自动工作方式切换的编程方法广泛用于生产线上自动循环和手动调节之间的切换。

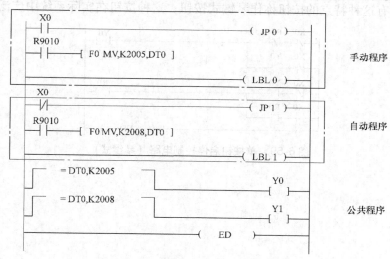

图 6-57 手动、自动切换开关

5. 单按钮启停控制电路

通常一个电路的启动和停止控制是由两只按钮分别完成，当一台 PLC 控制多个这种只有启停操作的电路时，将占用很多输入点。一般小型 PLC 的输入/输出点是按 3:2 的比例配置的（如，FP1C14 是 8/6，FP1C24 是 16/8，FP1C40 是 24/16，FP1C56 是 32/24，FP1C72 是 40/32），由于大多数被控设备是输入信号多，输出信号少，有时在设计数太复杂的控制电路或对老系统进行改造时，也会面临输入点十足的问题。这固然可以通过增加 I/O 扩展单元解决，但有时候往往就缺少几个点而造成成本大大增加。因此用单按钮实现起停控制的意义日益重要，既节省 PLC 的点数，又减少外部按钮和接线，这是目前广泛应用单按钮起停控制电路的直接原因。

图 6-58a 所设训的单按钮启停控制电路，其关键是将计数器的设置值设为 2，当按一下 X0 时，计数器减 1，C100 不通，Y0 启动；再按一下 X0，计数器 C100 接通，关闭 Y0，起

到停止控制的目的。

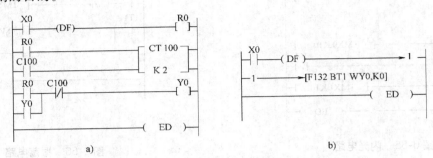

图 6-58　单按钮启停控制电路

a）用基本指令编写　b）用高级指令编写

图 6-58b 是使用 F132 号高级指令编写的单按钮起停控制电路，每按下 X0 一次，就将 WY0 中的 Y0 位求反一次，通过求反，实现单按钮控制起停的目的。

图 6-59 程序仍是用一个按钮控制启停，但当按下 X0 时，触点 Y0 接通，当松开 X0 时，触点 Y0 断开，有这种特点的按钮称作琴键式按钮，这种按钮在实际系统中广泛应用。

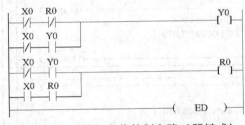

图 6-59　单按钮启停控制电路（琴键式）

第 7 章

PLC的通信及网络功能

7.1 通信的基础概述

现在市场上销售的 PLC 产品，即使是微型和小型的 PLC，也都具有网络通信接口，如西门子的 SINEC H3 网，三菱公司的 MELSEC NET 网络，而松下公司提供了 6 种功能强大的网络形式（C-NET，F-Link，P-Link，W-Link，FP 以太网），同时提供了若干种与相应的网络连接方式有关的通信链接单元，适合各种工业自动化网络的不同需要。

7.1.1 串、并行通信模式

不管是计算机还是 PLC 都是数字设备，它们之间交换的信息是由 "0"、"1" 表示的数字信号。通常把具有一定编码、格式和位长要求的数字信号称为数据信息。通信就是将数据信息通过适当的传送线路从一台机器传送到另一台机器，以完成信息的交换。这里的机器可以是计算机、PLC、打印机、扫描仪等有数据通信功能的数字设备。

通信的基本方式可分为并行通信和串行通信两种。并行通信是指一个数据的各位同时进行传送的通信方式。其优点是传送速度快，效率高。缺点是一个数据有多少位，就需要有多少根传输线，因此传送成本高，这在位数较多且传输距离又远时就不太适宜。

串行通信是指一个数据是逐位顺序传送的通信方式。它的突出优点是仅需单线传输信息，适用于远距离通信。其缺点是传送速率低，假设并行传送 n 位所需的时间为 t，那么串行传送的时间至少为 nt，实际上总是大于 nt。

对比这两种方式，并行通信方式多用于传输距离短而速度要求高的场合，串行通信则用于传输距离长、速度要求低的场合。但近年来串行通信的传送速度已有了很大提高，已达到 Mbit/s 的数量级，再加上成本低、可实现远距离传输，同此串行通信在集散式控制系统中得到广泛应用。

7.1.2 异步通信和同步通信

在通信中需要解决的一个重要问题就是发送端和接收端之间的同步问题。同步不好，轻者导致误码增加，重者可使整个系统不能正常工作。为解决这一问题，串行通信在传送过程中采用两种同步技术——同步通信和异步通信技术。

同步通信是一种连续传送数据流的串行通信方式。在同步通信中，数据以数据块的形式传递，由同步时钟来实现发送和接收的同步。这种传输方式可以提高传输速度，但对系统硬件结构要求较高。

在串行通信中还经常采用非同步通信方式，即异步通信方式。所谓异步，是指相邻两个字符数据之间的停顿时间是长短不一的。在异步串行通信中，传送的数据不是连续的，而是以字符为基本单位。每个字符数据位加上起始位、校验位和停止位构成，称为一帧。异步通信的字符，帧格式如图 7-1 所示。

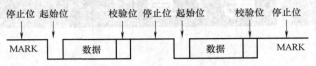

图 7-1　异步串行通信方式的信息格式

起始位：标志着一个新字节的开始，当发送设备要发送数据时，首先发送一个低电平信号，起始位通过通信线传向接收设备，接收设备检测到这个逻辑低电平后就开始准备接收数据位信号。

数据位：起始位之后就是 5，6，7 或 8 位数据位，IBM PC 经常采用 7 位或 8 位数据传送。当数据位为 0 时，收发线为低电平，反之为高电平。

奇偶校验位：串行数据在传输过程中，由于干扰可能引起信息的出错。例如，传输字符 A，ASCII 码为 01000001 = 41H，由于干扰，可能使某一位发生变化，这种情况称为出现了误码。我们把如何发现传输里的错误，称为检错。发现错误后，如何消除错误，称为纠错。最简单的检错方法是奇偶校验，即在传送字符的各位之外，再传送 1 位奇/偶校验位。

奇校验：所有传送的数位（含字符的各数据位和校验位）中，"1" 的个数为奇数。如

1111 0101 1

1110 1010 0

偶校验：所有传送的数位（含字符的各数据位和校验位）中，"1" 的个数为偶数。如

1101 1001 1

1110 1011 0

奇偶校验位可有可无，可奇可偶。

奇校验：所有传送的数位（含字符的各数据位和校验位）里，"1" 的个数为奇数。如因为异步通信是一帧一帧地传送的，所以异步通信方式的硬件结构比同步通信方式简单，但这种方式传输时间较长。

停止位：停止位是低电平，表示一个字符数据传送的结束，停止位可以是 1 位或 2 位。例如起始位占用 1 位，数据位为 7 位，1 个奇偶校验位，加上 1 个停止位，于是一个字符数据格式就由 10 位构成，见图 7-2；也可以采用数据位为 8 位，无奇偶校验位等格式。

有奇偶校验

图 7-2　有奇偶校验的字符数据格式

7.1.3　波特率

所谓波特率，即每秒钟传送的二进制位数，其单位为 bit/s。波特率是衡量串行通信的重要指标，波特率越高，传输速率越高。在串行通信中，用 "波特率" 来描述数据的传输速率。

国际上规定了一个标准波特率系列：110bit/s，300bit/s，600bit/s，1200bit/s，1800bit/s，2400bit/s，4800bit/s，9600bit/s，14.4kbit/s，19.2kbit/s，38.4kbit/s，115.2kbit/s。例如，最常用的波特率为9600bit/s，指每秒传送9600bit，包含字符的数位和其他必需的数位，如奇偶校验位等。大多数串行通信接口电路的接收波特率可以分别设置，但接收方的接收波特率必须与发送方的发送波特率相同，这是通信双方能够正常收发数据的前提。

通信线上所传输的字符数据（代码）是逐位传送的，1 个字符由若干位组成，因此每秒钟所传输的字符数（字符速率）和波特率是两种概念。在串行通信中，所说的传输速率是指波特率，而不是指字符速率，它们两者的关系是：假如 0 在异步串行通信中，数据传送的格式是 7 位字符，加是奇校验位，1 个起始位以及 1 个停止位，共 10 个数据位，如果每秒传送 960 字符，则传送的波特率为 10×960 bit/s = 9600bit/s。每一位的传送时间即为波特率的倒数 $t = 1/9600 \approx 0.104$ ms。

7.1.4 单工与双工通信方式

在串行通信中，数据通常是在两个站（如 0 终端和微机）之间进行传送，传送时可将 A 站作为发送端，B 站作为接收端，也可将 A 站作为接收端，B 站作为发送端。串行通信根据数据传送的方向分成如下 3 种传送方式。

1. 单工通信（Simplex）

信息的传送每次只按一个固定方向传送，而不能进行反向传送。如图 7-3a 所示，A 站只能作为发送端，B 站只能作为接收端接收数据。

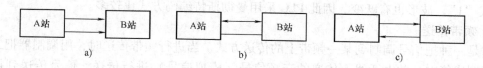

图 7-3 数据传送方向
a）单工通信示意图 b）半双工通信示意图 c）全双工通信示意图

2. 半双工通信（Half Duplex）

若使用同一根传输线既用于接收又用于发送，虽然数据可以在两个方向上传送，但通信双方不能同时收发数据，这样的传送方式就是半双工方式。如图 7-3b 所示，由于传送线路只有一条，因此每次只能是由 A 发送到 B，或是由 B 发送到 A，不能 A 和 B 同时发送。采用半双工方式时，通信系统每一端的发送器和接收器，通过收/发开关转换到通信线上，进行方向的切换，因此，会产生时间延迟。收/发开关实际上是由软件控制的电子开关。

3. 全双工通信（Full Duplex）

当数据的发送和接收分流，分别由两根不同的传输线传送时，通信双方都能在同一时刻进行发送和接收操作，这样的传送方式就是全双工通信。

在全双工方式下，通信系统的每一站都设置了发送器和接收器，因此，能控制数据同时在两个方向上传送，如图 7-3c 所示。全双工方式无需进行方向的切换，因此没有切换操作所产生的时间延迟。这对那些不能有时间延误的交互式应用（例如远程监测和控制系统）十分有利。这种方式要求通信双方均有发送器和接收器。同时，需要两根数据线传递数据信号（可能还需要控制线和状态线，以及地线）。

7.1.5　基带传送与频带传送

1. 基带传送

基带是指电信号的基本频带。计算机或数字设备产生的"0"和"1"的电信号脉冲序列就是基带信号。基带传送是指数据传送系统对信号不进行任何调制，直接传送的数据传送方式。例如，对二进制数字信号不进行任何调制，按照它们原有波形（以脉冲形式）直接传送。

为了满足基带传输的需要，通常要求把单极性脉冲序列，经过适当的基带编码，以保证传输码型中不含有直流分量，并具有一定的检测错误信号状态的能力。基带传输的传输码型很多，常用的有：曼彻斯特（Manchester）码、差分双相码、密勒码、信号文替反转码、三阶高密度双极性码。在 PLC 网络中，大多数采用基带传送，但若传送距离较大，则可以考虑采用调制解调器进行频带传送。

在基带传送方式中，为了避免存在许多个连续的"0"和"1"时系统无同步参考，多采用曼彻斯特编码。曼彻斯特编码原理是发送"1"时前半周期为低电平，后半周期为高电平。在发送"0"时前半周期为高电平，后半周期为低电平。如图 7-4 所示，可以看出在"1"或"0"的中心位置电平跃变，具有内含时钟性质，即使连续多个"0"或"1"，波形也有跃变，因此 PLC 采用曼彻斯特编码方式比较多。

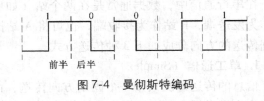

图 7-4　曼彻斯特编码

2. 频带传送

这是一种把信号调制到某一频带上的传送方式。当进行频带传送时，用调制器把二进制信号调制成能在公共电话线上传递的音频信号（模拟信号）进行传送。信号传送到接收端后，再经过解调器的解调，把音频信号还原成二进制的电信号，这种以调制信号的形式进行数据传送的方式就称之为频带传送。调制则可采用 3 种方式：调幅、调频、调相。

基带传送方式时整个频带范围都用于传送某一数字信号，即单通道，常用于半双工通信。频带传送时，在一条传送线上可用频带分割的方法将频带划分为几个通道，同时传送多路信号。例如传送两种信号：数据传送使用高频道，各站间的应答响应使用低频道，常用于全双工通信。

7.1.6　传输距离

串行通信数据位信号流在信号线上传输时，要引起畸变，畸变的大小与以下因素有关：

波特率——信号线的特征（频带范围）；

传输距离——信号的性质及大小（电平高低、电流大小），畸变较大时，接收方出现误码。

在规定的误码率下，当波特率、信号线、信号的性质及大小一定时，串行通信的传输距离就一定，为了加大传输距离，必须加中继器。

中继器（repeater，RP）是连接网络线路的一种装置，常用于两个网络节点之间的物理信号的双向转发工作。中继器是最简单的网络互联设备，主要完成物理层的功能，负责在两个节点的物理层上按位传递信息，完成信号的复制、调整和放大功能，以此来延长网络的长度。由于存在损耗，在线路上传输的信号功率会逐渐衰减，衰减到一定程度时将造成信号失真，因此会导致接收错误。中继器就是为解决这一问题而设计的。它完成物理线路的连接，对衰减的信号进行放大，保持与原数据相同。

一般情况下，中继器的两端是相同的媒体，但有的中继器也可以完成不同媒体的转接工作。从理论上讲中继器的使用是无限的，网络也因此可以无限延长。事实上这是不可能的，因为网络标准对信号的延迟范围做了具体的规定，中继器只能在此规定范围内进行有效的工作，否则会引起网络故障。

7.2　通信接口

通信接口是指设备之间的接口。人们最熟悉的关于串行通信接口可能就是计算机上的 COM 接口和 USB 接口。为便于用户随意连接 9 针或 25 针的调制解调器等外部设备，现在的个人计算机一般都提供了 COM1 和 COM2 两个串行口，其中一个为 9 针 D 形连接器，另一个为 25 针 D 形连接器，实际上，25 针的连接器仍然只有 9 根线，这两个串行口都是通过排线连接到主板的双排 5 针插座上。对于笔记本电脑，一般只保留一个 9 针的 COM 接口。由于 25 针与 9 针连接器并无本质区别，因而容易相互转换，所以市场上的 25 针和 9 针串行转接器都是无源的。

RS-232，RS-422，RS-485 标准只对接口的电气特性作出规定，而不涉及接插件、电缆或协议，在此基础上用户可以建立自己的高层通信协议。下面介绍这几种通信接口。

7.2.1　RS-232 通信接口

RS-232 是 1962 年由电子工业协会（EIA）制订并发布的，命名为 EIA-232-E，被定义为一种在低速率串行通信中增加通信距离的单端标准。RS-232 采取不平衡传输方式，即所谓单端通信。典型的 RS-232 信号在正负电平之间摆动，在发送数据时，发送端驱动器输出正电平为 5 ~ 15V，负电平为 15 ~ -5V。当无数据传输时，线上为 TTL 电平，从开始传递数据到转换结束，线上电平从 TTL 电平到 RS-232 电平再返回 TTL 电平。接收器典型的工作电平为 3 ~ 12V 与 -12 ~ -3V。由于发送电平与接收电平的差值为 2 ~ 3V，所以，其共模抑制能力差，再加上双绞线上的分布电容，其传送距离最大约 15m，最高速率为 20kbit/s。RS-232 是为点对点（即只用一对收、发设备）通信而设计的，其驱动器负载为 3 ~ 7kΩ。所以 RS-232 适合本地设备之间的通信。它不仅要使用正负极性的双电源，而且与传统的 TTL 等数字电路的逻辑电平不兼容，两者之间必须进行电平转换。

1. 电气参数和引脚定义

表 7-1 描述了 RS-232/RS-485/RS-422 的电气参数。

表 7-1　RS-232/RS-485/RS-422 的电气参数

规　　定	RS-232	RS-485	RS-422
工作方式	单端	差分	差分
节点数	1 发 1 收	1 发 10 收	1 发 32 收
最大传输电缆长度	15m	120m	120m

（续）

规　　定		RS-232	RS-485	RS-422
最大传输速率		20kbit/s	10Mbit/s	10Mbit/s
最大驱动输出电压		±25V	−0.25～+6V	−7～+12V
驱动器输出信号电平 （负载最小值）	负载	±5～±15V	±2V	±1.5V
驱动器输出信号电平 （空载最大值）	空载	±25V	±6V	±6V
驱动器负载阻抗		3～7kΩ	100	54
摆率（最大值）		30V/μs	N/A	N/A
接收器输入电压范围		±15V	−10～+10V	−7～+12V
接收器输入门限		±3V	±200mV	±200mV
接收器输入电阻		3～7kΩ	4kΩ（最小）	≥4kΩ
驱动器共模电压			−3～+3V	−1～+3V
接收器共模电压			−7～+7V	−7～+12V

表 7-2 描述了 RS-232 接口 9 针和 25 针的引脚定义。

表 7-2　RS-232 接口 9 针和 25 针的引脚定义对照表

9 针	25 针	信号	方向	功　　能
3	2	TXD	O	发送数据
2	3	RXD	I	接收数据
7	4	RTS	O	请求传送
8	5	CTS	I	清除传送
6	6	DSR	I	数据通信装置（DCE）准备就绪
5	7	SG		信号公共参考地
1	8	DCD	I	数据载波检测
4	20	DTR	O	数据终端设备（DTE）准备就绪
9	22	RI	I	振铃指示

DB25 引脚定义如图 7-5 所示。

DB9 引脚定义如图 7-6 所示。

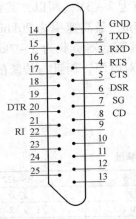

图 7-5　DB25 接口引脚定义

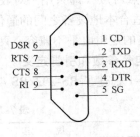

图 7-6　DB9 接口引脚定义

2. 常见的几种连接方法

图 7-7 中 2 号线与 3 号线交叉连接是因为在直连方式时，把通信双方都当做数据终端设备看待，双方都可发也可收，在这种方式下，通信双方的任何一方，只要请求发送 RTS 有效和数据终端准备 DTR 有效就能开始发送和接收。

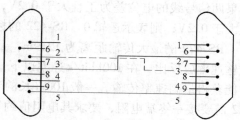

图 7-7　最简单的 3 种连接

如果在直接连接时，又考虑到 RS-232C 的联络控制信号，则采用零 MODEM 方式的标准连接方法，如图 7-8 所示，图 7-9 属于一种完全连接方式。

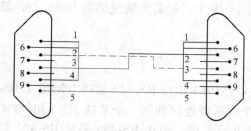

图 7-8　常见的连接方式

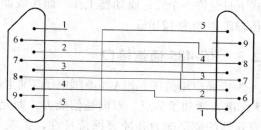

图 7-9　完全连接方式

3. 通信距离

RS-232C 标准规定：当误码率小于 4% 时，要求导线的电容值应小于 2500pF。对于普通导线，其电容值约为 170pF/m，则允许距离为 15m。

当通信距离较近时，可不需要 MODEM，通信双方可以直接连接，这种情况下，只需使用少数几根信号线。最简单的情况，在通信中根本不需要 RS-232C 的控制联络信号，只需 3 根线（发送线、接收线、信号地线）便可实现全双工异步串行通信。

RS-232 用于远距离通信（传输距离大于 15m 的通信）时，一般要加调制解调器。

7.2.2　RS-422 通信接口

RS-422 标准全称是平衡电压数字接口电路的电气特性，它定义了接口电路的特性，图 7-10 是其 DB9 连接器引脚定义。

由于接收器采用高输入阻抗且发送驱动器比 RS-232 具有更强的驱动能力，故允许在相同传输线连接多个接收节点，最多可接 10 个节点。即一个主设备（Master），其余为从设备（Slave），从设备之间不能通信，所以 RS-422 支持点对多点的双向通信。接收器输入阻抗为 4kΩ，故发送端最大负载能力是 $10 \times 4k\Omega + 100\Omega$（终端电阻）。RS-422 四线接口由于采用单独的发送和接收通道，因此不必控制数据方向，各装置之间任何需要的信号交换均可以按软件方式（XON/XOFF 握手）或硬件方式（一对单独的双绞线）实现。

RS-422 标准规定的电气接口是平衡差分传输技术，即每路信号都使用一对以地为参考的正负信号线。由于信号对称于地，在实际应用中甚至可以不使用地线，而只需使用一对双绞线。

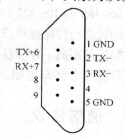

图 7-10　RS-422 的 DB9
连接器引脚定义

如果两信号线的电位差为正且大于 0.2V，则表示逻辑 1，如果它们之间的电位差为负且幅值大于 0.2V，则表示逻辑 0。RS-422 的标准接口需要 ±5V 电源。

RS-422 的最大传输距离为 1219m，最大传输速率为 10Mbit/s。其平衡双绞线的长度与传输速率成反比，在 100kbit/s 速率以下，才可能达到最大传输距离，只有在很短的距离下才能获得最高速率传输。一般 100m 长的双绞线上所能获得的最大传输速率为 1Mbit/s。RS-422 需要接一终端电阻，要求其电阻值约等于传输电缆的特性阻抗。在短距离传输时（一般在 300m 以下）可不需要终端电阻，终端电阻接在传输电缆的最远端。

RS-422 是一种典型的全双工通信方式。RS-422 有 4 根数据线，其中 2 根线发送数据，2 根线接收数据，这样，接收数据和发送数据可以同时进行。此外它还支持广播通信方式，广播方式下只允许一个发送驱动器工作，而接收器可以多达 10 个，最高传输速率为 10Mbit/s，最远传输距离约为 1219m。

7.2.3　RS-485 通信接口

为扩展应用范围，EIA（美国电子工业协会）又于 1983 年在 RS-422 基础上制定了 RS-485 标准，增加了多点、双向通信能力，即允许多个发送器连接到同一条总线上，同时增加了发送器的驱动能力和冲突保持特性，扩展了总线共模范围。由于 RS-485 是从 RS-422 基础上发展而来的，所以 RS-485 许多电气规定与 RS-422 相仿。如都采用平衡传输方式，都需要在传输线上接终端电阻等。RS-485 可以采用二线与四线方式，二线制可实现真正的多点双向通信。

除点对点和广播方式外，RS-485 还具有多点通信方式。当采用四线连接时，与 RS-422 一样，RS-485 只能实现点对多的通信，即只能一个主设备，其余为从设备，但它比 RS-422 有改进，无论四线还是二线连接方式，总线上可以接多到 32 个的设备，有时设备可多达 64/128/256 个。

RS-485 通信方式是一种典型的半双工通信方式。RS-485 的两根通信线既用来发送数据，也用来接收数据，所以必须要采用发完再收或者收完再发这种方式来进行设备之间的通信。

RS-485 与 RS-422 的不同还在于其共模输出电压是不同的。RS-485 共模电压在 −7 ~ 12V 之间，而 RS-422 共模电压在 −7 ~ 7V 之间；RS-485 接收器最小输入阻抗为 12kΩ，RS-422 最小输入阻抗为 4kΩ；RS-485 满足所有 RS-422 的规范，所以 RS-485 的驱动器可以用在 RS-422 网络中。

RS-485 与 RS-422 一样，其最大传输距离为 1219m，最大传输速率为 10Mbit/s。平衡双绞线的长度与传输速率成反比，在 100kbit/s 速率以下，才可能使用规定最长的电缆长度。只有在很短的距离下才能获得最高传输速率，一般 100m 长双绞线最大传输速率为 1Mbit/s。RS-485 需要两个终端电阻，其电阻值要求等于传输电缆的特性阻抗，短距离传输时可不接。

7.3　通信协议

现如今的工业领域中，各个设备供应商基本上都推出了自己的专用协议，本节中将会着重介绍。

7.3.1　MODBUS 通信协议

MODBUS 通信协议是应用于电子控制器的一种通用语言。通过此协议，控制器相互之间、控制器和其他设备之间通过网络（例如以太网）可以通信。它已经成为一个通用工业标准，通过该协议，不同厂商生产的控制设备都可以连成工业网络，进行集中监控，因此一个单位如果有好几种品牌的 PLC，了解该协议很有必要。

此协议定义了一个控制器能认识使用的消息结构，而不管它们是经过何种网络进行通信的。它描述了控制器请求访问其他设备的过程、如何回应来自其他设备的请求，以及怎样侦测错误并记录。它制定了消息域格局和内容的公共格式。

当在 MODBUS 网络上通信时，此协议决定了每个控制器需要知道它们的设备地址，以及识别按地址发来的消息，决定要产生何种行动。如果需要回应，控制器将生成反馈信息并用 MODBUS 协议发出。在其他网络上，包含了 MODBUS 协议的消息转换为在此网络上使用的帧或包结构。这种转换也扩展了根据具体的网络解决节点地址、路由路径及错误检测的方法。

1. MODBUS 的通信结构

MODBUS 采用主从通信结构，在该结构中只有一个单元（定义为 MaSter），可以在网络上对另一个单元（定义为 Slave）启动查询会话。主设备通常是一台计算机、一个编程面板或一个图像面板，从设备通常是一个工业控制器，主设备可以对一指定的从设备发布信息，也可对所有的从设备进行广播。主设备的查询包括目标地址（或许是广播地址）、命令代码、过程数据或其全部。设备的反应包括地址、收到的相同的命令代码或错误的代码、过程数据或其全部等。

2. MODBUS 的通信方式

MODBUS 中定义的通信方式有两种：ASCII 和 RTU（远程终端单元）。在一个 MODBUS 通信网络中只能够用一种通信方式，不允许同时存在两种通信方式，该方式和一系列的通信参数必须和 MODBUS 网络上的所有装置保持一致。

（1）ASCII 方式

1）ASCII 方式每个字节的格式：

① 十六进制，ASCII 字符 0～9，A～F；

② 消息中的每个 ASCII 字符都由十六进制字符组成。

2）每个字节的组成：

① 1 个起始位；

② 7 个数据位，最小的有效位先发送；

③ 1 个奇偶校验位（如果有校验）；

④ 1 个停止位（有校验时），2 个停止位（无校验时）。

3）检测码：LRC（纵向冗余检测）。

（2）RTU 方式

1）RTU 方式每个字节的格式：

① 8 位二进制，ASCII 字符 0～9，A～F；

② 消息中的每个 8 位域都由十六进制字符组成。

2）每个字节的组成

① 1 个起始位；

② 8 个数据位，最小的有效位先发送；

③ 1 个奇偶校验位，无校验则无；

④ 1 个停止位（有校验时），2 个停止位（无校验时）。

3）检测码：CRC（循环冗余检测）。

ASCII 方式的主要优点是它允许在 2 个字符没有错误发生的情况下，可以最多有 1s 的时间间隔。RTU 方式的主要优点是在相同的波特率情况下它的高密度，与 ASCII 相比，可以有更大的数据处理能力，但是每个信息必须在连续的状态下传输。

（3）MODBUS 的协议内容

表 7-3 是 MODBUS 协议的命令。

表 7-3　MODBUS 协议的命令

功能码	名　称	作　用
01	读取线圈状态	取得线圈的状态
02	读取输入状态	取得开关输入的状态
03	读取保持寄存器	在一个或多个保持寄存器的值
04	读取输入寄存器	在一个或多个输入寄存器的值
05	强置单线圈	强置逻辑线圈的通断
06	预置单寄存器	把二进制值写入一个保持寄存器
07	读取异常状态	取得 8 个内部线圈的通断状态，这 8 个线圈的地址由控制器决定，用户逻辑可以将这些线圈定义，以说明从机状态，短报文适宜于迅速读取状态
08	回送诊断校验	把诊断校验报文送从机
09	编程（只用于 484）	使主机模拟编程器作用，修改 PC 从机逻辑
10	控询（只用于 484）	可使主机与一台正在执行长程序任务从机通信，探询该从机是否已完成其操作任务，仅在含有功能码 9 的报文发送后，本功能码才发送
11	读取操作计数	可使主机发出单询问，并随即判定操作是否成功，尤其是该命令或其他应答产生通信错误时
12	读取通信操作记录	可以主机检索每台从机的 MODBUS 事务处理通信操作记录，如果某项事务处理完成，记录会给出有关错误
13	编程	可使主机模拟编程器功能修改 PC 从机逻辑
14	探询	可使主机或正在执行任务的从机通信，定期控询该从机是否完成其程序操作，仅在含有功能 13 的报文发送后，本功能码才得发送
15	强置多线圈	强置一串连续逻辑线圈的通断
16	预置多寄存器	把具体的二进制值装入一串连续的保持寄存器
17	报告从机标识	可使主机判断编址从机的类型及该从机运行指示灯状态
18	对 884/M84 编程	可使主机模拟编程功能，修改 PC 状态逻辑

3. MODBUS 消息帧

当消息在标准的 MODBUS 系列网络传输时，每个字符或字节以如下方式发送（从左到右）：最低有效位—最高有效位。

使用 ASCII 字符帧时，位的序列如图 7-11 所示。

有奇偶校验

起始位	1	2	3	4	5	6	7	奇偶位	停止位

无奇偶校验

起始位	1	2	3	4	5	6	7	停止位	停止位

图 7-11　ASC II 字符帧位顺序

使用 RTU 字符帧时，位的序列如图 7-12 所示。

有奇偶校验										
起始位	1	2	3	4	5	6	7	8	奇偶位	停止位

无奇偶校验										
起始位	1	2	3	4	5	6	7	8	停止位	停止位

图 7-12　RTU 字符帧位顺序

7.3.2　松下专用 MEWTOCOL 协议

松下 FP 系列 PLC 采用的是该公司专用通信协议 MEWTOCOL。该协议共分为两个部分：一是计算机与 PLC 之间的命令通信协议 MEWTOCOL-COM；二是 PLC 与 PLC 之间及 PLC 与计算机之间的数据传输协议 MEWTOCOL-DATA。

1. MEWTOCOL-COM 命令通信协议

（1）发送命令帧格式

通信开始先由计算机发出呼叫，它包括一些特殊标志码、PLC 站号和呼号字符等，其格式如图 7-13。

（2）响应帧格式

PLC 接收到计算的呼叫后，首先判断是不是一个完整的信息，然后检查呼叫站号是不是自己的站号，若是呼叫自己，则发送响应信息，否则不予响应。

图 7-13　发送命令帧格式

1）正确响应：如果正常，PLC 按图 7-14 发送信息。

2）错误响应：在数据传送期间，如有错误，将由 PLC 按图 7-15 发送信息。其中，块检查码 BCC 用于在信息传送中检查错误，块检查码的产生过程是将头码到最后一个文本字符的全部代码求异或，并将异或的结果转换成两个 ASCII 字符，即是块检查码。

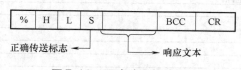

图 7-14　正确响应帧格式

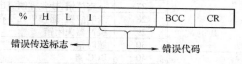

图 7-15　错误响应帧格式

（3）通信标志代码表

表 7-4 列出了通信标志所对应的 ASCII 码表。

表 7-4　通信标志代码表

说　明	代　码	ASCII 码
起始码	%	25H
命令码特征	#	23H
正确响应码特征	S	24H
错误响应码特征	!	21H
结束码	CR	0DH

（4）通信命令代码表

计算机通过 MEWTOCOL-COM 协议中的专用命令，可对 PLC 进行读、写和监控等，如表 7-5 列出了这些命令代码。

表 7-5　MEWTOCOL-COM 命令代码表

命令代码	说　　明	命令代码	说　　明
RCS	读单个触点	RD	读数据区
WCS	写单个触点	WD	写数据区
RCP	读多个触点	SD	数据区预置
WCP	写多个触点	RS	读定时/计数预置值区
RCC	以字为单位读触点信息	WS	写定时/计数预置值区
RK	读定时/计数经过值区	RR	读系统监视器
WK	写定时/计数经过值区	WR	写系统监视器
MC	监视器触点记录和复位	RT	读 PLC 状态
MD	监视器数据记录和复位	RP	读程序
MG	监视器执行	WP	写程序
WCC	以字为单位写触点信息	RM	遥控（RUN/PROG 方式切换）
SC	在触点区以字为单位预置数	AB	发送无效

各个命令代码基本上由特定的两个大写字母组成，而读、写触点命令中多了一个字母，其中 S 表示读、写单触点，P 表示读、写多触点（不超过 8 个触点），C 表示读、写一个字长的触点。在响应信息中，响应代码均由命令代码中的前两个字母组成。

（5）通信错误代码表

在响应信息中，错误代码由两位十六进制数字组成。表 7-6 列出了 MEWTOCOL-COM 通信错误代码表。

表 7-6　MEWTOCOL-COM 通信错误代码表

错误类型	代码	说　　明
链接系统错误	21	NACK 错:遥控单元识别错误或数据错
	22	WACK 错:遥控单元的接收缓冲器满
	23	串行口重复错:遥控单元号设置重复
	24	传输格式错:发送数据格式不匹配,或帧溢出,或数据错
	25	硬件错
	26	单元号错:遥控单元号不在 01～63 范围内
	27	不支持错:接收方帧溢出
	28	未响应错:遥控单元不存在
	29	缓冲器关闭错
	30	超时错
基本步骤错误	40	BCC 错
	41	格式错
	42	不支持错:发送了不支持错误
	43	步骤错:在发送请求等待期间,发送了另一条命令
处理系统错误	50	Link 单元设定错
	51	同时操作错:当缓冲区已满时,另一单元又发命令
	52	传输不使能
	53	忙
PLC 应用错误	60	参数错:使用了不正确参数
	61	数据错:使用了不正确数据
	62	寄存器错
	63	PLC 工作方式错
	65	保持错:在保持状态下写存储器
	66	地址错
	67	丢失数据错:要读的数据不存在

2. MEWTOCOL-DATA 数据传输协议

MEWTOCOL-DATA 协议用于分散型工业局域网 H-Link，P-Link，W-Link 及 ETLAN 中 PLC 与 PLC 之间及 PLC 与计算机间的数据传输。

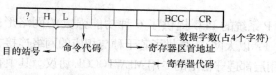

该数据传输协议的发送命令帧格式见图 7-16，正确响应帧格式见图 7-17，错误响应帧格式见图 7-18。其中，命令代码 MEWTOCOL-DATA 协

图 7-16　MEWTOCOL-DATA 发送命令帧格式

议中规定的专门用于数据传送的各种命令的代码，有关寄存器代码见表 7-7。

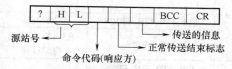

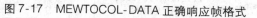

图 7-17　MEWTOCOL-DATA 正确响应帧格式

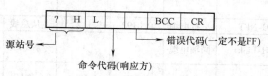

图 7-18　MEWTOCOL-DATA 错误响应帧格式

表 7-7　MEWTOCOL-DATA 寄存器代码表

代码	寄存器名	说明	代码	寄存器名	说明
00	WL	链接继电器	06	LD	链接数据寄存器
01	WR	内部继电器	07	SWR	特殊继电器
02	WY	输出继电器	08	SDT	特殊数据继电器
03	WX	输入继电器	09	DT	数据寄存器
04	SV	预置值	0A	FL	文件寄存器
05	EV	经过值			

【**例 7-1**】　现读取继电器 X0 的状态，设当前输入的状态为 "1"。则其中发送帧格式见图 7-19。

【**例 7-2**】　现读取 DT1105 ~ DT1107 中的数据，该数据区中存放的数据如下：

（DT1105）= 0063H，（DT1106）= 1E44H，（DT1107）= 101AH，则发送格式见图 7-20。其正确响应帧格式见图 7-21。

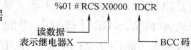

图 7-19　【例 7-1】发送帧格式

图 7-20　【例 7-2】发送帧格式

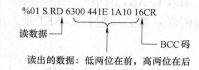

图 7-21　【例 7-2】响应帧格式

【**例 7-3**】　向 DT1 ~ DT3 中写入数据，要求（DT1）= 0500H，（DT2）= 0715H，（DT3）= 0009H，则发送帧格式见图 7-22。

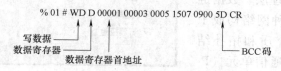

图 7-22　【例 7-3】发送帧格式

7.4　松下 PLC 子网通信形式

FP 系统的 PLC 提供了 6 种功能强大的网络形式（C-NET，F-Link，P-Link，H-Link，W-Link，FP 以太网），提供了若干种与相应的网络连接方式有关的通信链接单元或模块，所有网络的应用层都遵守松下的专用 MEWTOCOL 协议。其中有关网络的主要技术性能表如表 7-8 所示。

表 7-8　FP 系列 PLC 网络主要技术性能表

PLC 网络	项目						
	通信介质	传输速率	传输距离	拓扑结构	可接站点数	适用机型	接口方式
C-NET	平行电缆	0.0192	1.2	主从总线	≤32	FP1,FP0,FP3,FP10S	RS-485
H-Link	同轴电缆	2	1	令牌总线	≤64	FP3、FP10S	RS-422 与同轴电缆插座
P-Link	光缆	0.375	10	令牌环	≤64	FP1,FP0,FP3,FP5,FP10,FP10S	光缆座
W-Link	双绞线	0.5	0.8	令牌总线	≤32	FP3,FP5,FP10S,FP∑	RS-485
F-Link	双绞线平行电缆	0.5	0.4 (0.2)	主从总线	≤32	FP3,FP5,FP10,FP10S,FP-C	RS-485

备注：传输速率单位为 Mbit/s，传输距离单位为 km

7.4.1　C-NET 网络

C-NET 网络可以单组成一个子网，当多台 PLC 与计算机构成 1：N 的通信网络时，计算机作为主站，各 PLC 作为从站，其通信方式为"命令——响应"式，即主站发出信号，从站进行响应。单击编程软件 FPWin-GR【选项】中的【通信设置】，如图 7-23 所示，在【网络类型】中可见 C-NET 网是默认的通信网络，采取 C-NET 网络时主站与各从站的通信联系都必须配备 C-NET 适配器。

7.4.2　MEWNET-Link 网络

MEWNET-Link 包括 P-Link，H-Link，W-Link 3 种网络，它们的体系结构相似，都是由物理层、数据链路层和应用层组成。3 种网络构成子网时采用不同的通信介质和拓扑结构，因此需配置不同的通信单元（P-Link 通信单元、H-Link 通信单元或

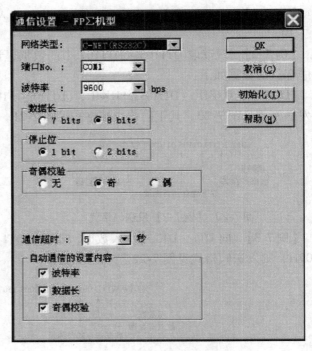

图 7-23　C-NET 网是默认的网络

W-Link 通信单元），计算机进入子网时也必须要配接不同的网卡，因 P-Link，H-Link，W-Link 通信单元的体系结构相似，应用层相同，使用方法基本相同，所以这里以 P-Link 为例进行简单介绍。

P-Link 是一种环形局域网，通信速度快，使用方便，分为单环结构和多环结构。在通信网络中，PLC 通过 P-Link 单元节点进入网络，计算机通过 RS-232-Link 单元节点进入网络，节点与节点之间通过光缆连接。在环形网络中，一台 FP 系列 PLC 可以安装一个 P-Link 单元，也可以安装两个 P-Link 单元，但最多只能安装两个 P-Link 单元。若 PLC 安装有两个 P-Link 单元，则紧靠 CPU 的 P-Link 单元称为 P-Link 0 单元，另一个则叫 P-Link 1 单元。表 7-9 是有关 P-Link 单元的系统寄存器设置情况。

表 7-9　P-Link 单元的系统寄存器设置表

单元	系统寄存器 No.	说明	设置范围	默认值
PC-Link0 单元 设置	40	链接继电器区 LR 容量	0~64 字（LR0 开始）	0
	41	链接寄存器区 LD 容量	0~128 字（LD0 开始）	0
	42	链接继电器发送区起始号	0~63 字	0
	43	链接继电器发送区容量	0~64 字	0
	44	链接寄存器发送区起始号	0~127 字	0
	45	链接寄存器发送容量	0~127 字	0
	46	PC-Link 切换标志		标准
PC-Link1 单元设置	50	链接继电器区 LR 容量	0~64 字（LR64 开始）	0
	51	链接寄存器区 LD 容量	0~128 字（LD128 开始）	0
	52	链接继电器发送区起始号	64~127 字	64
	53	链接继电器发送区容量	0~64 字	0
	54	链接寄存器发送区起始号	128~255 字	128
	55	链接寄存器发送容量	0~127 字	0
	56	PC-Link 切换标志		标准

若在编程软件的【选项】菜单中单击【PLC 系统寄存器设置】，再单击【PC-Link 设置】页，弹出如图 7-24 所示界面，系统寄存器的定义及范围图中清晰可见，例如系统寄存器 No.40 定义了链接继电器区的容量大小，范围为 0~64 个字，默认从 LR0 开始，由于在

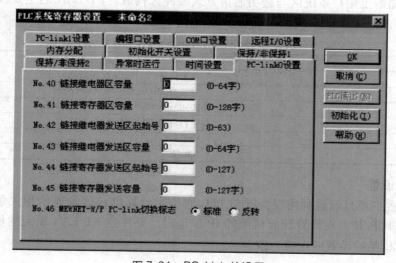

图 7-24　PC-Link 的设置

个环中，其所能安装的 FP 系列 PLC 站数最多为 16 站，因此这种网络能够交换的数据量也有限。

7.4.3　ET-LAN 网络

FP 系列 PLC 的以太网称为 ET-LAN，采用了标准以太网协议中的内核，在传输层或网络层中配置了 TCP/IP。

1. ET/LAN 的网络体系

ET/LAN 主要有下列各部分组成：

1）站点：ET-LAN 网络上的站点可以是 PLC，也可以是计算机。

2）ET-LAN 通信单元：它是 FP 系列 PLC 及计算机接入以太网的通信单元。

3）收发器：它是由驱动电路组成的接收、发送电路。

4）中继器：处于物理层中，可延长传送距离。

5）终端：在总线两端加上的电阻，防止信号反射。

6）以太网电缆和收发电缆。

其结构体系见图 7-25。

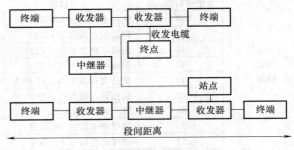

图 7-25　ET-LAN 结构体系图

2. ET-LAN 的通信方式

ET-LAN 在物理层与数据链路层采用随机方式，由总线上所有站点共同管理通信，在网络层与传输层配置了 TCP/IP。以太网的应用层采用了两种通信方式：一种在 ET-LAN 网上各站采用了 MEWTOCOL 专用协议；另一种采用透明方式，这种方式不需要任何协议，只要利用握手信号，就可以实现发送、接收的通信联系。其握手信号既可以由 ET-LAN 单元的 I/O 端子提供，ET-LAN 通信单元总共有 64 个 I/O 端子，其中 32 个为输入，32 个输出，也可以由 ET-LAN 单元内部的共享存储器提供，其共享存储器由用户系统区与透明通信方式缓冲区构成。ET-LAN 的主要技术指标见表 7-10 所列。

表 7-10　ET-LAN 的技术指标

项　　目	指　　标
传送方式	基带传送
站点距离	总长为 2500m
传输速率	10Mbit/s
通信介质	平行电缆、双绞线
存取控制方式	CSMA,CD
站点个数	100 段

3. 以太网设置

以太网设置主要是设置利用以太网与 PLC 通信时计算机一侧的通信相关条件。编程软件使用微软的 TCP/IP。在设置计算机侧的 IP 地址时，要注意 ET-LAN 单元的使用以及计算机的设置与 PLC 侧的设置应保持一致。

（1）启动

以太网的通信条件设置时，由菜单栏选择【选项】→【通信设置】命令，并在【网络类型】处选择【以太网】，结果将出现图 7-26 所示对话框。

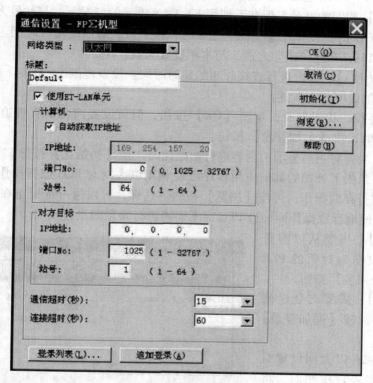

图 7-26　以太网的设置

（2）设置与 PLC 通信的各项条件

在图 7-26 对话框中，各项内容如下所述。

【标题】：请输入任意的标题（按半角文字计算，38 个文字以内）。

【使用 ET-LAN 单元】：使用 PLC 的以太网单元时，需要选中本项。不使用时，清除选中标记（使用 Ethenet-RS-232 转换器等时，本项是默认项，因此需要清除选中标记"√"）。计算机侧的设置如下所述。

【自动获取 IP 地址】：如果需要自动获取计算机当前所使用的 IP 地址时，选中此项；如果需要手动设置 IP 地址时，清除此项的选中标记"√"（在使用多个 Ethenet 网卡等情况下，清除选中标记、进行手动设置）。

【IP 地址】：以十进制数据表示。如果没有显示，则用控制面板中的网络设置等设置TCP/IP，也可以输入直接修改 IP 地址（设置方法会因所用操作系统不同而有所差异）。

【端口 No.】：在 0 或 1025 ~ 32767 的范围内以十进制数设置。在其他程序运行的情况下，如果设置为 0 以外的数值，则请不要重复设置。如果该数值指定为 0，则在开始以太网连接时，计算机自动进行设置。本项的初始设置值为 0。

【站号】：在 1 ~ 64 的范围内以十进制数设置，而在不使用 ET-LAN 单元的情况下，与站号无关。对方目标（PLC 侧）的设置如下所述。

【IP 地址】：以十进制设置所要存取操作的对方目标的 IP 地址。

【端口 No】：在 1~32767 的范围内以十进制数设置（初始值 = 1025）.

【站号】：在 1~64 的范围以十进制数设置（初始值 = 1）。不要将其设置成与上述计算机一侧中【站号】相同的站号，但在不使用 ET-LAN 单元的情况下，与站号无关。

【通信超时（秒）】：设置在连接确立之后的、基于每次通信的超时时间。设置范围 1~950s。初始值为 15s，在连接确立之前，与本项设置无关。

【连接超时（秒）】：设置进行连接呼叫的超时时间。设置范围 1~180s。初始值为 60s。

其他各按钮的说明如下所述。

【OK】：当要按现状保存时，单击【OK】按钮，但所设置内容没有被追加到登录一览表中。进行追加时，按【追加登录】按钮。

【初始化】：当要对当前显示的内容进行初始化时，按【初始化】按钮。

【浏览…】：当松下公司的其他应用程序已经利用以太网对 PLC 进行操作时，如果需要对同一台 PLC 进行存取操作，可按【浏览】按钮。这样，可以通过选择正在存取该 PLC 的任务名，非常简便地存取操作同一台 PLC 而不需再进行繁琐的设置。

【登录列表】：当要从以前登录的设置中选取作为对象的 PLC 时，可按【登录列表】按钮。

【追加登录】：需要向登录列表中追加登录时，按【追加登录】按钮。

当单击图 7-26 以太网设置对话框中【登录列表】按钮后，将弹出图 7-27 所示对话框。

该对话框可以对显示内容进行排序。通过单击图 7-27 中【标

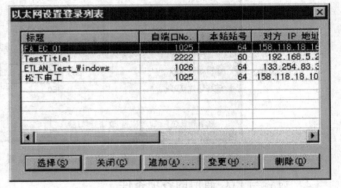

图 7-27　以太网设置登录列表

题】、【自端口 No】、【本站站号】等的题头部分，可以分别按有关项目进行排序，再次单击可以按升序/降序切换排列顺序。图 7-27 对话框中各按钮的说明如下所述。

【选择】：按【选择】按钮后，被选择（反显）的设置将被反映到以太网通信设置对话框中，在选择了多个设置的情况下，将反映出最初被选择的设置。

【关闭】：按该按钮将关闭对话框。

【追加】：在现有历史信息中追加新的信息（行）。在按下本按钮后，将显示当前连接的 TCP/IP 一览表，见图 7-28。

【变更】：当需要对当前的历史信息中的任意信息（行）进行修改时，选择【变更】按钮。单击本按钮后，将显示以下的对话框。正确地设置与 PLC 的连接条件。

图 7-28　当前连接的 TCP/IP 一览表

【删除】：当需要从当前的历史信息中删除任意的信息（行）时，选择【删除】按钮。

此外，可以选择多个要删除的设置。

7.5　通信实现的典型应用

7.5.1　通信的实现

1. 通信设置

实现计算机与 PLC 或者 PLC 之间的通信，需要对 PLC 的系统寄存器进行设置，表 7-11 是与通信设置有关的系统寄存器设置参数表。

表 7-11　与通信设置有关的系统寄存器设置参数表

系统寄存器	说　　明	默认值	设定范围
RS-422 接口设定			
No. 410	设定 RS-422 接口单元序号	K1	1 ~ 32
No. 411	设定 RS-422 接口的格式化数据长度及与 MODEM 的连接	H0	H0:8 位数据 MODEM 不使用
			H1:7 位数据 MODEM 不使用
			H8000:8 位数据 MODEM 使用
			H8001:7 位数据 MODEM 使用
RS-232C 接口设定			
No. 412	选择 RS-232C 接口	K0	0:不使用
			1:与计算机相连
			2:一般使用
No. 413	设定 RS-232C 接口传输格式	H3	H0 ~ H × × FF
No. 414	设定 RS-232C 接口波特率	K1	0:19200bit/s;1:9600bit/s;2:4800bit/s; 3:2400bit/s; 4:1200bit/s;5:600bit/s; 6:300bit/s;
No. 416	设定 MODEM 是否使用	H0	H0:MODEM 不使用
			H8000:MODEM 不使用
设定计算机连接			
No. 415	设定 RS-232C 接口单元序号	K1	1 ~ 32
通用接口设定			
No. 417	通用接口 接收缓冲区起始地址设定	K0	C24C/C40C:0 ~ 1600
No. 418	通用接口 接收缓冲区容量的设定	K1600	C56C/C72C:0 ~ 6144

例如：当一台计算机和一台 PLC 通信时，规定的波特率和传输方式为

波特率：9600bit/s；

数据长度：7bit；

停止位：1bit；

奇偶校验：奇校验；

结束码：有；

起始码：无。

2. 松下专用的通信接口与适配器

FP 系列 PLC 进行数据交换时均采用 RS-232C，RS-422，RS-485 三种串行通信接口，相关的链接单元也有三种，且均为串行通信方式。其中 FP1C24，C40，C56，C72 系列是 RS-

422 接口，而计算机的标准配置是 RS-232C 的 COM 接口，因此该系列的 PLC 必须将 RS-422 接口转换成计算机能用的 RS-232C 接口，完成这种转换功能的装置叫适配器。具体来说该系列的 PLC 须用 RS-422/RS-232C 适配器才能完成与计算机的联机通信工作。FP1 系列中型号末端带 "C" 的机型（如 C24C，C40C，C56C，C72C）及 FP0，FP-M，C-NET 适配器等是 RS-232C 接口，它们和计算机的通信联系可直接接入，因而比 FP1C24 等机型更为方便。

RS-422/RS-232C 适配器的外形见图 7-29。

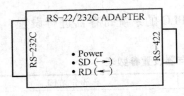

图 7-29　RS-422/232C 适配器

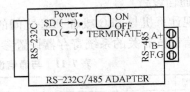

图 7-30　RS-232C/485 适配器

RS-232C/RS-485 适配器的外形见图 7-30。S 型 C-NET 适配器是 RS-485/RS-232C，外形见图 7-31。

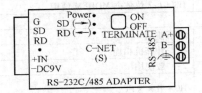

图 7-31　RS-232C/485 适配器（C-NET 之 S 型）

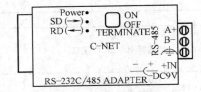

图 7-32　RS-232C/485 适配器（C-NET）

C-NET 适配器的外形见图 7-32。

其中 C-NET 和 C-NET 之间采用 RS-485 连接方式，用双绞线连接，通信距离最长可达 1.2km。C-NET 面板上设有终端切换开关，当 C-NET 处于通信链路中间时，切换开关应置于 "OFF" 位置，处于链路两端时，切换开关应置于 "ON" 位置。

3. 通信方式的选择

FP 系列 PLC 主要的有 3 种通信方式：

PLC 与计算之间原通信；

PLC 与上位 PLC（大中型 PLC）之间的通信；

PLC 与外围设备间的通信。

用户可以通过这 3 种通信方式，很方便地实现一台计算机监控多台 PLC 的集中控制，也可以将一台中高档 PLC 与多台小型 PLC 联网，构成一个灵活的集散式控制系统，方便地实现设备或工位之间的连接、互锁、数据的远程和高速收发、增加线路抗干扰能力等现场设备的监控和操作工作。

（1）PLC 与计算机的通信（计算机连接）

PLC 与计算机的通信模式也叫计算机连接，所谓计算机连接就是实现在计算机和 PLC 之间的通信功能，根据计算机命令，监测、控制正在运行的 PLC。在两者之间实现会话层，计算机发送指令或命令作为输出量给 PLC，PLC 响应接收到的命令并自动将响应信息返回给计算机。松下的专用协议 MEWTOCOL 被用来实现 PLC 与计算机之间的数据交换，在这种模式下有两种通信方式：一台计算机与一台 PLC 之间的通信称 1:1 通信方式，一台计算机与多台 PLC 之间的通信称 1:N 通信方式，应用 1:N 方式的网络称为 C-NET 网络。计算机连接模式是 PLC 的默认通信模式。

1）一台计算机与一台 PLC 之间的通信方式（1:1 通信方式）。如果 PLC 是 FP1C24 中末端不带"C"字符的系列 PLC，则必须通过 RS-422/RS-232C 适配器和计算机相连。RS-422 接口与适配器之间的连线必须是专用的编程电缆，见图 7-33。

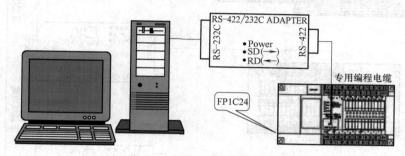

图 7-33 1:1 通信方式

如果 PLC 是 FP1C24C、C40C、C56C、FP0、FP-M 系列，则可直接通过编程电缆将 PLC 与计算相连，不需要适配器，见图 7-34 所示。

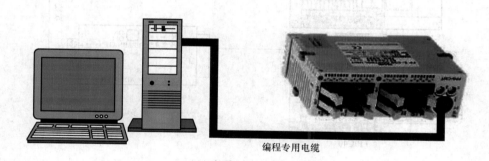

图 7-34 1:1 通信方式（不使用适配器）

2）一台计算与多台 PLC 之间的通信方式（1：N 通信方式）。这种通信方式必须使用 C-NET 适配器专用通信模块，与计算机相连的 C-NET 模块使用 RS-232 接口，与 PLC 相连的 C-NET 模块一般使用 RS-422 接口，各个 C-NET 间采用 RS-485 方式以双绞线电缆连接，最远传输距离可达 1km。

这种通信方式对 FP1 系列 PLC 来说，最多可连接 32 台 PLC 及设备构成的现场网络，这种通信方式示例如图 7-35 所示。

（2）PLC 与上位 PLC 的通信

在大型控制系统中，常需要一台大中型 PLC 作为主机（上位机）控制多台小型 PLC（下位机），这些小型 PLC 又直接控制现场设备，从而构成主从控制网络。在这个网络内的通信一般称为远程 I/O 通信。上位机专门用于这种通信的单元叫"远程 I/O 主单元"，下位机上专门配备的通信单元叫"I/O Link 单元"，各通信单元间采用 RS-485 方式进行，相互用双绞线电缆连接。在图 7-36 中，FP3 或 FP5 等大中型 PLC 是上位机，使用 I/O Link 单元

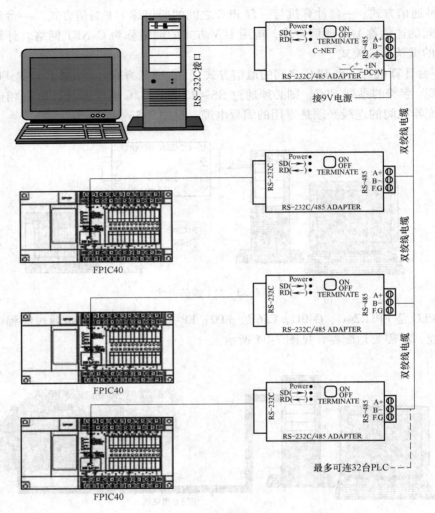

图 7-35 1:N 通信方式

控制小型 FP1 机（下位机）。

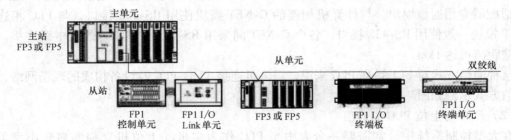

图 7-36 小型 PLC 与上位 PLC 的通信

（3）PLC 与外围设备的通信（串行通用通信）

PLC 可采用 RS-232 或 RS-422 等 COM 接口与各种外围设备进行通信，以实现数据的接收和发送。常见的外围设备有 EPROM 写入器、智能操作板、条码判读器、打印机等。PLC

与外围设备的通信也叫通用串行通信。各型号 PLC 对连接电缆也有严格要求，一定要按产品手册说明书进行制作，否则无法实现正常通信。在实施设备网络连接时，除具备上述硬件设备外，还要进行具体的系统设备，使用中应注意参考说明书。

7.5.2　通信实现的典型应用

【例 7-4】　PLC 通信联网实战

实现将一台计算机和两台 FP1C40 型 PLC 设备联网，用计算机作为上位机，监控两台 PLC 设备工作。

1. 硬件配置

计算机 1 台，FP1C40 型 PLC 2 台，C-NET 主适配器 1 个，RS-232C/RS-485 从适配器 2 个，双绞线电缆 2 根，9V 电源 1 个。

2. 硬件连接

计算机与多台 PLC 控制单元的连接参见图 7-35 所示，本例只连 2 台 PLC。在连接时，需注意双绞线的红线接正极（即 A +），蓝线接负极（即 B −），屏蔽线接地（即 F.G 或 "⏚" 标志）。

3. 通信设置

1）使用 PLC 编程软件 FPWIN GR2.12 版进行联机通信。

单击【选项】中的【PLC 系统寄存器设置】，并选择【COM 口设置】页，进行与通信有关的系统寄存器设置，一般可采用默认值，参见图 7-37。

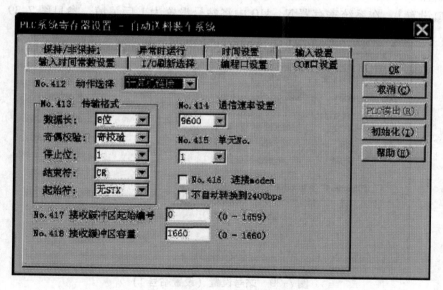

图 7-37　与通信有关的系统寄存器设置

2）单击【选项】中的【通信设置】，根据计算机 COM 接口的实际情况选择 COM1，COM2 等，参见图 7-38。

4. 通信联网实际操作

（1）一对一通信

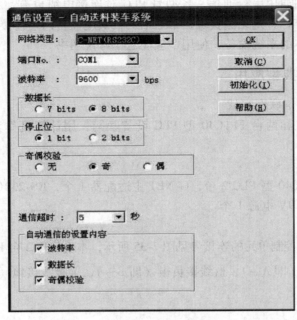

图 7-38　通信设置

1）在连接好硬件之后，打开计算机和其中一台 PLC，以一对一方式对 PLC 进行站号设计。运行编程 FPWINGR，单击【选项】中的【PLC 系统寄存器设置】，在弹出的画面中选择【编程口设置】，在系统寄存器 No. 410 中将站号设置为 1 后关掉，参见图 7-39。

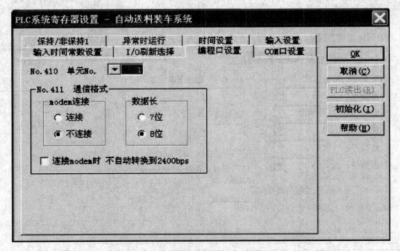

图 7-39　站号设置（设置站号 1）

2）打开另一台 PLC，依照此法再将另一台 PLC 的站号设置为 2，参见图 7-40，若有多台，则依次设置下去直至站号设置完毕。

（2）1 对 N 通信

1）打开编程软件，将计算机和 1 号站联系，联机成功后，单击【在线/通信站指定】命令，可以看见此时网络选择的是【本站】联系方式。

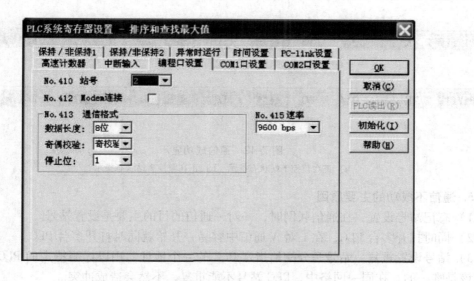

图 7-40　站号设置（设置站号 2）

2）在【请选择网络】中选择【C-NET】项，在【站号（1-99）】中选【1】站，参见图 7-41a。

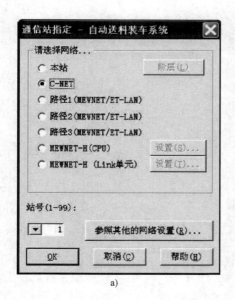 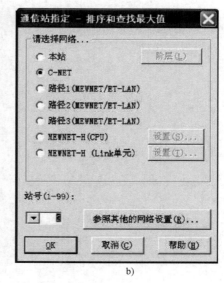

　　　　　　　a)　　　　　　　　　　　　　　　　　　　b)

图 7-41　通信站指定
a）通信站指定（指定 1 站）　b）通信站指定（指定 2 站）

3）确定后计算机开始对 1 站 PLC 进行监控，状态栏中显示结果如图 7-42a 所示。

4）将 2 号站 PLC 硬件连接上，再在【在线/通信站指定】命令中进行通信站指定，选择【C-NET】项，在【站号（1-99）】中选【2】站，参见图 7-41b。

5）确定后，计算机开始对 2 站 PLC 进行监控，参见图 7-42b，若通信成功将在状态栏中显示"正在监控 C-NET 站号 02"消息，从而实现用 1 台计算机监控 2 台 PLC 的目的。

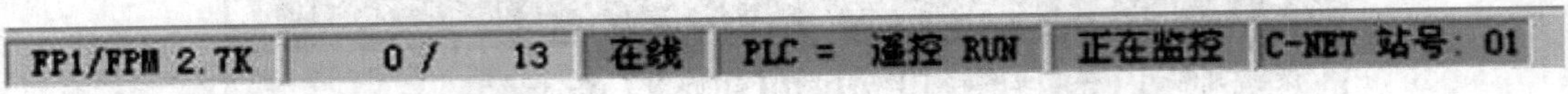

| FP1/FPM 2.7K | 0 / | 13 | 在线 | PLC = | 遥控 RUN | 正在监控 | C-NET 站号: 01 |

a)

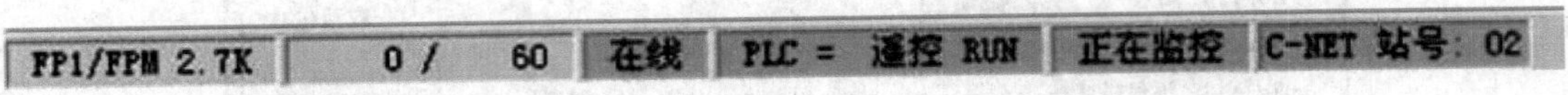

| FP1/FPM 2.7K | 0 / | 60 | 在线 | PLC = | 遥控 RUN | 正在监控 | C-NET 站号: 02 |

b)

图 7-42　通信成功显示

a）正在监控 1 站状态指示　b）正在监控 2 站状态指示

5. 通信不成功的主要原因

1）忘记站号设置，在通信联网时，一对一通信的目的主要是设置站号。

2）同时打开多台 PLC，在 1 对 N 通信中容易一开始就同时打开多台 PLC。

3）站号设置重复：站号是分配给指定 PLC 的一个地址，用以标明特定的 PLC，因此站号应该是唯一的，在同一网络中，PLC 站号不能重复，不然会造成冲突。

4）硬件接线线路不通畅，也是造成通信不成功的因素之一。

当 PLC 构成网络实现通信时，如果不成功，可能有上面几种主要原因，可针对上述各项进行检查。